U0051044

商務
應用篇

必選！

EXCEL 2016
即學即會一本通（第二版）

全華研究室 郭欣怡 編著

全華圖書股份有限公司

編輯大意

　　這是一本學習 Excel 2016的好幫手，從基本的資料和公式輸入、格式變化、外觀設定，到函數的應用、圖表製作和樞紐分析表，一應俱全。內容上的安排，是由基礎到進階，以循序漸進的方式教您使用Excel，讓您徹底掌握Excel，使用起來得心應手。遇到基本的觀念，會有詳細的說明，加強學習基礎；比較複雜的操作過程，則會用步驟一步步說明，配合操作過程的圖片，幫助吸收。

　　本書除了將各種功能井然有序地整理出來，內容的撰寫更是以「靈活運用」為主要訴求。每學習幾個功能，都會穿插「試試看」單元，讓讀者實際體驗功能的操作與應用。藉由實際的例子，掌握功能的應用層面，日後就可以舉一反三，應用到其他例子。

　　如果您是個初學者，建議您在閱讀時，從最基礎的第1章開始閱讀；如果您對Excel已經有一點概念，不妨從目錄直接選擇要學習的章節，例如：跳到第5章看看函數的應用，或是跳到第8章看看圖表的製作。

　　本書另附「範例光碟」，內含各章所使用到的「範例」和「試試看」檔案，建議依課程內容開啟使用，照著書中的說明，練習一遍。

　　學習是一件很快樂的事，希望本書能讓您學習到有用的知識，也希望您能快樂地學習，並實際應用在生活上。

商標聲明

　　書中引用的軟體與作業系統的版權標列如下：

✦ Microsoft Windows是美商Microsoft公司的註冊商標。

✦ Microsoft Word、Excel、PowerPoint、Access都是美商Microsoft公司的註冊商標。

◆ 書中所引用的商標或商品名稱之版權分屬各該公司所有。

◆ 書中所引用的網站畫面之版權分屬各該公司、團體或個人所有。

◆ 書中所引用之圖形，其版權分屬各該公司所有。

◆ 書中所使用的商標名稱，因為編輯原因，沒有特別加上註冊商標符號，並沒有任何冒犯商標的意圖，在此聲明尊重該商標擁有者的所有權利。

關於範例光碟

　　本書收錄了書中所有使用到的「範例」及「試試看」檔案及範例結果檔。光碟中依各章所使用檔案依序放置，在書中我們用到了許多的範例，請依照書中的指示說明，開啟這些範例檔案使用，或者也可直接開啟結果檔案觀看設定結果。同時資料夾中也存放了各章「試試看」的結果檔案，您可以在練習完「試試看」單元的試題後，自行開啟結果檔案參考。在使用檔案時，建議您先將光碟片中的檔案複製到自己的電腦中，以方便操作使用。

目錄

Chapter01 EXCEL的基本操作

Chapter02 儲存格的編輯與操作

目錄

Chapter05 函數的應用

EXCEL 2016

CHAPTER
01

EXCEL的基本操作

1-1 Excel電子試算表簡介 ·················

　　在日常生活中，很多地方都會使用表格，例如：功課表、家計簿、成績單……。有些表格只是用來存放資料，有些則會進行計算，而那種有進行計算的表格，就稱為「試算表」。

　　「試算表」是一種表格，裡面存放著資料，以及資料計算後的結果。早期的資料大多是使用人工慢慢計算，而在計算的過程中，只要有一個地方算錯，整個結果就會相差十萬八千里，就必須從頭再計算一次。

　　後來因為發明了電腦，而人工計算又實在很沒效率，因此誕生了「電子試算表」。「電子試算表」是一種電腦上的應用軟體，它主要是由電腦代替人工進行試算表的計算。由於是電腦負責運算，所以不易出錯，而且計算速度又快，因此，很快向外普及開來。

日期	開始通話	結束通話	秒數	網內/外/市話	通話費用
4月23日	22:18:06	22:44:57	1611	網內	$80.55
4月24日	23:06:18	23:41:42	2124	網內	$106.20
4月25日	21:03:40	21:15:03	683	網外	$68.30
4月26日	19:08:24	19:14:32	368	網內	$18.40
4月27日	23:24:22	23:54:54	1832	網外	$183.20
4月28日	18:40:52	19:01:32	1240	市話	$124.00
4月29日	20:32:46	20:35:15	149	網內	$7.45
總通話費					$588.10

藉由電子試算表軟體，我們可以？

■**編輯資料**：在表格中建立與編輯資料。

■**計算分析**：透過運算公式產生不同的資料，並將資料排列順序或進行篩選。

■**自動重新計算**：當原始資料有變化，運算的結果也會自動更新。

■**製作圖表**：將表格的資料製作成圖表，藉以理解資料的分布情形。

　　Excel是目前最常用的電子試算表軟體，它是微軟Office套裝軟體中的一個成員，具備所有電子試算表軟體該有的功能，不管是家庭收支表、成績單或業績報表等，都可以藉由Excel的輔助，讓資料呈現它代表的意義。

1-2 Excel的啟動與關閉

在正式開始使用Excel之前，我們先來看看如何啟動與關閉Excel軟體。當我們將Office安裝完成後，在程式選單中就可以看到「Excel 2016」應用程式。

✦ 啟動Excel

要啟動Excel操作視窗時，請點選「**開始→Excel 2016**」，就可以開啟Excel操作視窗。

啟動Excel時，會先進入如下圖所示的開始畫面，在畫面的左側會顯示最近曾開啟的檔案，直接點選即可開啟該檔案；而在畫面的右側則會顯示範本清單，可以直接點選要使用的範本，或點選空白活頁簿，開啟一份新的活頁簿，進行編輯的工作。

✦ 關閉Excel

直接將滑鼠游標移至Excel操作視窗的右上角，按下 ╳ **關閉** 工具鈕；或是直接按下鍵盤上的 **Alt＋F4** 快速鍵，即可將Excel操作視窗關閉。

EXCEL 2016

1-3 Excel視窗環境介紹

開啓Excel操作視窗後，在視窗中我們會看到許多不同的元件，如下圖所示。這裡就來看看這些元件有哪些功用吧！

標題列

在標題列中會顯示目前開啓的活頁簿檔案名稱與軟體名稱。開啓一份新活頁簿時，標題列會顯示「活頁簿1 - Excel」；開啓第二份活頁簿時，則會顯示「活頁簿2 - Excel」。

快速存取工具列

快速存取工具列的作用，就是讓使用者可以快速執行想要進行的指令操作。在預設的情況下，快速存取工具列有 儲存檔案、 復原、 取消復原 等按鈕，但使用者也可以依照個人需要，按下快速存取工具列右側的下拉鈕，在選單中自訂快速存取工具列的按鈕，將自己常用的指令按鈕放置在這個區域中。

視窗控制鈕

視窗控制鈕主要是控制視窗的縮放及關閉，按下 ▬ 鈕可將視窗最小化；按下 ▭ 鈕可將視窗最大化；按下 ✕ 鈕可將文件及視窗關閉。

索引標籤與功能區

功能區將各項常用的功能以群組方式進行分類，分別放置在各索引標籤的指令面板中，每個索引標籤中，又包含了多個指令按鈕，如下圖所示。

群組內所提供的指令按鈕，大多是常用的指令功能，有時光是靠這些指令按鈕，可能無法執行更細部的設定，因此部分群組具備 ▦ **對話方塊啟動鈕**，可開啟與該群組相關的對話方塊，讓使用者進行更細部的設定。

若覺得編輯畫面不夠大，可以按下 ⌃ **摺疊功能區** 按鈕，將功能區隱藏起來，僅顯示索引標籤名稱。須按下索引標籤，才可顯現個別的功能區。設定隱藏後，若想要再固定顯示完整功能區，則可在索引標籤功能區中按下 📌 **固定功能區** 按鈕，或者按下視窗右上方的 ▣ **功能區顯示選項** 按鈕，於選單中點選「顯示索引標籤和命令」選項即可，如下圖所示。

TIPS
也可以按下鍵盤上的 **Ctrl+F1** 快速鍵，直接切換摺疊或固定功能區的指令。

功能區顯示選項	說明
自動隱藏功能區	會自動隱藏索引標籤及功能區範圍，只顯示工作表，以取得最大編輯視野。須將滑鼠移至視窗最上方，將出現一綠色橫條，按下橫條才會顯示索引標籤及功能區。待執行完指令後，又會自動隱藏。
顯示索引標籤	將功能區隱藏，僅顯示索引標籤。須按下索引標籤，才會打開功能區範圍。待執行完指令後，功能區會再度自動隱藏。
顯示索引標籤和命令	同時固定顯示索引標籤和功能區。

狀態列

　　狀態列在未執行任何動作時，不會顯示任何資訊；當執行某個動作時，便會顯示或提示執行動作的內容，如下圖所示。

狀態列會顯示或提示執行動作

　　若在工作表上同時選取多個儲存格，則會在狀態列上顯示選取範圍的平均值、項目個數及加總等資訊。

顯示選取儲存格之相關統計數據

活頁簿檢視模式

Excel 提供了 ⊞ **標準模式**、▣ **整頁模式**、⊔ **分頁預覽、自訂檢視模式** 等檢視模式。要切換檢視模式時，可以直接在狀態列中點選；或是在「**檢視→活頁簿檢視**」群組中，點選要使用的檢視模式。

檢視模式	說明
標準模式	可以進行各種編輯動作。
整頁模式	工作表會被分割成多頁，方便檢視整頁排列的情形。在進行頁首、頁尾設定時，會進入整頁模式中。
分頁預覽	可以調整分頁線，以控制頁面中顯示的內容。
自訂檢視模式	可將目前的顯示與列印設定儲存為自訂檢視，以便日後能快速套用。

活頁簿顯示比例

直接按下視窗右下角的 **－ 拉遠顯示** 按鈕，可以縮小活頁簿的顯示比例，每按一次就會縮小10%；按下 **＋ 拉近顯示** 按鈕，則可放大顯示比例，每按一次就放大10%，也可以直接拖曳中間控制點來調整活頁簿的顯示比例。

按下 100% **縮放比例** 按鈕，或按下「**檢視→顯示比例→顯示比例**」按鈕，將會開啟「顯示比例」對話方塊，可進行活頁簿顯示比例的設定。

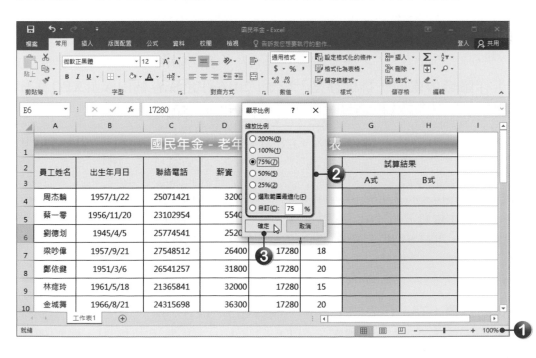

✦ 工作表

　　試算表是以表格形式出現，而在Excel裡，這個表格稱為「工作表」，是活頁簿裡實際處理試算表資料的地方。

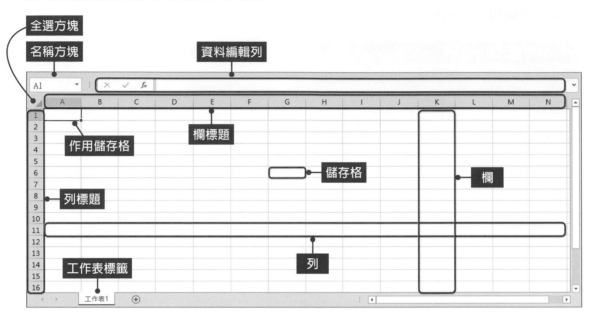

儲存格

　　工作表是由一個個「儲存格」所組成，當滑鼠點選其中一個儲存格時，該儲存格會有一個粗邊框，而這個儲存格則稱為「作用儲存格」，代表目前作業中的儲存格。

■欄：在工作區域中直的一排儲存格。Excel 2016可允許容納由A至XFD共計16,384欄。

■列：在工作區域中橫的一排儲存格。Excel 2016可允許容納由1至1048576共計1,048,576列。

┌─ⓉⒾⓅⓈ─────────────────────────────

在工作表中，按下鍵盤上的 **Ctrl+→** 快速鍵，可直接切換至最後一欄；按下鍵盤上的 **Ctrl+↓** 快速鍵，可直接切換至最後一列。再按下鍵盤上的 **Ctrl+Home** 快速鍵，即可切換回A1儲存格。

■欄標題與列標題：在工作表的上方是「欄標題」，以A、B、C……等表示欄標題；在工作表的左方為「列標題」，以1、2、3……等表示列標題。欄標題與列標題除了可做為儲存格座標外，也可用來選取整欄或整列。以滑鼠左鍵點選欄標題或列標題，即可將該欄或該列整排選取。

名稱方塊

當選取某個儲存格時,「名稱方塊」欄位中會顯示該作用儲存格的位址。儲存格的位址是以欄和列來表示,例如:若選取第A欄第1列儲存格,名稱方塊欄位就會顯示「A1」。

資料編輯列

在「資料編輯列」欄位中可編輯儲存格的內容,例如:修改儲存格內容、輸入公式、插入函數等。

■ × **取消**:在儲存格中輸入資料後,按下此鈕會放棄目前的編輯動作,等同於按下鍵盤上的 **Esc** 鍵。

■ ✓ **輸入**:在儲存格中輸入資料後,按下此鈕可完成目前的編輯,等同於按下鍵盤上的 **Enter** 鍵。(但按下此鈕,游標會停留在原儲存格;按下 **Enter** 鍵,游標則會向下移一格。)

■ *fx* **插入函數**:按下此鈕,會開啟「插入函數」對話方塊,可幫助使用者逐步在儲存格中設定函數,等同於執行 **「公式→函數程式庫→插入函數」** 指令一樣。

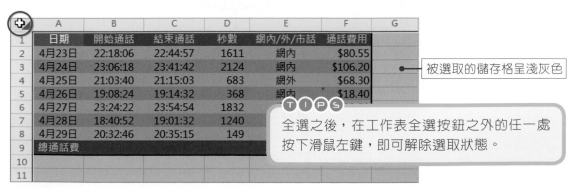

全選方塊

若要選取整份工作表的內容時,可以按下 ◢ **全選方塊**,即可同時選取工作表中所有的儲存格。

	A	B	C	D	E	F	G
1	日期	開始通話	結束通話	秒數	網內/外/市話	通話費用	
2	4月23日	22:18:06	22:44:57	1611	網內	$80.55	
3	4月24日	23:06:18	23:41:42	2124	網內	$106.20	
4	4月25日	21:03:40	21:15:03	683	網外	$68.30	
5	4月26日	19:08:24	19:14:32	368	網內	$18.40	
6	4月27日	23:24:22	23:54:54	1832			
7	4月28日	18:40:52	19:01:32	1240			
8	4月29日	20:32:46	20:35:15	149			
9	總通話費						
10							
11							

被選取的儲存格呈淺灰色

TIPS 全選之後,在工作表全選按鈕之外的任一處按下滑鼠左鍵,即可解除選取狀態。

工作表標籤

工作表標籤位於工作表下方，Excel 2016的新活頁簿檔案中，預設只有一個工作表，名稱為**工作表1**。

若希望在建立新活頁簿時，就建立固定數量的工作表，可點選「**檔案→選項**」，開啟「Excel 選項」對話方塊，在「**一般**」標籤頁中的「**包括的工作表份數**」欄位中輸入新活頁簿想要出現的工作表數量即可。

若活頁簿中有多個工作表，可直接點選工作表標籤來切換至不同的工作表，或者利用**工作表標籤捲動軸**來左右切換目前工作表。直接按下鍵盤上的 **Ctrl＋PageDown** 快速鍵，可切換至下一個工作表；按下 **Ctrl＋PageUp** 快速鍵，則切換至上一個工作表。

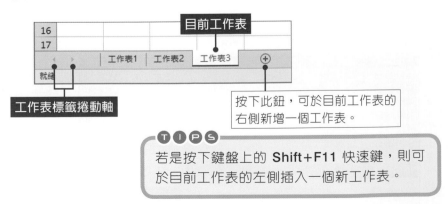

1-4 活頁簿的基本操作

✦ 建立空白活頁簿

在活頁簿中欲開啓另一份空白活頁簿時，按下**「檔案→新增」**功能，點選**「空白活頁簿」**，或按下 **Ctrl+N** 快速鍵，即可建立一份空白活頁簿。

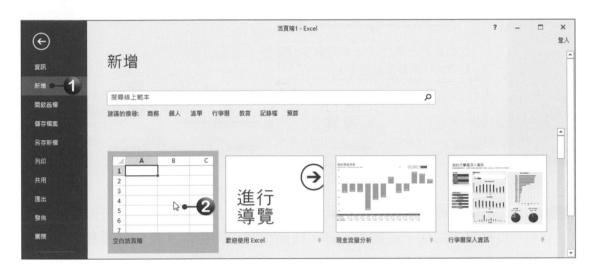

✦ 使用範本建立活頁簿

Excel提供了許多現成的範本，可以直接開啓使用。若要開啓Excel所提供的範本時，按下**「檔案→新增」**功能，點選要開啓的範本即可。

step01 點選**「檔案→新增」**功能，在選單中選擇想要套用的範本。

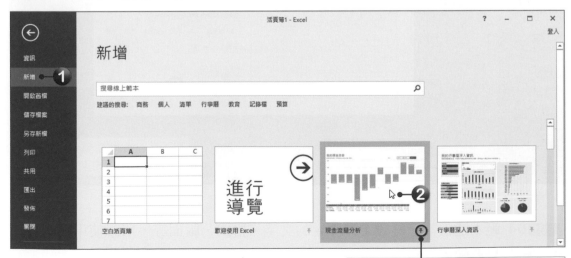

> 若該範本會經常使用的話，可以按下此鈕，將範本釘選在清單中，下次要使用時，直接在清單中點選開啓即可。

step02 若想尋找特定主題的範本，可在**搜尋線上範本**搜尋方塊中輸入想要尋找的範本關鍵字，按下 🔍 **開始搜尋** 鈕，或直接按鍵盤上的 **Enter** 鍵進行搜尋。

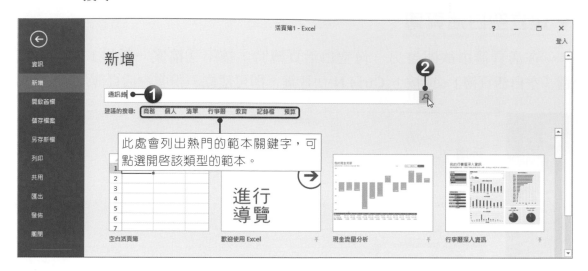

step03 在出現的範本清單中點選範本縮圖，即可查看該範本的大型預覽。按下預覽視窗的任一側箭頭，即可捲動瀏覽相關範本。找到想要套用的範本後，按下「**建立**」按鈕，即可在 Excel 中開啟該範本。

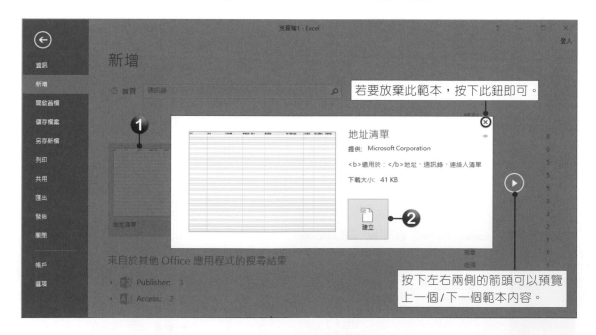

step04 範本通常都已經設定好固定的文字、格式、版面等，所以使用範本時，只要輸入資料即可。

✦ 開啟舊有的活頁簿

若要開啟已經存在的Excel檔案時，可以按下**「檔案→開啟舊檔」**功能；或按下 **Ctrl+O** 快速鍵，開啟「開啟舊檔」對話方塊，即可選擇要開啟的檔案。

step01 點選**「檔案→開啟舊檔」**功能，選擇**「瀏覽」**選項，可開啟「開啟舊檔」對話方塊，選擇想要開啟的檔案。

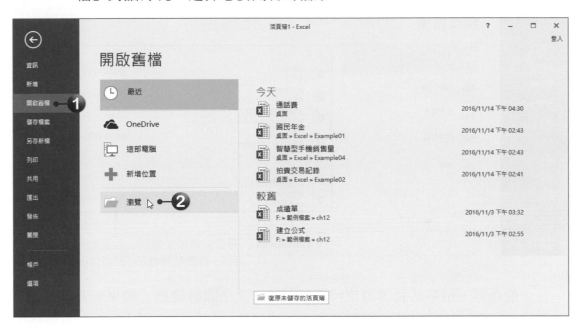

step02 選擇檔案所在的資料夾與檔案名稱，按下**「開啟」**按鈕，即可在Excel中開啟該檔案。

開啟「最近使用的活頁簿」

若要開啟的是最近編輯過的 Excel 檔案時，可以按下**「檔案→開啟舊檔」**功能，Excel 會在「最近」選項中，將先前曾經開啟過的活頁簿，依照檔案開啟的先後依序列出，讓使用者可以再次快速開啟這些檔案。

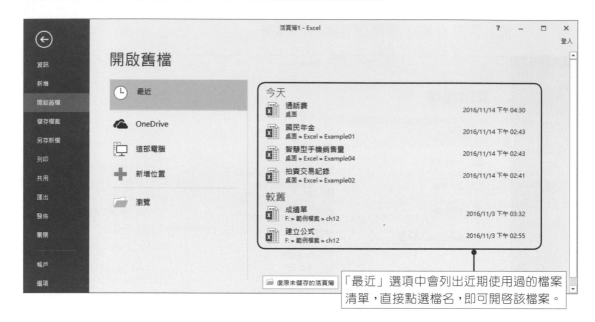

「最近」選項中會列出近期使用過的檔案清單，直接點選檔名，即可開啟該檔案。

一般而言，這些活頁簿會依照檔案開啟的次序隨時變換，如果想要讓某個檔案固定顯示在最近使用的活頁簿清單中，可以將此檔案固定到清單中。只要按下檔案名稱右邊的 📌 按鈕，使該活頁簿的圖示呈現 📌 狀態，即可將活頁簿固定在清單中，而不會隨著其他檔案的開啟而跌出清單之外。若要取消，則再度按下該按鈕即可。

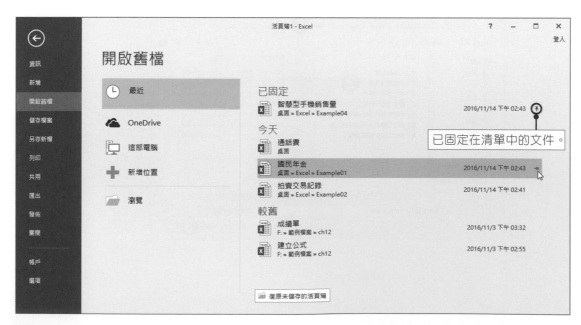

已固定在清單中的文件。

在預設的情況下，「最近」清單中可顯示25份活頁簿，至多則可設定顯示50份文件。要修改設定時，按下「**檔案→選項**」功能，開啟「Excel選項」對話方塊，點選「**進階**」標籤，於「**顯示**」選項中進行設定即可。

✦ 關閉活頁簿

在進行關閉活頁簿的動作時，Excel會先判斷活頁簿是否已經儲存過。如果尚未儲存，Excel會先詢問是否要進行儲存的動作。要關閉活頁簿時，按下「**檔案→關閉**」功能，即可將目前所開啟的活頁簿關閉。

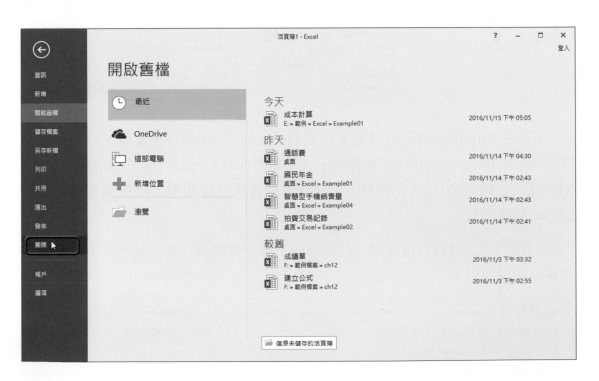

✦ 儲存活頁簿

第一次儲存活頁簿時，可以直接按下快速存取工具列上的 <kbd>日</kbd> **儲存檔案** 按鈕；或按下**「檔案→儲存檔案」**功能；或是直接按下 **Ctrl+S** 快速鍵，都會進入「另存新檔」對話方塊，進行儲存的設定。

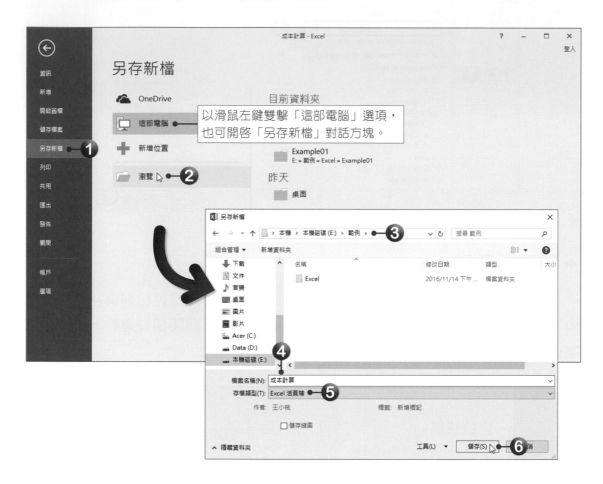

Excel 2016預設的活頁簿檔案格式為「.xlsx」。在儲存檔案時，也可將活頁簿儲存成：Excel 97-2003活頁簿(xls)、範本檔(xltx)、網頁(htm、html)、PDF、XPS文件、純文字(txt) 等類型。儲存時，可在**「存檔類型」**下拉鈕中選擇想要儲存的檔案格式。

同樣的活頁簿進行再次儲存的動作時，便不會開啟「另存新檔」對話方塊，而會直接儲存檔案。

TIPS

活頁簿檔名最多可有255個字元，可使用除了 < > : " / \ | ? * 等保留字元之外的中英文、數字、特殊符號及空白等。

✦ 另存新檔

在製作類似內容的活頁簿時，有時我們會以其他活頁簿來修改，此時修改後的活頁簿若不想覆蓋原有活頁簿內容，或是想將檔案儲存成另一種檔案格式時，可以執行**「檔案→另存新檔」**功能，或按下鍵盤上的**F12**功能鍵，此時會開啟「另存新檔」對話方塊，在此重新輸入一個新的檔案名稱、路徑或檔案格式，將修改後的活頁簿另外儲存成新的檔案，這樣就不會將原有的內容覆蓋掉了。

step01 若要將Excel檔轉存成另一種檔案格式，可點選**「檔案→另存新檔」**功能，選擇**「瀏覽」**選項，開啟「另存新檔」對話方塊。

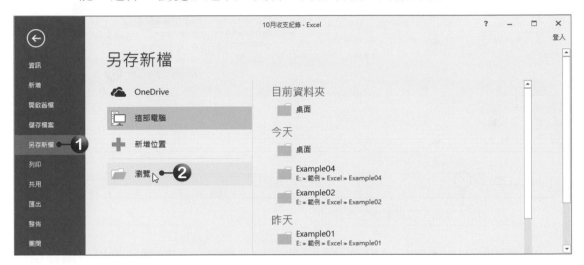

step02 設定好檔案儲存的資料夾與名稱後，按下**「存檔類型」**下拉按鈕，在選單中選擇想要儲存的格式，設定好後按下**「儲存」**鈕即可。

1-5 工作表的基本操作

✦ 工作表的新增與刪除

工作表不夠用時，可以點選**「常用→儲存格→插入→插入工作表」**功能，或者直接按下鍵盤上的 **Shift+F11** 快速鍵，即可在目前所在工作表前插入一個新的工作表。

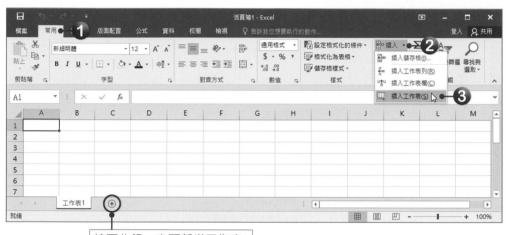

按下此鈕，亦可新增工作表。

若要刪除工作表時，先點選要刪除的工作表標籤，再點選**「常用→儲存格→刪除→刪除工作表」**功能，即可將該工作表刪除。

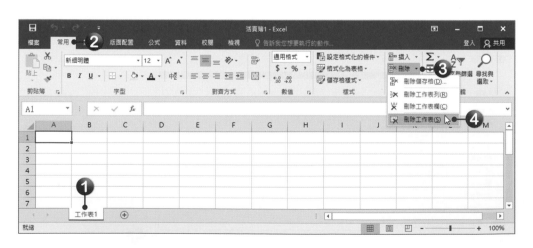

不管是要新增或是刪除工作表，都可以直接在工作表標籤上按下滑鼠右鍵，於選單中選擇**「插入」**功能，即可新增一個工作表；選擇**「刪除」**功能，則可以將目前的工作表刪除。

✦ 工作表命名

若要重新命名工作表名稱，可以點選「**常用→儲存格→格式→重新命名工作表**」功能，或是在工作表標籤上按下滑鼠右鍵，選擇「**重新命名**」，即可進行重新命名的動作。

✦ 搬移工作表

要調整工作表的排列順序時，只要將滑鼠游標移至要移動的工作表標籤上，按著滑鼠左鍵不放，並拖曳滑鼠，即可將工作表拖曳至新的位置。

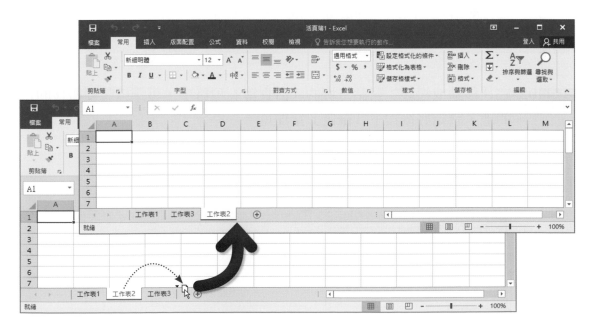

TIPS

若在搬移活頁簿時，同時按住鍵盤上的 **Ctrl** 鍵，即為「複製活頁簿」動作，可將該活頁簿複製至新的位置。

✦ 移動或複製工作表

除了以滑鼠拖曳進行移動或複製工作表的動作之外，也可以在工作表標籤上按右鍵，選擇**「移動或複製」**，開啟「移動或複製」對話方塊，進行移動或複製工作表的設定。

step 01 假設想要將某工作表單獨搬移儲存在一個新的活頁簿中，可在欲搬移的來源工作表中，點選**「常用→儲存格→格式→移動或複製工作表」**功能，開啟「移動或複製」對話方塊。

step 02 在「移動或複製」對話方塊的**「活頁簿」**項目中，可選擇想要搬移的目的地，設定好後按下**「確定」**鈕即可。

✦ 設定工作表標籤色彩

若欲使工作表標籤更易於分類或辨識，可將標籤加上色彩。點選「**常用→儲存格→格式→索引標籤色彩**」功能，或是直接在工作表標籤上按下滑鼠右鍵，點選「**索引標籤色彩**」功能，即可設定工作表的標籤顏色。

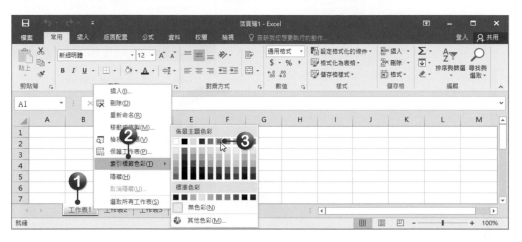

✦ 設定工作表背景

Excel可指定特定圖片做為工作表的背景圖。只要點選「**版面配置→版面設定→背景**」功能，即可設定目前工作表的背景畫面。

step01 在工作表中點選「**版面配置→版面設定→背景**」功能，開啟「插入圖片」對話方塊，點選其中的「**瀏覽**」選項。

step02 在開啓的「工作表背景」對話方塊中，選擇想要套用的背景圖片，設定好後按下「**插入**」鈕，工作表就會以該圖片做爲背景。

✦ 選取多個工作表

　　若欲同時選取多個工作表，可先按住鍵盤上的**Ctrl**鍵，再以滑鼠點選想要選取的工作表索引標籤，即可同時將這些工作表選取起來。而同時被選取起來的工作表則可視爲一個「**工作群組**」，方便同時進行輸入、編輯、設定欄寬列高、刪除或搬移等動作。

多個工作表成為一個工作群組，可同時執行相同編輯。

被選取的工作表為白色標籤。

✦ 切換工作表

在活頁簿中建立多個工作表後，可以直接點選下方的工作表索引標籤來切換工作表。但有時工作表多到超過螢幕顯示範圍，難以直接點選，就須透過**工作表標籤捲動軸**來切換目前工作表。

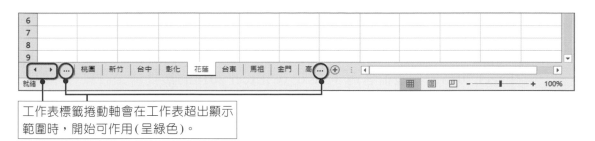

工作表標籤捲動軸會在工作表超出顯示範圍時，開始可作用(呈綠色)。

工作表標籤捲動軸

按鈕	說明
◀	工作表顯示範圍向左移一個工作表標籤。 若同時按住鍵盤上的**Ctrl**鍵，可捲動至第一張工作表。
▶	工作表顯示範圍向右移一個工作表標籤。 若同時按住鍵盤上的**Ctrl**鍵，可捲動至最後一張工作表。
...	工作表索引標籤區的左右各有一個鈕。 按下左邊的**...**，表示會向目前可見最左邊的工作表，再向左移一個工作表；若按下右邊的**...**，則會向目前可見最右邊的工作表，再向右移一個工作表。

如果不確定工作表的位置，又不想依序尋找想要切換的工作表，則可在工作表標籤捲動軸上的 ◀ 或 ▶ 鈕上按下滑鼠右鍵，在開啟的「啟動」對話方塊中，直接點選想要切換的工作表名稱即可。

◎ 選擇題

(　　)1.　下列何者不是電子試算表所具備的功能？(A)影音剪輯 (B)計算分析 (C)製作圖表 (D)編輯表格。

(　　)2.　下列敘述何者為非？(A)人工處理試算表比電子試算表更為迅速精確 (B)Excel 2016的預設檔名為「.xlsx」(C)Excel 2016的活頁簿預設只有一個工作表 (D)Excel是一種電子試算表軟體。

(　　)3.　若欲將編輯好的Excel檔案儲存起來，應按下下列何者功能按鈕？(A)[↻] (B)[↶] (C)[▢] (D)[🖫]。

(　　)4.　在Excel中，按下何組快速鍵可執行「儲存活頁簿」功能？(A)Ctrl+A (B)Ctrl+N (C)Ctrl+S (D)Ctrl+O。

(　　)5.　在Excel中，按下何組快速鍵可執行「建立空白活頁簿」功能？(A)Ctrl+A (B)Ctrl+N (C)Ctrl+S (D)Ctrl+O。

(　　)6.　在Excel中，按下鍵盤上的哪一個功能鍵，可執行「另存新檔」功能？(A)F1 (B)F4 (C)F8 (D)F12。

(　　)7.　下列有關Excel之敘述，何者有誤？(A)按下工作表上的全選方塊可以選取全部的儲存格 (B)同時按下鍵盤上的Alt鍵可以選取多個工作表 (C)點選欄標題可以選取一整欄(D)點選列標題可以選取一整列。

(　　)8.　下列有關Excel之敘述，何者正確？(A)在Excel中，一個活頁簿最多只能擁有三個工作表 (B)Excel活頁簿的顯示比例無法調整 (C)在Excel中是以A、B、C……表示欄標題；以1、2、3……表示列標題 (D)Excel檔案無法儲存成PDF格式文件。

◎ 實作題

1. 在Excel中搜尋與「銷售報表」相關的範本主題，開啟其中任一檔案，並將它另存至你的電腦桌面上。

2. 開啟「ch01→收支表.xlsx」檔案，進行以下的設定。

   ● 新增一個空白工作表，工作表名稱命名為「3月」，並將它搬移至「2月」與「4月」工作表的中間。

   ● 設定「3月」工作表的標籤色彩為「綠色,輔色6」。

8					
9					

◁　▷　　1月　2月　**3月**　4月　　⊕

EXCEL 2016

儲存格的編輯與操作

✪ 本章學習重點

2-1 輸入資料

✦ 於儲存格中直接輸入

要在儲存格中輸入文字時，須先選定一個作用儲存格，選定好後就可以進行輸入文字的動作，輸入完後按下 **Enter** 鍵，即可完成輸入。若要到其他儲存格中輸入文字時，可以按下鍵盤上的 ↑、↓、←、→ 及 **Tab** 鍵，移動到上面、下面、左邊、右邊的儲存格。

	A	B	C
1	學號		
2			
3			

	A	B	C
1	學號		
2	1234567		
3			

	A	B	C
1	學號		
2	1234567		
3			

1 以滑鼠左鍵點選欲輸入資料的儲存格，儲存格外圍會變成綠色粗框，表示為目前作用儲存格，直接輸入文字即可。

2 輸入完成後，按下鍵盤上的 **Enter** 鍵，作用儲存格會移到下一列儲存格中，可繼續於儲存格中輸入文字。

3 若要到其他儲存格中輸入文字，可以按下鍵盤上的 → 及 ← 鍵，移動至右側或左側的儲存格。

TIPS

在儲存格中輸入資料時，若尚未輸入完畢，不要使用鍵盤上的 ↑、↓、←、→ 及 **Tab** 鍵，否則 Excel 將會認定你已輸入完畢，並將作用儲存格移動至其他儲存格上。

輸入多列文字

若在同一儲存格要輸入多列時，可以按下 **Alt＋Enter** 快速鍵，進行換行的動作。在單一儲存格中最多可以輸入 32,767 個字元。

6	
7	資管系
8	
9	
10	
11	

6	
7	資管系
8	企業系
9	
10	
11	

1 輸入完第一列文字後，按下鍵盤上的 **Alt＋Enter** 鍵，滑鼠游標將移至下一列。

2 接著輸入第二列的文字。

3 再繼續按下鍵盤上的 **Alt＋Enter** 鍵，繼續換行輸入文字。

4 文字輸入好後，按下 **Enter** 鍵，即完成多列文字的輸入。

✦ 使用資料編輯列輸入

在Excel中，除了在作用儲存格中直接鍵入資料外，也可以透過資料編輯列輸入資料。

輸入前先選取儲存格，接著將游標移至資料編輯列上，按下滑鼠左鍵即可在資料編輯列上輸入資料，輸入完畢後按下鍵盤上的 **Enter** 鍵，或按下資料編輯列上的「 ✔ 」按鈕，結束輸入。

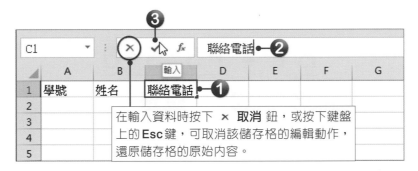

在輸入資料時按下 × **取消** 鈕，或按下鍵盤上的 **Esc** 鍵，可取消該儲存格的編輯動作，還原儲存格的原始內容。

✦ 修改資料

要修改儲存格的資料時，直接雙擊儲存格，或是先選取儲存格，將滑鼠游標移到資料編輯列上，即可修改儲存格的內容。或者在儲存格上按下 **F2** 功能鍵，即可進入該儲存格的編輯狀態，再進行修改。

✦ 清除資料

要清除儲存格內的資料時，先選取該儲存格，按下鍵盤上的 **Delete** 鍵；或是直接在儲存格上按下滑鼠右鍵，點選**「清除內容」**，也可將資料刪除。

2-2 建立公式

Excel的公式跟一般數學方程式一樣,也是由「=」(等號)建立而成。Excel的公式是這麼解釋的:等號左邊的值,是存放計算結果的儲存格;等號右邊的算式,是實際計算的公式。因此,要在儲存格中存放公式計算後的結果,只要在儲存格中,以「=」開始輸入公式,Excel 就知道這是一個公式,並將計算後的結果顯示在該儲存格中。

$$B1 = F3*5+6$$

存放計算結果的儲存格   計算式

✦ 直接輸入公式

先選取欲存放運算結果的儲存格,輸入「=」及數值、運算子等計算式,輸入完畢後按下鍵盤上的 **Enter** 鍵,或按下資料編輯列上的「 ✔ 」按鈕,運算結果會直接顯示在該儲存格中。

step 01 開啟書附光碟中的「ch02→建立公式.xlsx」檔案,將滑鼠游標移至E2儲存格,輸入「**=**」符號,表示要建立公式。

step 02 接著,在「=」後方繼續輸入計算公式「**B2-C2+D2**」。

在Excel中,會用不同顏色的框線,將公式使用到的儲存格標示出來。

step03 按下鍵盤上的**Enter**鍵即完成公式的輸入，E2儲存格會自動顯示計算
結果。而在資料編輯列上，則會顯示該儲存格中所建立的公式。

E2		× ✓ fx	=B2-C2+D2 —2				
	A	B	C	D	E	F	G	H
1	單位：箱	上週庫存	賣出	進貨	本週庫存			
2	桃子	23	15	32	40 —1			
3	櫻桃	67	24	10				
4	芒果	36	10	7				
5								

工作表1 ⊕　　就緒　⊞ ▣ ▦ — ——— + 100%

✦ 選取儲存格來建立公式

在公式中常常須使用到某些儲存格的值做為運算元。在建立公式時，除了直接輸入該儲存格位址之外，也可以直接點選儲存格來取代手動輸入。

step01 接續以上「建立公式.xlsx」檔案的操作，接下來將滑鼠游標移至E3儲存格，輸入「**=**」符號。

SUM		× ✓ fx	=				
	A	B	C	D	E	F	G	H
1	單位：箱	上週庫存	賣出	進貨	本週庫存			
2	桃子	23	15	32	40			
3	櫻桃	67	24	10	= —1			
4	芒果	36	10	7				
5								

工作表1 ⊕　　輸入　⊞ ▣ ▦ — ——— + 100%

step02 接著，以滑鼠左鍵直接點選「**B3**」儲存格。點選後，可以發現在公式後方已自動加上「B3」文字。

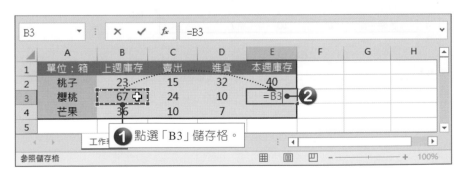

B3		× ✓ fx	=B3				
	A	B	C	D	E	F	G	H
1	單位：箱	上週庫存	賣出	進貨	本週庫存			
2	桃子	23	15	32	40			
3	櫻桃	67 ⊹	24	10	=B3 —2			
4	芒果	36	10	7				
5								

1 點選「B3」儲存格。

工作表1　　參照儲存格　⊞ ▣ ▦ — ——— + 100%

02

儲存格的編輯與操作

step03 接著輸入運算子「**-**」，再點選「**C3**」儲存格。點選後，公式後方則加上「C3」文字。

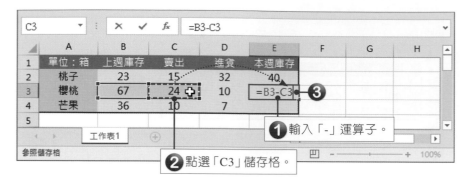

step04 繼續輸入運算子「**+**」，再點選「**D3**」儲存格。點選後，公式後方顯示「D3」文字。

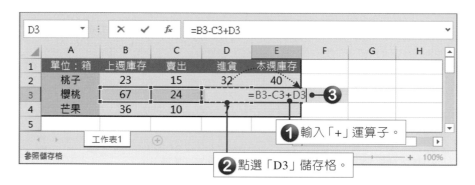

step05 最後按下鍵盤上的**Enter**鍵完成公式的輸入。此種直接點選儲存格的方式不僅較為簡單方便，也較不易出錯。

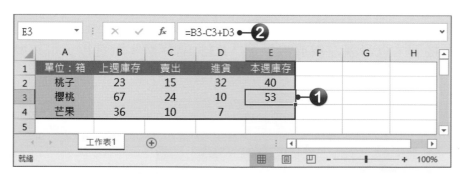

✦ 認識運算符號

算術運算符號

算術運算符號的使用與我們平常所使用的運算符號是一樣的，像是加、減、乘、除等。常見的算術運算符號如下表所列。

加	減	乘	除	百分比	乘冪
+	-	*	/	%	^
6+3	5-2	6*8	9/3	15%	5^3
6加3	5減2	6乘以8	9除以3	百分之15	5的3次方

比較運算符號

比較運算符號主要是用來做邏輯判斷，例如：「10>9」為真；「8=7」為假。通常比較運算符號會與 **IF** 函數搭配使用。常見的比較運算符號如下表所列。

等於	大於	小於	大於等於	小於等於	不等於
=	>	<	>=	<=	<>
A1=B2	A1>B2	A1<B2	A1>=B2	A1<=B2	A1<>B2

文字運算符號

在 Excel 中利用「**&**」符號，可以連結兩個值，產生一個連續的文字。例如：輸入「" 新北市 "&" 土城區 "」會得到「新北市土城區」；輸入「55&66」會得到「5566」。

參照運算符號

在 Excel 中有「**:**」、「**,**」、「**空格**」等參照運算符號。

「**:**」符號表示一個範圍，例如：「B2:C4」表示從 B2 到 C4 儲存格，也就是包含了 B2、B3、B4、C2、C3、C4 等儲存格；而「**,**」符號表示好幾個範圍的集合，就像是不連續選取了多個儲存格範圍一樣；「**空格**」則可以得到不同範圍重疊的部分。

符號	說明	範例
:（冒號）	範圍：兩個儲存格間的所有儲存格	B2:B4
,（逗號）	聯集：多個儲存格範圍的集合	B2:C4,D3:C5,A2,G:G
空格（空白鍵）	交集：擷取多個儲存格範圍交集的部分	B1:B4 A3:C3

✦ 運算子優先順序

　　若一個公式中有多個運算子，Excel會按照運算子的優先順序來執行運算。各種運算符號的運算順序為：**參照運算符號＞算數運算符號＞文字運算符號＞比較運算符號**。如果公式中有多個運算子的優先順序相同（例如：一個公式裡同時有乘法和除法運算子），Excel則會由左至右依序執行運算子。

順序	1	2	3	4	5	6	7	8	9	10	11	12	13	14	15
符號	:	空格	,	－(負)	%	^	*/	+-	&	=	<	>	<=	>=	<>

TIPS

運算符號只有在公式中才能發生作用。若只是直接在儲存格中輸入符號，則視為一般的文字資料，不會進行運算。

試・試・看　　建立儲存格公式

開啟書附光碟中的「ch02→商品利潤估算表.xlsx」檔案，在D4:D8儲存格中，建立計算式如下：（注意：折扣數與成數必須乘以10%）

計算式	計算公式
總成本	定價×進貨量×進貨折扣
實際售價	定價×進貨折扣×（1+實際銷售加成）
促銷單價	實際售價×促銷折扣
銷售總額	促銷單價×進貨量
獲得的利潤	銷售總額 － 總成本

	A	B	C	D	E	F
1	定價 (元)	進貨量 (單位)	進貨折扣 (折)	實際銷售加成 (成)	促銷折扣 (折)	
2	450	2000	7	2	9	
3						
4	進貨總成本？			$	630,000	
5	商品實際銷售時的單價(尚未促銷)？			$	378	
6	商品促銷時的單價？			$	340.20	
7	商品全部賣光所能獲得的金額(促銷價)？			$	680,400	
8	商品全部銷售完畢時可以獲得的利潤？			$	50,400	
9						

工作表1 ⊕

2-3 認識儲存格參照

使用公式時，會填入儲存格位址，而非直接輸入儲存格資料，這種方式叫做「參照」。公式會根據儲存格位址，找出儲存格的資料，進行計算。「參照」的功能在於可提供即時的資料內容。因為若在公式中直接輸入儲存格的數值，則運算結果是固定的，不會即時變動。若使用「參照」，當參照儲存格的資料有變動時，公式會即時運算新的結果，這就是電子試算表的重要功能—**自動重新計算**。

相對參照

在公式中參照儲存格位址，可以進一步稱為**相對參照**，因為Excel用相對的觀點來詮釋公式中的儲存格位址的參照。

有了相對參照，即使是同一個公式，位於不同的儲存格，也會得到不同的結果。我們只要建立一個公式後，再將公式複製到其他儲存格，則其他的儲存格都會根據相對位置調整儲存格參照，計算各自的結果。而相對參照主要的好處就是**重複使用公式**。

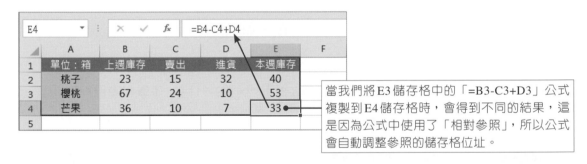

當我們將E3儲存格中的「=B3-C3+D3」公式複製到E4儲存格時，會得到不同的結果，這是因為公式中使用了「相對參照」，所以公式會自動調整參照的儲存格位址。

絕對參照

有時候不希望公式隨著儲存格位置而改變參照位址時，那麼就要將儲存格的位址設定為**絕對參照**。絕對參照可以只固定欄或只固定列，沒有被固定的部分，仍然會依據相對位置調整參照。

只要在儲存格位址前面加上「**$**」符號，就可將該儲存格位址設定為「絕對參照」。例如：$A$5。在複製公式時，被設定為絕對參照的儲存格位址就不會調整參照位址。

舉例來說，B2的公式為「=B$1*$A2」，若將該公式向右複製至C2儲存格時，會變成「=C$1*$A2」，而其中的「$1」和「$A」部分不會改變。絕對參照的應用，通常在於當要判斷的資料在某一個範圍，而此範圍是不會變動時。

✦ 相對參照與絕對參照的轉換

當儲存格要設定為絕對參照時，要先在儲存格位址前輸入「$」符號，若要切換的儲存格位址太多，輸入起來會有點麻煩。這時可利用相對位址與絕對位址的切換小技巧：只要在資料編輯列上選取要轉換的儲存格位址，選取好後再按下鍵盤上的 **F4** 鍵，即可將選取的位址轉換為絕對參照。

舉例來說，在公式中的 B3 運算元中，第一次按下 **F4** 鍵時，會先將「B3」轉換為「$B$3」；再按下一次 **F4** 鍵，會再切換成「B$3」；再按一次 **F4** 鍵，會再切換成「$B3」；再按下一次 **F4** 鍵，則會切換成「B3」。

B3 ⟶F4⟶ $B$3 ⟶F4⟶ B$3 ⟶F4⟶ $B3 ⟶F4⟶ B3

試・試・看　相對參照與絕對參照的應用

開啟書附光碟中的「ch02→中部地區降雨量.xlsx」檔案，進行以下設定。

☑ 計算每季雨量的加總(春季3-5月、夏季6-8月、秋季9-11月、冬季12-2月)。

☑ 計算每季雨量佔總雨量的比例。

	A 地名	B 1月	C 2月	D 3月	E 4月	F 5月	G 6月	H 7月	I 8月	J 9月	K 10月	L 11月	M 12月	N 總雨量
2	嘉義	27.9	43.4	60.4	100.8	201.4	363.6	278	397.9	181.5	18.5	13.2	20.2	
3	台中	34	66.8	88.8	109.9	221.8	361.5	223.7	302.5	137.3	12.3	20.4	21.9	
4	阿里山	88.6	113.7	158.8	209.5	537.1	743.8	592.2	820.4	464	126.1	54.3	53.7	
5	玉山	133.4	161.5	161.4	210.6	441.7	564.3	384.5	463.8	330.4	136.8	82.2	81.5	
6	日月潭	50.2	85.5	114	155.1	343.8	525.1	337.4	402.4	229.6	52.2	27	32.6	
7	梧棲	29.3	74.6	111.7	136.3	217.2	217.4	169.4	234.8	83.1	4	20.9	18.6	
8	合計	363.4	545.5	695.1	922.2	1963	2775.7	1985.2	2621.8	1425.9	349.9	218	228.5	14094
9														
10														
11		春季	夏季	秋季	冬季									
12	季雨量	3580.3	7382.7	1993.8	1137.4									
13	比例	25%	52%	14%	8%									
14														

工作表1　⊕

2-4 自動填滿的使用

Excel中的「自動填滿」功能，可依據一定的規則，快速填滿大量的資料。

✦ 填滿控點

在選取儲存格時，作用儲存格四周除了會顯示粗邊框外，於儲存格的右下角會有個綠點，叫做**填滿控點**。將滑鼠游標移至此控點上，滑鼠游標會呈粗十字狀，接著拖曳填滿控點到其他的儲存格時，可以把目前儲存格的內容填入其他的儲存格中。

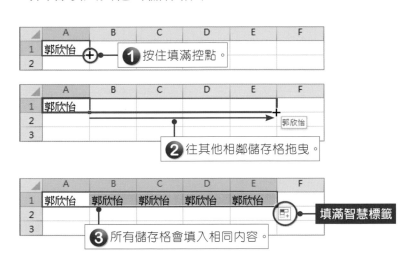

使用填滿控點進行複製資料時，在儲存格的右下角會有個 填滿智慧標籤 圖示，點選此圖示後，即可在選單中選擇要填滿的方式。

填滿智慧標籤選項	說明
複製儲存格	會將資料與資料的格式一模一樣地填滿。
僅以格式填滿	只會填滿資料的格式，而不會將該儲存格的資料填滿。
填滿但不填入格式	會將資料填滿至其他儲存格，而不會套用原儲存格的格式。

✦ 填入公式

如果填滿控點所在的儲存格，資料是由公式產生，Excel會用公式填滿其他儲存格。結果跟複製、貼上公式一樣，公式會隨著位置的不同，改變相對參照的儲存格位址，計算出不同的結果。

✦ 填入規則的內容

填滿控點是Excel一個很方便的功能，它除了可以填入相同的資料，還可以填入規則變化的資料，像是：等差數列、Excel內建的清單，或是以一定差距增加的日期或時間。

等差級數

要產生資料遞增或遞減的連續儲存格，也就是用等差級數填入儲存格。我們以下例來說明如何利用填滿控點來建立等差級數的儲存格內容。

step 01 開啟一個空白活頁簿，在A1及B1儲存格中分別輸入數字「1」及數字「3」。表示起始值為1，間距值為2。

	A	B	C	D	E	F
1	1	3				
2						

step 02 接著選取兩個儲存格，將滑鼠游標移至填滿控點上，往右拖曳到想填滿數列的儲存格。

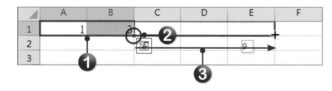

step 03 放掉滑鼠即可產生間距值為2的遞增數列。

	A	B	C	D	E	F
1	1	3	5	7	9	
2						
3						

TIPS

使用填滿控點來填入等差數列，除了可向右拖曳外，也可向上、向下、向左以不同方式的遞增或遞減排列來進行填滿。

此外，對於純數字資料儲存格，可在拖曳填滿控點時，同時按下鍵盤上的 **Ctrl** 鍵，可以遞增1的方式填滿儲存格；而對於含有數字的文字資料執行自動填滿功能時，若不想儲存格內的數字遞增，則可在拖曳時，同時按住鍵盤上的 **Ctrl** 鍵，數字便不會遞增。

日期

　　如果要產生一定差距的日期序列時，只要輸入一個起始日期，拖曳填滿控點到其他儲存格中，即可產生連續日期。

step 01 開啟一個空白活頁簿，在 A1 儲存格中輸入日期「1/1」做為起始日期。

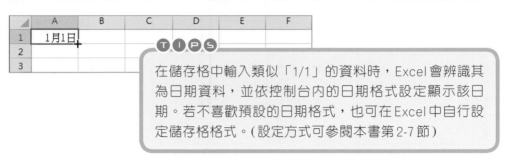

> **T I P S**
>
> 在儲存格中輸入類似「1/1」的資料時，Excel 會辨識其為日期資料，並依控制台內的日期格式設定顯示該日期。若不喜歡預設的日期格式，也可在 Excel 中自行設定儲存格格式。(設定方式可參閱本書第 2-7 節)

step 02 將滑鼠游標移至填滿控點上，往右拖曳到想填滿日期數列的儲存格。

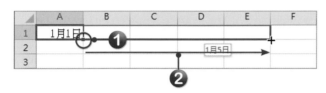

step 03 放掉滑鼠即可產生連續的日期資料。

	A	B	C	D	E	F
1	1月1日	1月2日	1月3日	1月4日	1月5日	
2						
3						

　　利用填滿控點建立日期序列時，也可以按下 **填滿智慧標籤** 選單鈕，在選單中選擇要以**天數、工作日、月或年**等方式填滿儲存格。

- ○ 複製儲存格(C)
- ○ 以數列方式填滿(S)
- ○ 僅以格式填滿(F)
- ○ 填滿但不填入格式(O)
- ○ 以天數填滿(D)
- ◉ 以工作日填滿(W)
- ○ 以月填滿(M)
- ○ 以年填滿(Y)

填滿智慧標籤選項	說明	範例
以天數填滿	會按照日期順序填滿	2016/1/1　2016/1/2　2016/1/3　2016/1/4　2016/1/5
以工作日填滿	會按照日期順序填滿，但會跳過星期六日	2016/1/1　2016/1/4　2016/1/5　2016/1/6　2016/1/7
以月填滿	會按照月份順序填滿	2016/1/1　2016/2/1　2016/3/1　2016/4/1　2016/5/1
以年填滿	會按照年份順序填滿	2016/1/1　2017/1/1　2018/1/1　2019/1/1　2020/1/1

時間

　　如果要產生一定差距的時間序列，只要輸入一個起始時間，拖曳填滿控點到其他儲存格，則會以一**小時**為間距逐漸增加。

	A	B
1	12:30	
2		
3		
4		
5		
6		
7		
8		

	A	B
1	12:30	
2		
3		
4		
5		
6		
7	17:30	
8		

	A	B
1	12:30	
2	13:30	
3	14:30	
4	15:30	
5	16:30	
6	17:30	
7		
8		

其他

　　在 Excel 中預設了一份填滿清單，所以當輸入某些規則性的文字，例如：星期一、一月、第一季、甲乙丙丁、子丑寅卯、Sunday、January 等文字時，利用自動填滿功能，即可在其他儲存格中填入規則性的文字。

	A	B	C	D	E	F	G
1	星期一	星期二	星期三	星期四	星期五	星期六	星期日
2	一月	二月	三月	四月	五月	六月	七月
3	第一季	第二季	第三季	第四季	第一季	第二季	第三季
4	甲	乙	丙	丁	戊	己	庚
5	子	丑	寅	卯	辰	巳	午
6	Sunday	Monday	Tuesday	Wednesday	Thursday	Friday	Saturday
7	January	February	March	April	May	June	July

✦ 填滿數列資料

　　在 Excel 中可建立**等差級數、等比級數、日期、自動填滿**等四種類型的數列資料。除了利用填滿控點之外，也可以點選「**常用→編輯→填滿→數列**」功能，在開啟的「數列」對話方塊中進行數列資料的設定。

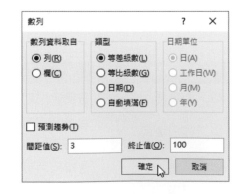

 TIPS
以此法建立數列資料時，須先選取欲建立資料的儲存格範圍，再進行設定。

✦ 自訂清單

　　Excel的填滿序列，是依照一份預設的自訂清單來進行排序。若想建立一套
Excel所沒有的規則性文字清單，也可在自訂清單中建立一份新的清單。

`step 01` 點選「**檔案→選項**」功能，開啟「Excel選項」對話方塊。

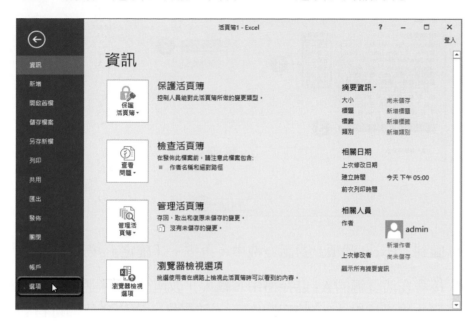

`step 02` 在「Excel選項」對話方塊中點選「**進階**」標籤，將捲動軸捲至最下
方，按下「**編輯自訂清單**」按鈕。

step03 在出現的「自訂清單」對話方塊中，可以看到Excel目前存在的填滿清
單。在**「清單項目」**中輸入自訂的填滿序列後，按下**「新增」**按鈕，即
可將該序列新增至左側的「自訂清單」中，最後按下**「確定」**按鈕，完
成自訂清單的設定。

step04 回到「Excel 選項」對話方塊中，再按下**「確定」**按鈕即可。

step05 接著在活頁簿的 A1 儲存格中，輸入「敦南分店」，將滑鼠游標移至儲存
格的填滿控點上，往下拖曳至A6儲存格，放掉滑鼠即可自動產生剛剛
所自訂的資料序列。

試・試・看　自動填滿

開啓書附光碟中的「ch02→成衣工廠一日產值.xlsx」檔案，進行以下設定。

☑ 利用填滿控點，將「日期」欄位都填入同一天日期，並依每小時為間隔，填上
「工作時間」欄位資料。

☑ 生產線機台運作時間為早上8:00開始，至17:00結束，機台每小時可製造2,500件
衣服。利用填滿控點，填上當日「成品累積數量」欄位資料。

☑ 建立一份機台輪班人員的自訂清單，清單內容如下圖所示。建立好後，利用填滿
控點，填上「機台輪班人員」欄位資料。

☑ 一件衣服的售價為$290，在計算出當日成品累積數量後，請依據這些資訊，於G6
儲存格中，計算一日產值為多少（＝一日成品總數量×商品單價）。

	A	B	C	D	E	F	G	H	I
1	日期	工作時間	成品累積數量	機台輪班人員					
2	2017/5/2	8:00	0	王一					
3	2017/5/2	9:00	2500	陳二					
4	2017/5/2	10:00	5000	林三		成品總數量	22500		
5	2017/5/2	11:00	7500	許四		商 品 單 價	$ 290		
6	2017/5/2	12:00	10000	張五		總 產 值	$ 6,525,000		
7	2017/5/2	13:00	12500	王一					
8	2017/5/2	14:00	15000	陳二					
9	2017/5/2	15:00	17500	林三					
10	2017/5/2	16:00	20000	許四					
11	2017/5/2	17:00	22500	張五					
12									
13									

工作表1

✦ 快速填入

　　快速填入功能可以自動分析並辨識資料表內的資料，若你在新增欄位中填入的資料已存在於表格中，Excel就會自動判斷資料型式，快速填入整欄的其他資料。此功能最適合用於分割資料表中的儲存格內容，例如：想要將含有區碼的電話分成區碼及電話兩個欄位時，就可以利用**快速填入**來進行。

step01 開啟書附光碟中的「ch02→快速填入.xlsx」檔案。在B2儲存格填入A2儲存格電話中的區碼「02」，接著將滑鼠游標移至B2儲存格的填滿控點，並拖曳至B5儲存格。

▲	A	B	C	D
1		區碼	電話	
2	02-22625666	02		
3	04-24785147			
4	03-5812475			
5	07-3574121			
6		05		
7				

step02 按下 ▦▾ **填滿智慧標籤**，於選單中點選**「快速填入」**。

▲	A	B	C	D
1		區碼	電話	
2	02-22625666	02		
3	04-24785147	03		
4	03-5812475	04		
5	07-3574121	05		
6				
7				

- ○ 複製儲存格(C)
- ◉ 以數列方式填滿(S)
- ○ 僅以格式填滿(F)
- ○ 填滿但不填入格式(O)
- ○ 快速填入(F)

TIPS
「快速填入」功能通常在辨識出資料模式後即可運作。

step03 放掉滑鼠左鍵後，Excel便會仿照B2儲存格的內容，自動填入區碼的部分。

▲	A	B	C	D
1		區碼	電話	
2	02-22625666	02		
3	04-24785147	04		
4	03-5812475	03		
5	07-3574121	07		
6				

step04 第C欄的電話部分，也可依照快速填入的方式來進行輸入。

要執行「快速填入」功能時，除了利用填滿控點來設定之外，也可按下「**常用→編輯→填滿→快速填入**」；或是直接按下「**資料→資料工具→快速填入**」指令按鈕。

2-5 儲存格的選取

選取相鄰的儲存格

要選取相鄰的儲存格時，只要用滑鼠拖曳出一個區域，在區域範圍內的儲存格就會被選取，被選取範圍也會以一個粗框表示。

	A	B	C	D	E
1	員工編號	姓名	職稱	年資	
2	A001	郭小怡	主任	10	
3	A002	王小桃	組長	9	
4	A003	楊小芳	領班	7	
5	A004	林小君	經理	5	
6	A005	周小映	工讀生	2	
7					

	A	B	C	D	E
1	員工編號	姓名	職稱	年資	
2	A001	郭小怡	主任	10	
3	A002	王小桃	組長	9	
4	A003	楊小芳	領班	7	
5	A004	林小君	經理	5	
6	A005	周小映	工讀生	2	
7					

也可以先以滑鼠左鍵點選欲選取範圍左上角的儲存格，然後按住鍵盤上的 **Shift** 鍵，再以滑鼠左鍵點選欲選取範圍右下角的儲存格，即可快速選取兩者間的儲存格範圍。

	A	B	C	D	E
1	員工編號	姓名	職稱	年資	
2	A001	郭小怡	主任	10	
3	A002	王小桃	組長	9	
4	A003	楊小芳	領班	7	
5	A004	林小君	經理	5	
6	A005	周小映	工讀生	2	
7					

	A	B	C	D	E
1	員工編號	姓名	職稱	年資	
2	A001	郭小怡	主任	10	
3	A002	王小桃	組長	9	
4	A003	楊小芳	領班	7	
5	A004	林小君	經理	5	
6	A005	周小映	工讀生	2	
7					

❶ 先點選選取範圍左上角的 A2 儲存格。

❷ 再按住鍵盤上的 **Shift** 鍵不放，接著點選選取範圍右下角的 C5 儲存格，即可將 A2：C5 的儲存格範圍一併選取起來。

TIPS
若欲選取某連續範圍的所有儲存格，只要先點選該連續範圍中的任一儲存格，再按下鍵盤上的 **Ctrl+A** 快速鍵，就可以將該儲存格所在的整個連續範圍儲存格一併選取起來。

選取不相鄰的儲存格

要選取不相鄰的儲存格時，先點選第一個要選取的儲存格後，按著鍵盤上的 **Ctrl** 鍵不放，再去點選其他要選取的儲存格。

	A	B	C	D	E
1	員工編號	姓名	職稱	年資	
2	A001	郭小怡	主任	10	
3	A002	王小桃	組長	9	
4	A003	楊小芳	領班	7	
5	A004	林小君	經理	5	
6	A005	周小映	工讀生	2	
7					

	A	B	C	D	E
1	員工編號	姓名	職稱	年資	
2	A001	郭小怡	主任	10	
3	A002	王小桃	組長	9	
4	A003	楊小芳	領班	7	
5	A004	林小君	經理	5	
6	A005	周小映	工讀生	2	
7					

1 先點選第一個要選取的儲存格。

2 再按住鍵盤上的 **Ctrl** 鍵不放，接著點選其他要選取的儲存格。

T I P S

按住鍵盤上的 **Ctrl** 鍵選取不相鄰的儲存格，除了可點選單一儲存格之外，也可以框選多個儲存格相鄰的儲存格範圍喔！

選取單一欄或多欄

要選取單一欄時，直接在該欄號上按一下滑鼠左鍵即可選取；若要選取多欄時，按著滑鼠左鍵不放，並拖曳滑鼠至要選取的欄即可。若要選取不相鄰的欄時，先按著 **Ctrl** 鍵不放，再去點選欄號。

	A	B	C	D	E
1	員工編號	姓名	職稱	年資	
2	A001	郭小怡	主任	10	
3	A002	王小桃	組長	9	
4	A003	楊小芳	領班	7	
5	A004	林小君	經理	5	
6	A005	周小映	工讀生	2	
7					

	A	B	C	D	E
1	員工編號	姓名	職稱	年資	
2	A001	郭小怡	主任	10	
3	A002	王小桃	組長	9	
4	A003	楊小芳	領班	7	
5	A004	林小君	經理	5	
6	A005	周小映	工讀生	2	
7					

選取單一列或多列

要選取單一列時，在列號上按一下滑鼠左鍵即可選取；若要選取多列時，按著滑鼠左鍵不放，並拖曳滑鼠至要選取的列。若要選取不相鄰的列時，先按著 **Ctrl** 鍵不放，再去點選列號。

	A	B	C	D	E
1	員工編號	姓名	職稱	年資	
2	A001	郭小怡	主任	10	
3	A002	王小桃	組長	9	
4	A003	楊小芳	領班	7	
5	A004	林小君	經理	5	
6	A005	周小映	工讀生	2	
7					

	A	B	C	D	E
1	員工編號	姓名	職稱	年資	
2	A001	郭小怡	主任	10	
3	A002	王小桃	組長	9	
4	A003	楊小芳	領班	7	
5	A004	林小君	經理	5	
6	A005	周小映	工讀生	2	
7					

2-6 儲存格的調整

✦ 移動儲存格

若要將某一儲存格中的內容，移動到其他儲存格時，可以先選取儲存格，讓該儲存格成為作用儲存格。再把滑鼠移到該儲存格的邊框上，此時滑鼠游標會呈「」狀態，接著按下滑鼠左鍵不放，拖曳這個儲存格，就能移動儲存格到其他位置了。

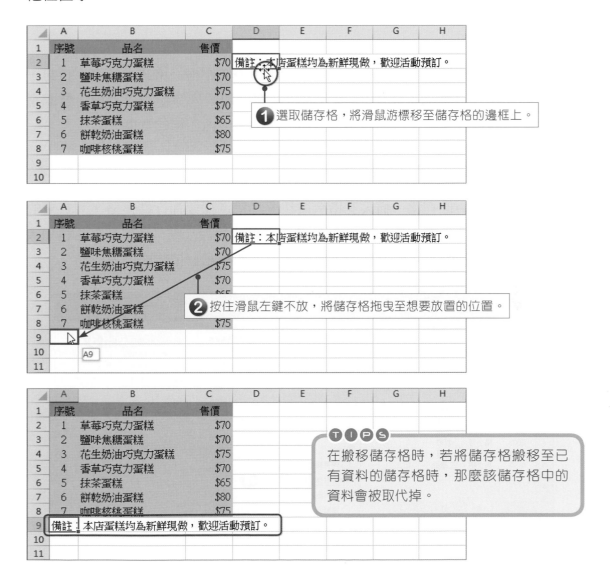

① 選取儲存格，將滑鼠游標移至儲存格的邊框上。

② 按住滑鼠左鍵不放，將儲存格拖曳至想要放置的位置。

TIPS

在搬移儲存格時，若將儲存格搬移至已有資料的儲存格時，那麼該儲存格中的資料會被取代掉。

除了使用滑鼠拖曳儲存格外，還可以使用「**常用→剪貼簿**」群組中的「**剪下**」與「**貼上**」指令按鈕來移動儲存格。

✦ 改變欄寬和列高

有時候輸入的資料比較多時，文字會超出儲存格的範圍，這時可以直接拖曳欄標題或列標題之間的分隔線，改變欄位大小，以便容下所有的資料。

自動調整欄寬

除了手動調整欄寬之外，也可以點選**「常用→儲存格→格式」**指令下拉鈕，於選單中點選**「自動調整欄寬」**，或者直接在欄標題或列標題的分隔線上**雙擊滑鼠左鍵**，儲存格就會依所輸入的文字長短，自動調整儲存格的寬度。

✦ 插入儲存格、列、欄

點選**「常用→儲存格→插入」**指令按鈕，可以選擇要進行儲存格、列或欄的插入。若點選**「插入儲存格」**時，會開啟**「插入」**對話方塊，這裡會有四種插入的方式，你可以依照需求做選擇，選擇好後按下**「確定」**按鈕即可完成。

> **TIPS**
>
> 要在工作表中插入一整欄或一整列時，可以先選取某一欄或列，再按下滑鼠右鍵，在選單中選擇**「插入」**功能，即可在其上或其左新增一欄或一列。

✦ 刪除儲存格、列、欄

點選「**常用→儲存格→刪除**」指令按鈕，可以選擇要進行儲存格、列或欄的刪除。若點選「**刪除儲存格**」時，會開啟「刪除」對話方塊，這裡會有四種刪除的方式，你可以依照需求做選擇，選擇好後按下「**確定**」按鈕即可完成。

刪除選項	說明
右側儲存格左移	刪除目前的儲存格後，右邊的儲存格會往左移動遞補位置。
下方儲存格上移	刪除目前的儲存格後，下方的儲存格會往上移動遞補位置。
整列	儲存格所在的該列會全部刪除。
整欄	儲存格所在的該欄會全部刪除。

 試‧試‧看 儲存格的移動與增刪

開啟書附光碟中的「ch02→收支表.xlsx」檔案，進行以下設定。

☑ 收支表的欄位順序，由左至由請依「日期、項目、收入、支出」的順序排列。

☑ 將所有項目按照日期依序排列。

☑ 將「會錢」的「$10,000」列為支出項目。

☑ 將「信用卡費」整筆資料刪除。

項目	收入	支出	日期
零食		$1,356	3/16
薪水	$30,000		3/5
會錢	$10,000		3/6
餐費		$1,000	3/10
衣服		$2,300	3/20
信用卡費		$13,020	3/9

日期	項目	收入	支出
3/5	薪水	$30,000	
3/6	會錢		$10,000
3/10	餐費		$1,000
3/16	零食		$1,356
3/20	衣服		$2,300

2-7 儲存格的資料格式

依照不同的資料內容，我們可將儲存格的格式進行不同的設定。例如：將日期欄位中的儲存格設定為日期格式；將金額欄位中的儲存格設定為貨幣格式。

要變更儲存格的資料格式時，可點選「**常用→數值→通用格式**」下拉鈕，在選單中進行儲存格資料格式的變更設定。

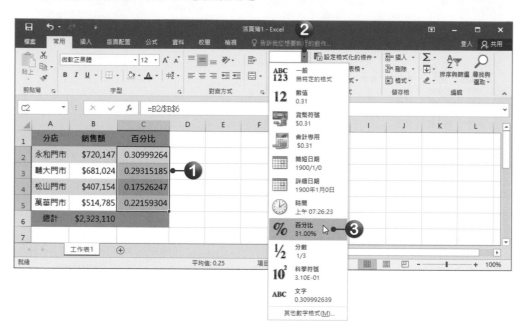

在「**常用→數值**」群組中還有一些較常用的功能按鈕，方便使用者直接設定資料格式，分別介紹如下：

功能按鈕		功能說明	範例
$ ▾	會計數字格式	將儲存格格式設定為「會計數字」樣式。	1234 → \$1,234.00
%	百分比樣式	將儲存格格式設定為「百分比」樣式。	0.25 → 25%
,	千分位樣式	將儲存格格式設定為「千分位」樣式。	1234 → 1,234.00
←.0 .00	增加小數位數	讓儲存格的數字內容增加一個小數位數。	45.8 → 45.80
.00 →.0	減少小數位數	讓儲存格的數字內容減少一個小數位數。	45.8 → 46

透過這些設定，雖然可以改變儲存格的顯示方式，但其真正的數值並不會受到影響，我們仍然可以在資料編輯列上看到該儲存格真正的數值。

除了上述方法之外，若要進行較進階的儲存格格式設定，就須點選「**常用
→數值**」群組的  **對話方塊啟動鈕**，開啟「**儲存格格式**」對話方塊中的「**數
值**」標籤進行設定。

TIPS
點選「**常用→儲存格→格式→儲存格格式**」指
令；或在儲存格上按下滑鼠右鍵，在選單中
選擇「**儲存格格式**」，都可以開啟「**儲存格格
式**」對話方塊，進行儲存格格式的設定。

若無特殊設定，儲存格預設的資料格式均為「**通用格式**」。以下介紹幾種常
用的儲存格資料格式：

數值

在Excel儲存格中，數值格式的資料會靠右對齊。數值是進行計算的重要元
件，Excel對於數值的內容有很詳細的設定。首先來看看如何在儲存格中輸入以
下各種類型的數值。

數值類型	範例	輸入說明
正數	59684	直接輸入數值
負數	-456	數值前加上「-」(負號)
小數	134.463	整數與小數之間加上「.」(小數點)
分數	5 3/4	整數與分數之間加上一半形空白

　　一般可透過「**常用→數值**」群組中的各種格式工具鈕進行格式上的設定。若要更詳細地設定數值格式，則可依照下列步驟進行設定：

step 01 開啟書附光碟中的「ch02→來來商店季節銷售分析.xlsx」檔案。將要變更格式的儲存格範圍D3：D8選取起來，按下滑鼠右鍵，在選單中選擇「**儲存格格式**」選項。

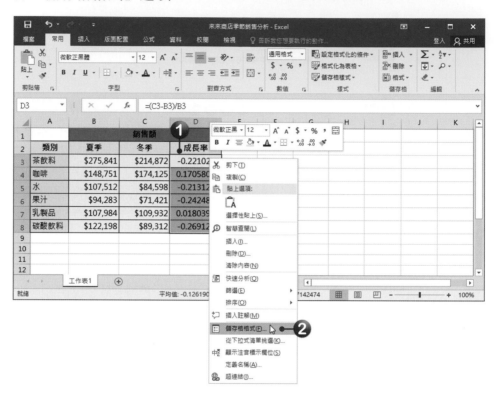

step 02 點選「**數值**」標籤，在類別項目中選擇「**數值**」。

step 03 將小數位數設定為「**3**」位，選擇含負號的紅色數字來表示負數，設定好後，按下「**確定**」按鈕即完成設定。

貨幣

　　貨幣格式的設定與數值差不多，均可設定**小數位數**、**千分位符號**及**負數**的表示。唯一的差別在於貨幣性質的格式可以選擇各種不同國家的貨幣符號。

試．試．看　儲存格格式設定─數值、百分比

開啓書附光碟中的「ch02→全球主要股價指數.xlsx」檔案，進行以下設定。

☑ 將「最近收盤」及「當日漲跌」兩個欄位內的資料，小數位數調整至「3」位，並加上千分位(,)符號。

☑ 將「漲跌幅」欄位內的資料改為以百分比顯示。

全球主要股價指數			
指數名稱	最近收盤	當日漲跌	漲跌幅%
道瓊工業指數	9,423.680	26.170	28%
法蘭克福DAX指數	3,565.470	64.240	183%
Nasdaq綜合指數	1,777.550	17.010	97%
費城半導體指數	435.640	13.400	317%
史坦普500指數	1,003.270	2.970	30%
台灣加權股價指數	5,646.620	34.760	62%
東京日經225指數	10,315.650	-47.040	-45%
香港恆生指數	10,680.210	36.580	34%
漢城綜合股價指數	754.340	17.140	233%
倫敦金融時報100指數	4,223.500	6.100	14%

文字

　　在Excel儲存格中，只要不是數字，都會被視為文字，例如：身分證字號（數字摻雜文字）。而文字格式的資料，在輸入時都會自動靠左對齊。若要將一連串輸入的數字視為文字，例如：會員編號、郵遞區號、電話號碼等，這類數字並非用於計算，而須歸類為文字，只要在數字前面加上「'」（單引號），就會變成文字格式。

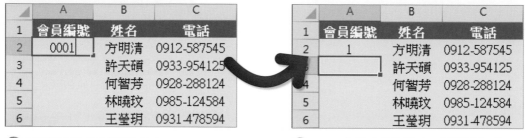

❶ 若直接輸入會員編號「0001」。　　　　❷ Excel會將它視為數字，而顯示為「1」。

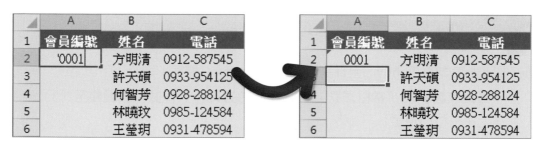

❶ 在會員編號數字之前加上「'」，即輸入「'0001」。　　❷ Excel由「'」得知該儲存格屬於文字，會完整顯示所輸入的內容。

　　當我們將數字設定為文字格式時，該儲存格的左上角會出現一個綠色三角形，這是因為Excel執行「錯誤檢查」動作後，發現該儲存格的內容與格式可能有所衝突，因此以綠色三角形來提醒使用者。

儲存格的左上角若出現綠色三角形，代表儲存格內容可能有誤。

　　若選取該儲存格，便會出現一個驚歎號的 [!] 追蹤錯誤 圖示按鈕。將滑鼠游標移至圖示上方，就會顯示錯誤檢查的結果。

	A	B	C	D	E	F
1	**書籍編號**	**書名**				
2	06162047	[!]▾機概論				
3		此儲存格內的數字其格式為文字或開頭為單引號。				
4						

按下 ◆▾ **追蹤錯誤** 圖示旁的下拉鈕，會出現選項清單，讓我們選擇如何處置發現的錯誤。

由於我們在此的確欲將該數字轉換為文字格式，所以在選單中選擇「**忽略錯誤**」，則儲存格上的綠色三角形就會消失。

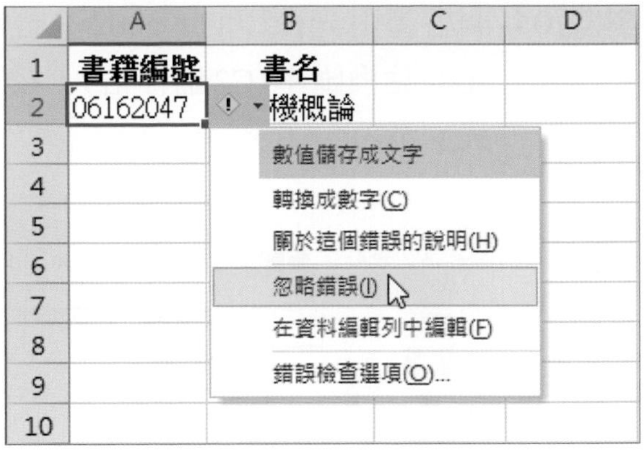

	A	B	C	D
1	**書籍編號**	**書名**		
2	06162047	！▾ 機概論		
3		數值儲存成文字		
4		轉換成數字(C)		
5		關於這個錯誤的說明(H)		
6		忽略錯誤(I)		
7				
8		在資料編輯列中編輯(F)		
9		錯誤檢查選項(O)...		
10				

日期

在儲存格中要輸入日期時，要用「-」（破折號）或「/」（斜線）區隔年、月、日。輸入日期後，儲存格會以預設格式顯示日期。

另外須特別提醒的是，在 Excel 中，「年」是以西元計。而小於或等於 29 的值，會被視為西元 20×× 年；大於 29 的值，則會被當作西元 19×× 年。例如：輸入「29/12/31」，會自動認定為西元 2029 年 12 月 31 日；輸入「30/12/31」，會自動認定為西元 1930 年 12 月 31 日。

若欲設定儲存格的日期格式，可以按下「**常用→數值**」群組的 ◩ **對話方塊啟動鈕**，開啟「**儲存格格式**」對話方塊，在「**數值**」標籤的「**日期**」類別中設定日期顯示格式。

時間

在儲存格中輸入時間時，要用「**:**」（冒號）隔開。時間又分為以 **12 小時制**或 **24 小時制**表示。使用 12 小時制時，最好在時間之後按一個空白鍵，加上「a」（上午）或「p」（下午）。例如：「3:24 p」表示是下午 3 點 24 分。

若欲設定儲存格的時間格式，可以按下「**常用→數值**」群組的 ◩ **對話方塊啟動鈕**，開啟「**儲存格格式**」對話方塊，在「**數值**」標籤的「**時間**」類別中設定時間顯示格式。

TIPS

在預設情況下，Excel 儲存格中的文字格式資料會靠左對齊，而數值、日期及時間等資料則會靠右對齊。

step01 開啓書附光碟中的「ch02→台幣兌換外幣匯率表.xlsx」檔案。選取美元的兌換匯率(C2儲存格),按下滑鼠右鍵,在選單中選擇「**儲存格格式**」選項。

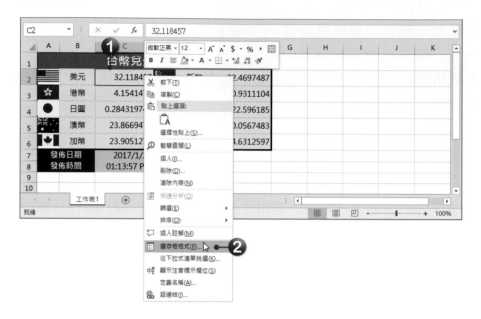

step02 在開啓的「儲存格格式」對話方塊中,點選「**數值**」標籤,在類別項目中選擇「**貨幣**」。

step03 將小數位數設定為「**3**」位,並於「符號」選單中選擇「**USD**」貨幣符號,設定好後,按下「**確定**」按鈕,完成C2儲存格的格式設定。

step 04 接著依相同方式修改其他貨幣的匯率儲存格格式，並將小數位數皆設定為「3」位。各國貨幣請參考下表。

港幣	日圓	澳幣	加幣	新幣	泰幣	紐元	英鎊	人民幣
HKD	JPY	AUD	CAD	SGD	THB	NZD	GBP	CNY

step 05 接著，將發佈日期的日期格式(C7 儲存格)設定為「106年1月22日」。

step 06 再將發佈時間的時間格式(C8 儲存格)設定為「下午1時13分」。

step07 都設定完成後，完成結果如下圖所示。

結果檔案請參考書附光碟中的「ch02→
台幣兌換外幣匯率表-結果.xlsx」檔案。

試‧試‧看　儲存格格式設定－特殊、日期、貨幣

開啟書附光碟中的「ch02→報價單.xlsx」檔案，進行以下設定。

☑ 將F4及I4儲存格的格式設定為「一般電話號碼(8位數)」。

☑ 將I5儲存格的格式設定為「106年10月10日」。

☑ 將E8：I18儲存格的格式設定為「貨幣」、小數位數為0、貨幣符號為$。

| 手創設計公司 報價單 | 新北市土城區忠宗義路21號 TEL：02-2262-5666 FAX：02-2262-1868 統一編號：04383129 |

客戶資料

| 客戶姓名 | 開喜小吃 | | 聯絡電話 | (02) 2148-5312 | 傳真號碼 | (02) 2148-5124 |
| 客戶地址 | 新北市永和區永和路100號 | | | | 報價日期 | 106年10月10日 |

編號	產品名稱	數量	單價	折扣前金額	折扣金額	稅金	總價	備註
1	海報設計(A3)	3	$1,800	$5,400	$540	$243	$5,103	
2	名片設計	1	$3,200	$3,200	$320	$144	$3,024	
3								
4								
5								
6								
7								
8								
9								
10								
合計							$8,127	

附註說明

| 本報價單有效期限自報價日起算三十日內有效。本報價單含稅。 | 報價人簽名或蓋章 |

報價單

2-8 名稱的使用

除了使用儲存格位址來指定儲存格範圍之外，還可以設定一個「名稱」來稱呼特定的儲存格範圍（連續、非連續皆適用）。例如：將A1：E5儲存格範圍的名稱設定爲「業績」，日後無論是選取儲存格、建立公式、設定函數，皆可直接鍵入「業績」來代表A1：E5這個儲存格範圍。

接下來我們開啓書附光碟中的「ch02→早餐銷售數量.xlsx」檔案，依照下列步驟來學習名稱的使用。

✦ 定義名稱

step01 直接點選「公式→已定義之名稱→定義名稱」指令按鈕，開啓「新名稱」對話方塊。

step02 在「新名稱」對話方塊中，先輸入欲定義的名稱，輸入好後，按下「參照到」項目的 圖 按鈕，接著設定該名稱指定的儲存格範圍。

step03 按下 圖 按鈕後，會將對話方塊收合起來，此時利用滑鼠左鍵選取儲存格範圍。選取好後，按下 圖 按鈕回到對話方塊中。

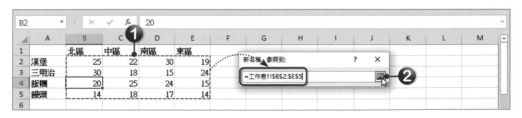

step 04 回到「新名稱」對話方塊後，按下「確定」按鈕，即完成儲存格範圍的名稱定義。

step 05 定義了儲存格範圍的名稱後，只要按下方塊名稱旁的下拉鈕，選擇儲存格範圍名稱，即可立即選取該名稱所代表的儲存格範圍。

銷售量						
	A	B	C	D	E	F	G
1		北區	中區	南區	東區		
2	漢堡	25	22	30	19		
3	三明治	30	18	15	24		
4	飯糰	20	25	24	15		
5	饅頭	14	18	17	14		
6							

TIPS

也可以先選取範圍後，直接在名稱方塊上輸入新的名稱，按下鍵盤上的 **Enter** 鍵，即完成名稱的命名。

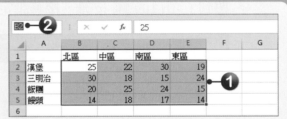

❶ 先選取要設定名稱的儲存格範圍，再以滑鼠左鍵按一下資料編輯列中的「方塊名稱」，將原先的位址選取起來。

❷ 直接在方塊名稱中鍵入名稱，按下鍵盤上的 **Enter** 鍵，完成名稱的命名。

❸ 按下方塊名稱旁的下拉鈕，即可看到已建立的儲存格範圍名稱。

✦ 依表格標題建立名稱

如果已爲表格輸入適當的標題時，則可將標題自動建立爲名稱。我們接續上述「早餐銷售數量.xlsx」檔案，繼續以下操作：

step01 選取含有標題和資料內容的儲存格範圍，也就是 **A1：E5** 儲存格，點選「公式→已定義之名稱→從選取範圍建立」指令按鈕，開啓「以選取範圍建立名稱」對話方塊。

step02 在「以選取範圍建立名稱」對話方塊中，依據標題所在位置，勾選「**頂端列**」和「**最左欄**」，按下「**確定**」按鈕完成設定。

step03 回到工作表後，只要按下方塊名稱旁的下拉鈕，即可看到所有標題都被設定爲名稱。當點選某一個名稱時，就可自動選取該名稱所代表的儲存格範圍。

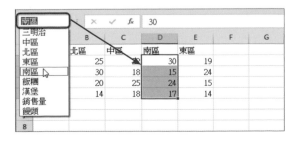

✦ 修改已建立的名稱

step 01 點選「公式→已定義之名稱→名稱管理員」指令按鈕,開啓「名稱管理員」對話方塊。

step 02 在「名稱管理員」對話方塊中,先點選要修改的名稱,按下**「編輯」**按鈕,開啓「編輯名稱」對話方塊。

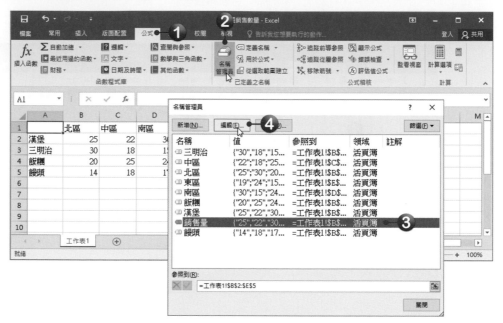

step 03 在開啓的「編輯名稱」對話方塊中,可以直接在**「名稱」**欄位修改其命名;或是在**「參照到」**欄位中重新設定所涵蓋的儲存格範圍。設定完成後,按下**「確定」**按鈕,即完成名稱的修改。

step 04　再回到「名稱管理員」對話方塊中，可以看到已經修改過的名稱，最後按下「**關閉**」按鈕完成設定。

✦ 刪除名稱

step 01　點選「**公式→已定義之名稱→名稱管理員**」指令按鈕，開啓「名稱管理員」對話方塊。

step 02　在「名稱管理員」對話方塊中點選要刪除的名稱，按下「**刪除**」按鈕。

step 03　此時會開啓一個訊息視窗，確認是否要刪除這個名稱，在此按下「**確定**」按鈕。

step 04　接著在「名稱管理員」對話方塊中，可以發現該名稱已被刪除，按下「**關閉**」按鈕完成設定即可。

選擇題

(　　)1. 在 Excel 的單一儲存格中進行多列文字的輸入，可在儲存格中按下下列何組快速鍵來進行換行的動作？ (A)Enter (B)Alt+Enter (C)Shift+Enter (D)Tab。

(　　)2. 在儲存格中按下下列哪一個功能鍵，可進入該儲存格的編輯狀態？ (A)F2 (B)F4 (C)F6 (D)F8。

(　　)3. 下列選項何者正確？ (A)「5-7*3」的結果是 -6 (B)「5*3<-10」的結果是假的 (C)「2^3+2」的結果是 32 (D)輸入 123&456 會等於 579。

(　　)4. 「B2:C4」指的是？ (A)B2、B3、B4、C2、C3、C4 儲存格 (B)B2、C4 儲存格 (C)B2、C2、B4、C4 儲存格 (D)B2、C2、B4 儲存格。

(　　)5. 在表示儲存格範圍時，下列哪一個符號可以取得儲存格範圍交集的部分？ (A)：(冒號) (B)，(逗號) (C)；(分號) (D)　(空白鍵)。

(　　)6. 下列哪一個運算符號的優先順序為第一？ (A)& (B)+ (C)% (D)>。

(　　)7. 下列哪個說法不正確？ (A)「A1」是相對參照 (B)「$A$1」是絕對參照 (C)「$A6」只有欄採相對參照 (D)「A$1」只有列採絕對參照。

(　　)8. 在 Excel 中，使用「填滿」功能時，可以填入哪些規則性資料？ (A)等差級數 (B)日期 (C)等比級數 (D)以上皆可。

(　　)9. 如果儲存格的資料格式是數字，而希望遞增 1 時，可在拖曳填滿控點時同時按下何鍵？ (A)Ctrl (B)Alt (C)Shift (D)Tab。

(　　)10. 有關儲存格的選取方式，下列敘述何者錯誤？ (A)按下欄標題可以選取一整欄 (B)利用鍵盤上的 Alt 鍵，可選取不相鄰的儲存格 (C)按下全選方塊可選取工作表中的所有儲存格 (D)利用鍵盤上的 Shift 鍵，可選取兩儲存格間的儲存格範圍。

(　　)11. 在 Excel 中，如果想輸入分數「八又四分之三」，應該如何輸入？ (A)8+4/3 (B)8 3/4 (C)8 4/3 (D)8+3/4。

(　　)12. 在 Excel 中，輸入「27-12-8」，是代表幾年幾月幾日？ (A)1927 年 12 月 8 日 (B)1827 年 12 月 8 日 (C)2127 年 12 月 8 日 (D)2027 年 12 月 8 日。

(　　)13. 在 Excel 中，輸入「9:37 a」和「21:37」，是表示什麼時間？ (A)都表示晚上 9 點 37 分 (B)早上 9 點 37 分和晚上 9 點 37 分 (C)都表示早上 9 點 37 分 (D)晚上 9 點 37 分和早上 9 點 37 分。

( )14. 在 Excel 中,要將輸入的數字轉換為文字時,輸入時須於數字前加上哪個符號? (A)逗號 (B)雙引號 (C)單引號 (D)括號。

( )15. 下列有關 Excel 之敘述,何者有誤? (A)在儲存格中輸入「32-10-4」,表示為「1932年10月4日」(B)在欄標題的分隔線上雙擊滑鼠左鍵,可自動調整欄寬 (C)Excel是以綠色三角形表示該儲存格有誤 (D)若以填滿控點複製儲存格中的公式,預設會以絕對參照的方式複製公式。

( )16. 在 Excel 中,如果輸入日期與時間格式正確,則所輸入的日期與時間,在預設下儲存格內所顯示的位置為下列何者? (A)日期靠左對齊,時間靠右對齊 (B)日期與時間均置中對齊 (C)日期與時間均靠右對齊 (D)日期靠右對齊,時間置中對齊。

● 實作題

1. 開啟「ch02→國民年金.xlsx」檔案,進行以下的設定。

● 將出生年月日欄位資料格式修改為日期格式中的「101年3月14日」。

● 將聯絡電話欄位資料格式修改為特殊格式中的「一般電話號碼(8位數)」。

● 將薪資、月投保金額、A式、B式等欄位的資料格式修改為「貨幣」,並加上二位小數點。

● 在 G4 儲存格中加入「(月投保金額×保險年資×0.65%)+3,000元」公式,並以拖曳填滿控點的方式,將公式複製至 G5:G33。

● 在 H4 儲存格中加入「月投保金額×保險年資×1.3%」公式,並以拖曳填滿控點的方式,將公式複製至 H5:H33。

	員工姓名	出生年月日	聯絡電話	薪資	月投保金額	保險年資	試算結果	
							A式	B式
4	周杰輪	46年1月22日	2507-1421	$32,000.00	$17,280.00	15	$4,684.80	$3,369.60
5	蔡一零	45年11月20日	2310-2954	$55,400.00	$17,280.00	20	$5,246.40	$4,492.80
6	劉德划	34年4月5日	2577-4541	$25,200.00	$17,280.00	30	$6,369.60	$6,739.20
7	梁吩偉	46年9月21日	2754-8512	$26,400.00	$17,280.00	18	$5,021.76	$4,043.52
8	鄭依鍵	40年3月6日	2654-1257	$31,800.00	$17,280.00	20	$5,246.40	$4,492.80
9	林痣玲	50年5月18日	2136-5841	$32,000.00	$17,280.00	15	$4,684.80	$3,369.60
10	金城舞	55年8月21日	2431-5698	$36,300.00	$17,280.00	20	$5,246.40	$4,492.80
11	梁泳旗	56年5月30日	2145-8754	$67,000.00	$17,280.00	25	$5,808.00	$5,616.00
12	羅志翔	56年8月7日	2365-1475	$31,000.00	$17,280.00	30	$6,369.60	$6,739.20
13	王淨盈	37年6月21日	2365-1754	$38,200.00	$17,280.00	18	$5,021.76	$4,043.52

國民年金 - 老年年金給付 試算表

2. 開啟「ch02→單曲銷售紀錄.xlsx」檔案，進行以下的設定。

● 將C欄的日期格式更改為「14-Mar-12」；將D與F欄的金額格式加上日圓貨幣符號(¥)；將E欄的銷售量數字格式加上千分位符號(,)。

● 在F2儲存格中建立「銷售金額」的公式（價格×銷售量），並使用自動填滿功能，計算出各單曲的銷售金額。

● 將各欄調整至適當大小，將列高調整為「20」。

	A	B	C	D	E	F
1	張數	單曲名稱	發售日期	價格	銷售量	銷售金額
2	1	A‧RA‧SHI	3-Nov-14	¥971	975,028	¥946,752,188
3	2	SUNRISE日本	5-Apr-14	¥971	405,680	¥393,915,280
4	3	Typhoon Generation	12-Jul-14	¥971	361,110	¥350,637,810
5	4	感謝感激雨嵐	8-Nov-14	¥971	367,201	¥356,552,171
6	5	因為妳所以我存在	18-Apr-13	¥971	323,020	¥313,652,420
7	6	時代	1-Aug-14	¥971	384,462	¥373,312,602
8	7	a Day in our Life	6-Feb-14	¥500	378,454	¥189,227,000
9	8	心情超讚	17-Apr-14	¥500	239,751	¥119,875,500
10	9	PIKANCHI	17-Oct-14	¥500	172,644	¥86,322,000
11	10	不知所措	13-Feb-14	¥1,200	145,200	¥174,240,000

3. 開啟「ch02→元大基金.xlsx」檔案，進行以下的設定。

● 將交易日欄位的格式設定為「91年3月22日」。

● 將「最新淨值」及「前交易日淨值」的資料格式加上「$」貨幣符號，小數位數顯示到第四位。

● 漲跌幅改以百分比顯示。

● 將C4：C19儲存格範圍設定名稱為「淨值」。

淨值		× ✓ fx	6.3			
	A	B	C	D	E	F	G
1			元大投信旗下基金				
2							
3	基金名稱	最新交易日	最新淨值	前交易日	前交易日淨值	漲跌幅%	
4	元大滿益	106年3月20日	$6.3000	2002年3月19日	$6.1800	12%	
5	元大開發基金	106年12月6日	$4.9500	2001年12月6日	$4.9500	0%	
6	元大多利基金	106年3月20日	$15.3860	2002年3月19日	$15.3847	0%	
7	元大多利二號	106年3月20日	$13.5105	2002年3月19日	$13.5093	0%	
8	元大萬泰基金	106年3月20日	$12.9696	2002年3月19日	$12.9686	0%	
9	元大中國基金	106年11月12日	$3.5000	2001年11月12日	$3.5000	0%	
10	元大多元基金	106年3月20日	$8.9700	2002年3月19日	$8.7900	18%	
11	元大多福基金	106年3月20日	$17.0600	2002年3月19日	$16.6100	45%	
12	元大多多基金	106年3月20日	$11.4200	2002年3月19日	$11.1300	29%	
13	元大卓越基金	106年3月20日	$20.5800	2002年3月19日	$20.1400	44%	
14	元大店頭基金	106年3月20日	$6.4300	2002年3月19日	$6.2700	16%	
15	元大高科技	106年3月20日	$9.5800	2002年3月19日	$9.3400	24%	
16	元大經貿基金	106年3月20日	$10.5200	2002年3月19日	$10.2500	27%	
17	元大新主流基金	106年3月20日	$6.8600	2002年3月19日	$6.6900	17%	
18	元大全球通訊	106年3月20日	$3.2500	2002年3月19日	$3.2700	-2%	
19	元大巴菲特	106年3月20日	$9.5400	2002年3月19日	$9.4300	11%	
20							

EXCEL 2016

CHAPTER

03

改變工作表的外觀

✪ 本章學習重點

3-1 文字格式設定

Excel的預設文字字型為新細明體、標準字型樣式、12點大小、黑色。

若要變更儲存格文字樣式時，可以使用「**常用→字型**」群組中的各種指令按鈕，即可變更文字樣式；或是按下**字型**群組的 對話方塊啟動鈕，開啟「儲存格格式」對話方塊，進行字型、樣式、大小、底線、色彩、特殊效果等設定。

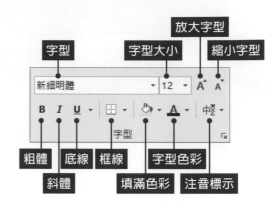

✦ 字型

先選取要進行設定的儲存格，點選「**常用→字型→字型**」下拉鈕，此時將滑鼠游標移至清單任一字型上，可以在工作表中預覽套用該字型的效果。選定字型後，在選單中直接點選想要套用的字型即可。

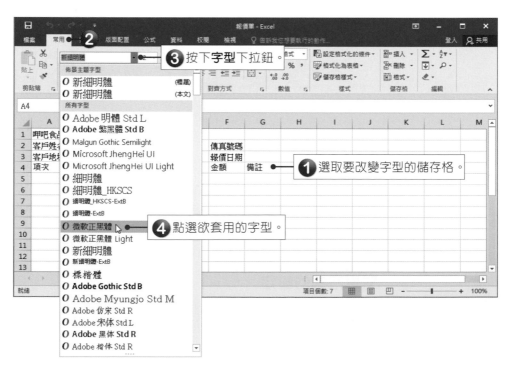

TIPS

若要單獨更改儲存格中個別字元的格式時，只要在儲存格上雙擊滑鼠左鍵，進入編輯狀態，即可單獨選取儲存格中的某個字元，選取後再進行文字格式的設定即可。

✦ 字型大小

　　先選取要進行設定的儲存格，點選「**常用→字型→字型大小**」下拉鈕，此時將滑鼠游標移至清單任一字型大小上，可以在工作表中預覽套用該字型大小的效果。此時在選單中點選想要套用的字型大小，或是直接在欄位中輸入想要的文字大小即可。

✦ 樣式

　　Excel的「**常用→字型**」群組中提供 **B** **粗體**、**I** **斜體**和 **U▾** **底線** 等文字樣式功能鈕，可用來將文字加粗、變成斜體、加上底線等效果。

按鈕		說明	範例
B	粗體	文字會變成粗體。	**EXCEL好好學**
I	斜體	文字會變成斜體。	*EXCEL好好學*
U▾	底線	文字會加上底線。 若按下右側的下拉鈕，可選擇要加上單線或雙線的底線。	<u>EXCEL好好學</u> <u>EXCEL好好學</u>

　　此外，點選「**常用→字型**」群組中的 ⌐ 對話方塊啟動器按鈕，可開啟「儲存格格式」對話方塊，在「**字型**」標籤中除了可設定一般文字格式外，也有其他較不常用到的文字格式功能指令。例如：在「**特殊效果**」欄位中，可設定文字的刪除線、上標、下標等。

> **TIPS**
>
> 在儲存格上按下滑鼠右鍵，於選單中選擇「**儲存格格式**」功能，或是直接按下鍵盤上的**Ctrl + 1**快速鍵，同樣可開啟「儲存格格式」對話方塊。

✦ 字型色彩

先選取要進行設定的儲存格或文字，按下「**常用→字型**」群組中的 <u>A</u>· 字型色彩 下拉鈕，即可在開啟的色盤中點選想要套用的文字色彩。

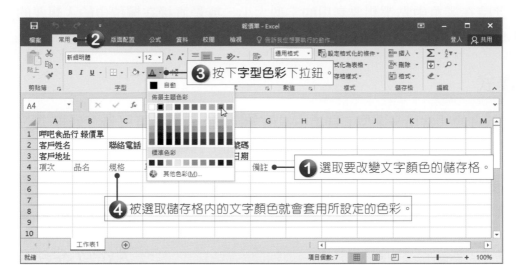

若點選選單中的「**其他色彩**」選項，則會開啟「**色彩**」對話方塊，可點選「**標準**」或「**自訂**」標籤頁，自行設定色盤中沒有出現的色彩。

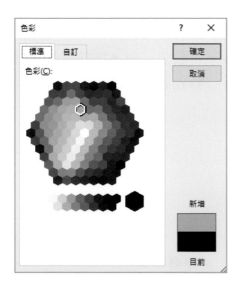

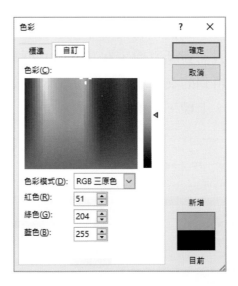

3-2 儲存格色彩與框線設定

✦ 填滿色彩

選取要設定色彩的儲存格，按下「**常用→字型**」群組中的 🖌️▾ **填滿色彩** 下拉鈕，即可在開啟的色盤中點選想要套用的儲存格填滿色彩。

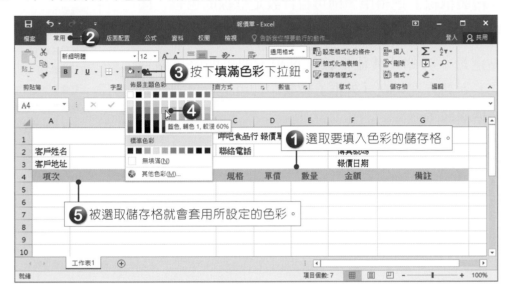

利用 🖌️▾ **填滿色彩** 指令按鈕，只能設定儲存格的底色，並無法設定圖樣及漸層效果。須點選「**常用→字型**」群組的 ⌐ **對話方塊啟動鈕**，或是「**常用→儲存格→格式→儲存格格式**」功能，開啟「儲存格格式」對話方塊，在「**填滿**」標籤中即可設定更詳細的圖樣與漸層填滿效果。

✦ 外框

按下「**常用→字型**」群組中的 框線 下拉鈕，可設定想要套用的儲存格框線樣式。

在選單上半部的「**框線**」選項中，屬於較制式的框線設定，可直接套用預先設定好的框線樣式；而選單下半部的「**繪製框線**」選項中，則可自行設定框線的色彩、樣式，或是自己手繪框線等。

點選最下方的「**其他框線**」選項，則可開啟「儲存格格式」對話方塊，在「**外框**」標籤中即可進行更細部的儲存格框線設定。

接下來我們開啟書附光碟中的「ch03→報價單 .xlsx」檔案，依照下列步驟來學習儲存格的文字格式及框線的設定。

step 01 選取整個工作表，進入「**常用→字型**」群組中，更換字型。

step02 選取 **A1** 儲存格，進入「**常用→字型**」群組中，進行文字格式的設定。

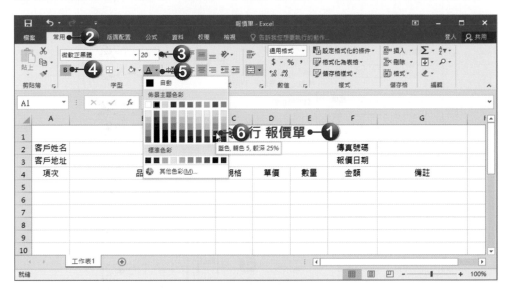

step03 選取 **A2：G22** 儲存格，按下「**常用→字型→ ⊞ ▾ 框線**」按鈕，於選單中選擇「**其他框線**」選項，開啟「**儲存格格式**」對話方塊。

step04 在**樣式**中選擇線條樣式；在**色彩**中選擇框線色彩，選擇好後按下「**內線**」按鈕，即可將框線的內線更改過來。

step05 接著設定外框的線條樣式，按下「**外框**」按鈕，都設定好後按下「**確定**」按鈕，回到工作表中，被選取的儲存格就會加入所設定的框線。

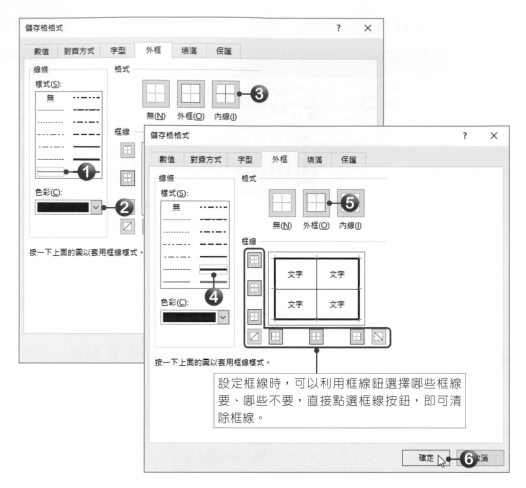

step06 接著選取 **B24**、**D24**、**G24** 儲存格,按下「常用→字型→⊞ ▾」按鈕,於選單中點選「**底端雙框線**」,被選取的儲存格就會加入底端雙框線。

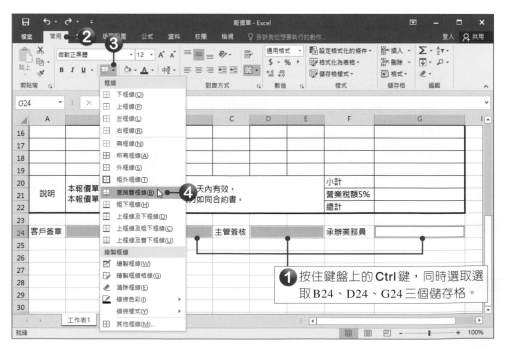

step 07 選取 **A2：G3** 儲存格，按下「**常用→字型→**🎨▾ **填滿色彩**」按鈕，於選單中選擇要填入的色彩即可。

step 08 接著選取 **A4：G4** 儲存格，按下「**常用→字型→**🎨▾」按鈕，於選單中選擇要填入的色彩。

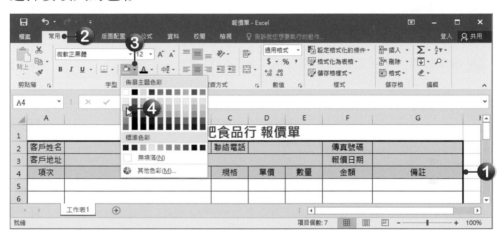

step 09 接著選取 **F20：G22** 儲存格，按下「**常用→字型→**🎨▾」按鈕，於選單中選擇要填入的色彩。

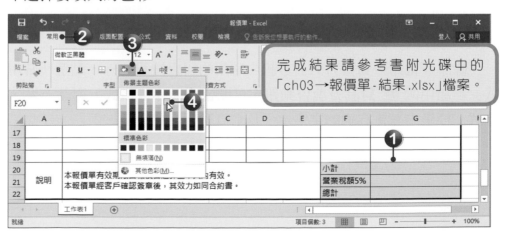

完成結果請參考書附光碟中的「ch03→報價單-結果.xlsx」檔案。

3-3 對齊方式的設定

使用「**常用→對齊方式**」群組中的指令按鈕,可以對儲存格中的文字進行各種對齊方式的設定,各按鈕操作方式如下表所列。

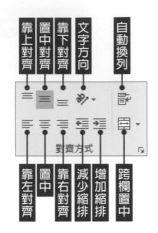

對齊按鈕	說明	範例
▤ 靠上對齊		杯子蛋糕
▤ 置中對齊	設定文字在儲存格中垂直對齊方式。	杯子蛋糕
▤ 靠下對齊		杯子蛋糕
▤ 靠左對齊		杯子蛋糕
▤ 置中	設定文字在儲存格中水平對齊方式。	杯子蛋糕
▤ 靠右對齊		杯子蛋糕

「儲存格格式」對話方塊的進階對齊設定

除了「**常用→對齊方式**」群組中常用的對齊按鈕之外,點選「**常用→對齊方式**」群組中的 ▣ **對話方塊啓動鈕**,可開啓「**儲存格格式**」對話方塊,在「**對齊方式**」標籤中有更詳細的文字水平及垂直對齊方式設定。

各選項分別說明如下：

檢視模式		說明
水平	通用格式	Excel的預設格式。當儲存格資料是文字時，會靠左對齊；當儲存格資料是數字時，會靠右對齊；若為邏輯值，則置中對齊。
	向左（縮排）	向左對齊。另可設定儲存格左邊的縮排，若設定縮排為「1」，則資料會從左邊先留一個全形空格後，再開始向左對齊排放資料。
	置中對齊	儲存格資料會顯示在該欄的水平中央位置。
	向右（縮排）	向右對齊。另可設定儲存格右邊的縮排，若設定縮排為「1」，則資料會從右邊先留一個全形空格後，再開始向右對齊排放資料。
	填滿	將內容重複填滿儲存格，直到儲存格填滿為止。
	段落重排	會將多行資料進行左右對齊。(須多行資料才可顯示效果)
	跨欄置中	將內容顯示在所選多個儲存格的中央。
	分散對齊（縮排）	儲存格內容平均分散在儲存格內。另可設定儲存格左右的縮排，若設定縮排為「1」，則會在儲存格的左右各留一個全形空格後，再進行分散對齊。
垂直	靠上	儲存格內容會對齊儲存格頂端向上對齊。
	置中對齊	儲存格內容會對齊該列高的中央位置。
	靠下	儲存格內容會對齊儲存格底部向下對齊。
	段落重排	儲存格內容會對齊儲存格的上下緣。(須多行資料才可顯示效果)
	分散對齊	若文字以垂直顯示時，會對齊儲存格的上下緣。

此外，「儲存格格式」對話方塊的「**對齊方式**」標籤中，也有其他如：自動換列、縮小字型以適用欄寬、合併儲存格、方字方向等設定。

✦ 跨欄置中與合併儲存格

設定「**跨欄置中**」功能，是指將多個儲存格合併成一個大儲存格，且儲存格資料會置中對齊在大儲存格的中央；而「**合併儲存格**」功能同樣會將所選取的儲存格合併成一個，但儲存格內的資料會依原來格式排列，不會另做置中處理。

跨欄置中

「跨欄置中」最常用的時機，就是在編輯表格標題時，希望將標題文字跨越多欄置於中央。

只要先將欲合併的儲存格選取起來，按下「**常用→對齊方式→ 跨欄置中**」指令按鈕，就可以將文字內容橫跨多個儲存格顯示在中央，而這些儲存格也會合併為一。

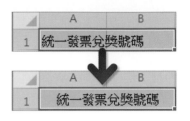

合併儲存格

合併儲存格可將多欄多列合併為一個儲存格。只要先將欲合併的儲存格選取起來，按下「**常用→對齊方式→ 跨欄置中**」下拉鈕，點選選單中的「**合併儲存格**」，被選取的儲存格就會合併為一個。

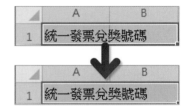

合併同列儲存格

若同時有多列資料須進行各列合併的動作，可使用「**合併同列儲存格**」功能，一次處理所有列的合併儲存格動作。

首先選取所有欲合併的儲存格範圍，按下「**常用→對齊方式→ 跨欄置中**」下拉鈕，點選選單中的「**合併同列儲存格**」，Excel便會將儲存格範圍內的各列儲存格合併起來，而非全部合併成同一個儲存格。

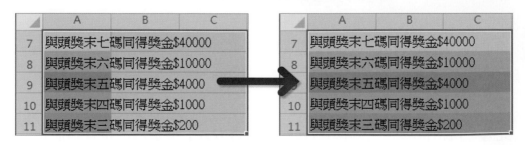

TIPS
> 在Excel中執行「跨欄置中」或「合併儲存格」功能時,若所選儲存格中有一個以上的儲存格含有資料時,會保留最左上角儲存格的資料,並刪除所有其他資料。

分割合併的儲存格

若在合併儲存格之後想要取消合併,可以選取要取消合併的合併儲存格,再次按下「**常用→對齊方式→ 📱▾ 跨欄置中**」按鈕,或直接按下鍵盤上的 **Ctrl+Z** 快速鍵,即可分割已合併的儲存格。

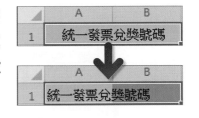

若是執行「**常用→對齊方式→ 📱▾ 跨欄置中**」下拉鈕,點選選單中的「**取消合併儲存格**」,則會分割已合併的儲存格,而其中的內容會移動到左上角的儲存格中。

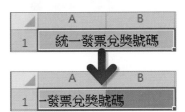

接下來我們開啟書附光碟中的「ch03→食物份量表.xlsx」檔案,依照下列步驟來學習跨欄置中與合併儲存格功能的應用。

step01 選取 **A1:D1** 儲存格,按下「**常用→對齊方式→ 📱▾ 跨欄置中**」下拉鈕,於選單中選擇「**跨欄置中**」,文字就會自動置中。

step 02 選取 **A3：A4** 儲存格，再按下「**常用→對齊方式→圄▾ 跨欄置中**」下拉
鈕，於選單中選擇「**合併儲存格**」，A3 與 A4 儲存格會跨列合併爲一個。

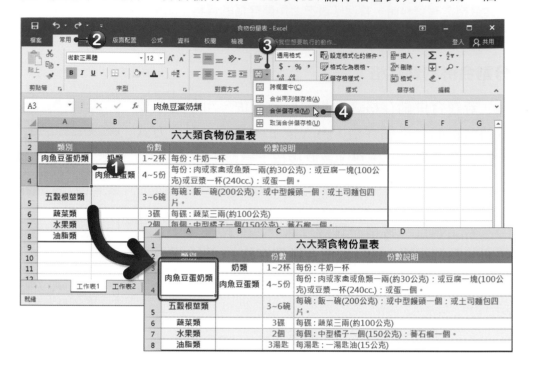

step 03 選取 **A5：B8** 儲存格，再按下「**常用→對齊方式→圄▾ 跨欄置中**」下拉
鈕，於選單中選擇「**合併同列儲存格**」，就會將 A5：B8 儲存格中同一
列的儲存格合併爲一個。

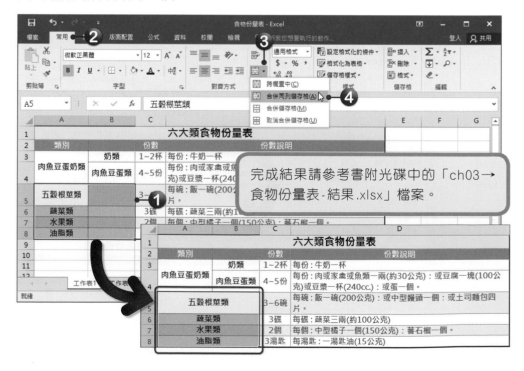

完成結果請參考書附光碟中的「ch03→
食物份量表 - 結果.xlsx」檔案。

✦ 文字方向

在工作表中的文字可以依編輯需求變換文字方向。只要點選「**常用→對齊方式→ 📐 方向**」下拉鈕，即可在下拉式選單中選擇文字的編輯方向。

📐	逆時針角度(O)
📐	順時針角度(L)
↕🔤	垂直文字(V)
↑🔤	文字由下至上排列(U)
↓🔤	文字由上至下排列(D)
📐	儲存格對齊格式(M)

此外，點選「**常用→對齊方式**」群組中的 📐 **對話方塊啟動鈕**，可開啟「儲存格格式」對話方塊，在「**對齊方式**」標籤中，也可以設定文字的方向。

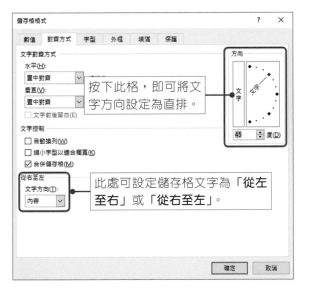

按下此格，即可將文字方向設定為直排。

此處可設定儲存格文字為「從左至右」或「從右至左」。

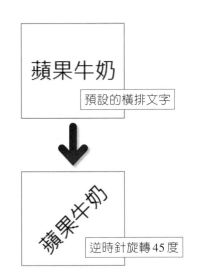

預設的橫排文字

逆時針旋轉45度

試・試・看　儲存格及文字格式設定

開啟書附光碟中的「ch03→幼兒飲食指南.xlsx」檔案，進行以下設定。

☑ 將各列標題設定為合併儲存格，「年齡」標題設定為跨欄置中。

☑ 將A10儲存格的「蔬菜」標題文字改以直排顯示。

☑ 自行編輯工作表的儲存格、框線及文字格式，可參考下圖所示。

	A	B	C	D	E
1	幼兒飲食指南		年齡		
2		食物	1-3歲	4-6歲	
3		奶(牛奶)	2杯	2杯	
4		蛋	1個	1個	
5		豆類(豆腐)	1/3 塊	1/2 塊	
6		魚	1/3 兩	1/2 兩	
7		肉	1/3 兩	1/2 兩	
8		五穀(米飯)	1 - 1.5 碗	1.5 - 2 碗	
9		油脂	1湯匙	1.5湯匙	
10	蔬菜	深綠色或深黃紅色	1兩	1.5兩	
11		其他	1兩	1.5兩	
12		水果	1/3 - 1 個	1/2 - 1 個	
13					

工作表1 ⊕

✦ 內容縮排

利用「**常用→對齊方式**」群組中的 增加縮排 及 減少縮排 按鈕，可為儲存格中的文字設定縮排。選取儲存格後，按下 **增加縮排** 按鈕，會將儲存格向右新增一個字的縮排；按下 **減少縮排** 按鈕，會將已設定縮排的儲存格內容向左減少一個字的縮排。

✦ 文字控制

自動換列

當儲存格的資料過長，已超過該欄欄寬時，若無法使用跨欄置中或合併儲存格的情況，又想讓儲存格資料完整顯示。可以設定「**自動換列**」功能，讓超過儲存格欄寬的文字自動換行。

只要選定儲存格，點選「**常用→對齊方式→ 自動換列**」指令按鈕，即可將儲存格中超出欄位寬度的文字自動換列。

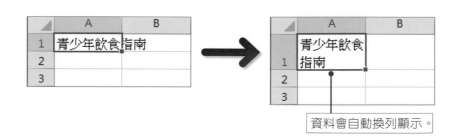

資料會自動換列顯示。

縮小字型以適合欄寬

「縮小字型以適合欄寬」功能是另一種處理過長資料的方法。它可以將儲存格內的字型縮小，使文字恰恰顯示在儲存格的欄寬中。

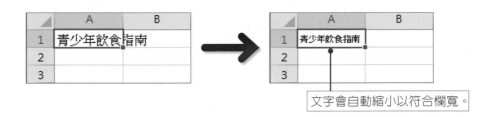

文字會自動縮小以符合欄寬。

點選「**常用→對齊方式**」群組中的 **對話方塊啟動鈕**，可開啟「儲存格格式」對話方塊，在「**對齊方式**」標籤中，有關於文字控制的相關選項，將「**縮小字型以適合欄寬**」欄位勾選起來即可。

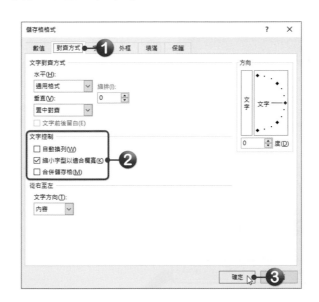

3-4 複製格式

「複製格式」是指將儲存格上所設定的格式,一模一樣地複製至另一個儲存格上。例如:在某儲存格上設定了粗體、底線、儲存格框線與色彩等格式設定,而想將這些格式同樣套用在其他儲存格,就可以利用「複製格式」功能來達成。

step 01 開啓書附光碟中的「ch03→水果庫存量.xlsx」檔案,將滑鼠游標移至要複製格式的儲存格上,點選「**常用→剪貼簿→ ✔ 複製格式**」按鈕。

step 02 此時滑鼠游標會呈現「 ✛♣ 」狀態,接著點選或框選要套用該格式的儲存格或儲存格範圍,即可將格式複製至這些儲存格。

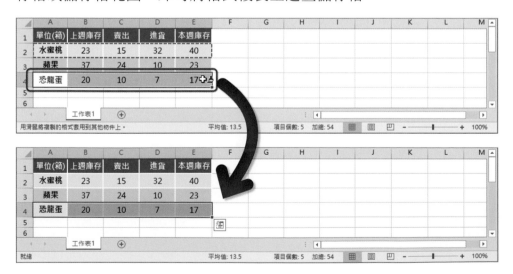

TIPS

若想清除儲存格的格式時,可點選「**常用→編輯→ ✔ 清除→清除格式**」,就可以清除所選儲存格的所有格式,回復到最原始的預設狀態。

3-5 選擇性貼上

若單純使用「**常用→剪貼簿**」群組中的**複製/貼上**功能，是指將來源資料直接完整貼在新的儲存格上。而**選擇性貼**上功能，就可以選擇想要複製的項目，例如：只複製格式、公式、值、欄位寬度等。

舉例來說，若我們將一計算公式「6*5」的儲存格複製至其他儲存格時，會將公式複製過去，而非複製其值「30」。這時可點選「**常用→剪貼簿→貼上→選擇性貼上**」，在「選擇性貼上」對話方塊中選擇只複製「**值**」即可。

step01 同樣接續以上「水果庫存量.xlsx」檔案的操作，先將滑鼠游標移至要複製的儲存格 **E2** 上，點選「**常用→剪貼簿→ 複製**」按鈕。

step02 接著點選目的儲存格 **C6**，再點選「**常用→剪貼簿→貼上**」下拉鈕，於選單中選擇「**選擇性貼上**」套用該格式的儲存格或儲存格範圍，即可將格式複製至這些儲存格。

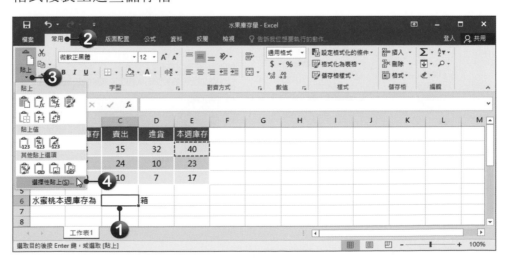

step03 在開啟的「選擇性貼上」對話方塊中，點選貼上「**值**」，按下「**確定**」按鈕，完成設定。

> Ⓣ Ⓘ Ⓟ Ⓢ
>
> 也可以直接在儲存格上按下滑鼠右鍵，點選選單中的「**選擇性貼上**」選項，可快速開啟「選擇性貼上」對話方塊，進行設定。

step04 回到工作表中，就可以看到 C6 儲存格上所顯示的是 E2 儲存格計算出來的值，而非公式。

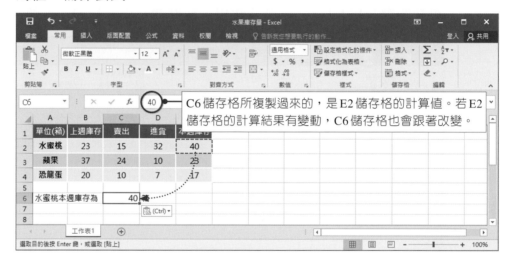

> C6 儲存格所複製過來的，是 E2 儲存格的計算值。若 E2 儲存格的計算結果有變動，C6 儲存格也會跟著改變。

轉置

在「選擇性貼上」對話方塊中有個「**轉置**」選項。勾選此選項，可用來將儲存格範圍的欄、列資料互換。

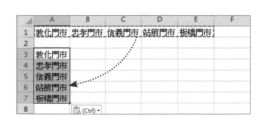

3-6 儲存格與表格的樣式

如果覺得要一一設定儲存格的格式很麻煩，Excel 也提供一些已設定好的儲存格及表格的樣式供使用者直接套用。

✦ 儲存格樣式

只要按下「**常用→樣式→儲存格樣式**」，就可以開啟樣式選單，在其中選擇想要套用的儲存格樣式。

試·試·看 套用儲存格樣式

開啟書附光碟中的「ch03→六大類食物.xlsx」檔案，為表格設定儲存格樣式如下：

☑ 第一列標題：套用「標題1」

☑ A、B欄：套用「輔色5」

☑ C欄：套用「20% - 輔色1」

☑ D欄：套用「計算方式」

	A	B	C	D
1	類別		份數	份數說明
2	奶類		1~2杯	每份：牛奶一杯
3	肉魚豆蛋奶類	肉魚豆蛋類	4~5份	每份：肉或家禽或魚類一兩(約30公克)；或豆腐一塊(100公克)或豆漿一杯(240cc.)；或蛋一個。
4	五穀根莖類		3~6碗	每碗：飯一碗(200公克)；或中型饅頭一個；或土司麵包四片。
5	蔬菜類		3碟	每碟：蔬菜三兩(約100公克)
6	水果類		2個	每份：中型橘子一個(150公克)；蕃石榴一個。
7	油脂類		3湯匙	每湯匙：一湯匙油(15公克)
8				
9				

工作表1

EXCEL 2016

✦ 格式化為表格

「儲存格樣式」功能適用於單一或少數的儲存格樣式設計。若選取的儲存格範圍是一個完整的表格，則可以選擇**「格式化為表格」**功能，直接將該表格套用 Excel 所提供的表格樣式。

只要點選**「常用→樣式→格式化為表格」**，就可以開啟表格樣式選單，在其中選擇想要套用的表格樣式。

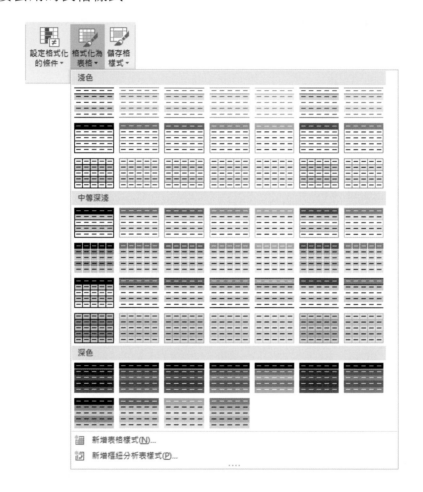

接下來我們開啟書附光碟中的「ch03→工商普查結果摘要.xlsx」檔案，依照下列步驟來學習儲存格樣式的套用。

step01 選取要設定樣式的儲存格範圍 **A2：J31** 儲存格，按下**「常用→樣式→格式化為表格」**指令按鈕，在選單中點選想要套用的表格格式。

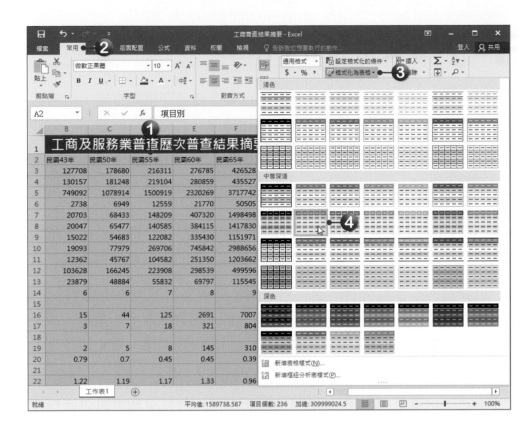

step 02 在開啟的「格式為表格」對話方塊中，確認表格的範圍是否正確，以及所框選的範圍是否含有標題，確認後按下**「確定」**按鈕。

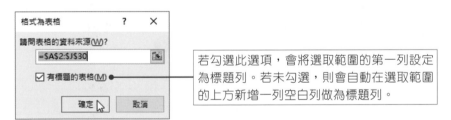

若勾選此選項，會將選取範圍的第一列設定為標題列。若未勾選，則會自動在選取範圍的上方新增一列空白列做為標題列。

step 03 回到工作表中，就可以看到表格已套用所設定的表格樣式，並自動顯示**「資料表工具→設計」**索引標籤。

在**「資料表工具→設計→表格樣式選項」**群組中，可再繼續微調表格的欄位設計。

3-7 設定格式化條件

Excel可以根據一些簡單的判斷,自動改變儲存格的格式,這功能稱作**設定格式化的條件**。「格式化條件」會依儲存格內容套用特別的格式,透過視覺化的差異,讓觀看資料的人馬上就能掌握資料的內容。

✦ 使用快速分析工具設定格式化條件

Excel提供了快速分析工具,可以立即對資料進行格式設定、圖表、總計、表格、走勢圖等分析,可快速更改資料格式,或將資料轉換為圖表、表格等。

只要選取要進行分析的儲存格範圍,儲存格右下角會出現 📊 **快速分析** 按鈕,按下按鈕;或按下 **Ctrl+Q** 快速鍵,即可開啟快速分析選單,將滑鼠指標移至選單中的快速分析項目上,就能預覽資料的呈現結果。選定後按下滑鼠左鍵,即完成設定。

下圖所示就是利用Excel的快速分析功能,將營業額資料以資料橫條的方式在儲存格中表示,視覺化的呈現方式可讓試算表的結果更易於閱讀。

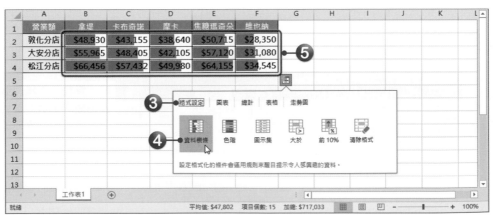

✦ 自訂格式化規則

在使用設定格式化的條件時，除了使用預設的規則外，還可以自行設定想要的規則。

step01 開啟書附光碟中的「ch03→員工考績表.xlsx」檔案，選取 **E3：E32** 儲存格，按下**「常用→樣式→設定格式化的條件」**按鈕，於選單中點選**「新增規則」**，開啟「新增格式化規則」對話方塊。

step02 於「選取規則類型」清單中，點選**「根據其值格式化所有儲存格」**；按下「格式樣式」選單鈕，選擇**「圖示集」**；按下**「圖示樣式」**選單鈕，選擇**3種三角形** ▼ ▬ ▲。

step03 設定「當數值>=85時，顯示綠色尖角向上三角形；當數值<85且>=70時，為黃色橫線；其他則為紅色尖角向下三角線」規則，設定好後按下**「確定」**按鈕完成設定。

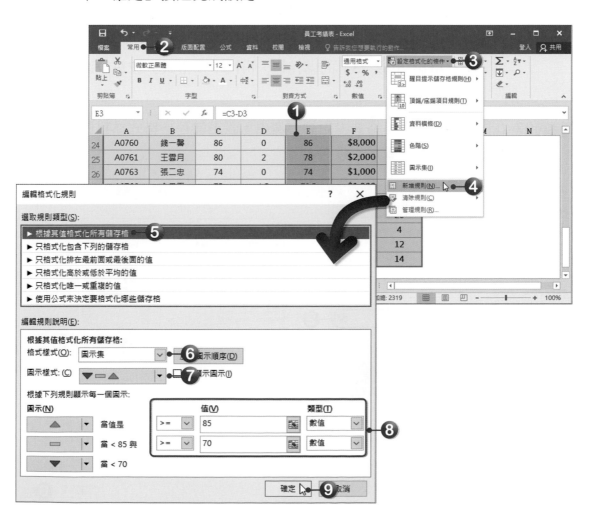

step04 回到工作表後，E3：E32儲存格就會加上我們所設定的圖示集規則。

	A	B	C	D	E	F	G
1					員工總人數	30	
2	員工編號	員工姓名	工作表現	缺勤紀錄	年度考績	績效獎金	排名
3	A0701	王小桃	82	2	▬ 80	$5,000	9
4	A0702	林雨成	75	1	▬ 74	$1,000	20
5	A0706	陳芝如	84	0.5	▬ 83.5	$5,000	6
6	A0707	邱雨桐	88	0	▲ 88	$8,000	1
7	A0709	郭子泓	78	0	▬ 78	$2,000	14
8	A0711	王一林	81	0.5	▬ 80.5	$5,000	8
9	A0713	畢子晟	74	1	▬ 73	$1,000	24
10	A0714	李秋雲	70	1.5	▼ 68.5	$0	28
11	A0718	徐品宸	68	0	▼ 68	$0	29
12	A0719	李心艾	80	1.5	▬ 78.5	$2,000	13
13	A0725	陳賽如	85	0	▲ 85	$8,000	4
14	A0728	王思如	71	0	▬ 71	$1,000	26
15	A0730	楊品樂	82	2	▬ 80	$5,000	9

考績表

就緒

step05 接著點選「**常用→樣式→設定格式化的條件**」按鈕，於選單中點選「**新增規則**」，繼續新增第二個格式化規則。

step06 於「選取規則」類型清單中，點選「**只格式化包含下列的儲存格**」；設定「**儲存格值 小於 75**」的儲存格，再按下「**格式**」按鈕，進行格式的設定。

step07 在開啟的「儲存格格式」對話方塊中，設定儲存格格式為**粗體、紅字**，設定好後按下「**確定**」按鈕。

step08　再回到「新增格式化規則」對話方塊，按下「**確定**」按鈕即可。

step09　回到工作表後，E3：E32儲存格就會加上我們所設定的第二項規則，除
了各分數以圖示表示外，並將低於75分的分數以粗體紅字顯示。

	A	B	C	D	E	F	G
2	員工編號	員工姓名	工作表現	缺勤紀錄	年度考績	績效獎金	排名
3	A0701	王小桃	82	2	▬ 80	$5,000	9
4	A0702	林雨成	75	1	▬ 74	$1,000	20
5	A0706	陳芝如	84	0.5	▬ 83.5	$5,000	6
6	A0707	邱雨桐	88	0	▲ 88	$8,000	
7	A0709	郭子泓	78	0	▬ 78	$2,000	
8	A0711	王一林	81	0.5	▬ 80.5	$5,000	
9	A0713	畢子晟	74	1	▬ 73	$1,000	
10	A0714	李秋雲	70	1.5	▼ 68.5	$0	
11	A0718	徐品宸	68	0	▼ 68	$0	
12	A0719	李心艾	80	1.5	▬ 78.5	$2,000	13

完成結果請參考書附光碟中的「ch03→員工考績表-結果.xlsx」檔案。

考績表

就緒　　　　　　　　平均值: 77.3　項目個數: 30　加總: 2319　　　　100%

T I P S

若想將已設定好的格式化條件套用至新資料或其他儲存格，可使用「**複製格式**」功能，將條件化格式複製到其他地方。

✦ 管理與刪除規則

在工作表中加入了各項格式化規則後，之後若是要編輯規則內容或是刪除規則，都可以按下「**常用→樣式→設定格式化的條件→管理規則**」選項，開啟「設定格式化的條件規則管理員」對話方塊，在此可進行各種規則的管理工作。

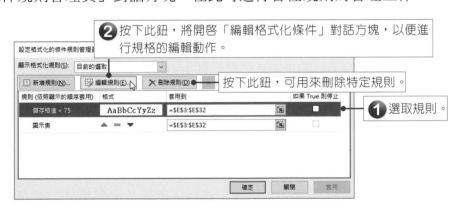

❷ 按下此鈕，將開啟「編輯格式化條件」對話方塊，以便進行規格的編輯動作。

按下此鈕，可用來刪除特定規則。

❶ 選取規則。

設定格式化的條件規則管理員

顯示格式化規則(S): 目前的選取

新增規則(N)...　編輯規則(E)...　刪除規則(D)

規則 (依照顯示的順序套用)	格式	套用到	如果 True 則停止
儲存格值 < 75	AaBbCcYyZz	=$E$3:$E$32	☐
圖示集	▲ ▬ ▼	=$E$3:$E$32	☐

確定　關閉　套用

T I P S

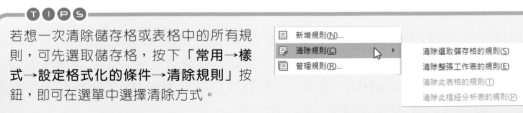

若想一次清除儲存格或表格中的所有規則，可先選取儲存格，按下「**常用→樣式→設定格式化的條件→清除規則**」按鈕，即可在選單中選擇清除方式。

新增規則(N)...
清除規則(C)
管理規則(R)...

清除選取儲存格的規則(S)
清除整張工作表的規則(E)
清除此表格的規則(T)
清除此樞紐分析表的規則(P)

選擇題

(　)1. 若要將儲存格文字加上刪除線，可在「儲存格格式」對話方塊中的哪一個標籤中進行設定？ (A)數值 (B)對齊方式 (C)字型 (D)填滿。

(　)2. 若要將儲存格的底色設定成漸層色彩，可在「儲存格格式」對話方塊中的哪一個標籤中進行設定？ (A)數值 (B)對齊方式 (C)字型 (D)填滿。

(　)3. 要開啟儲存格格式話方塊時，可以點選下列何組快速鍵？ (A)Ctrl+1 (B)Ctrl+2 (C)Ctrl+3 (D)Ctrl+4。

(　)4. 在Excel中，要設定文字的格式與對齊方式時，須進入哪個索引標籤中？ (A)常用 (B)版面配置 (C)資料 (D)檢視。

(　)5. 按下下列哪一個指令按鈕，可將儲存格資料跨欄置中對齊？ (A)▤ (B)▤ (C)▤ (D)▤▾。

(　)6. 按下下列哪一個指令按鈕，可將儲存格資料置中對齊？ (A)▤ (B)▤ (C)▤ (D)▤▾。

(　)7. 按下下列哪一個指令按鈕，可讓儲存格文字增加一個字的縮排？ (A)▤ (B)▤ (C)▤ (D)▤。

(　)8. 按下下列哪一個指令按鈕，可讓超出欄寬的儲存格文字自動換行？ (A)▤ (B)▤ (C)▤ (D)▤。

(　)9. 下列何者為「複製格式」指令按鈕？ (A)▤▾ (B)▤▾ (C)▤ (D)▤。

(　)10. 若要將某儲存格公式中的值，複製到另外一個儲存格時，可以使用下列何種功能？ (A)貼上 (B)選擇性貼上 (C)剪下 (D)剪貼簿。

(　)11. 下列哪一個功能，可以讓Excel根據條件去判斷，自動改變儲存格的格式？ (A)自動格式 (B)格式化的條件 (C)樣式 (D)格式。

(　)12. 下列有關「格式化條件」之敘述，何者有誤？ (A)使用快速分析工具可設定格式化條件 (B)可以在數值前加上相對應的圖示 (C)儲存格只能進行一次格式化條件設定 (D)格式化條件可透過「複製格式」功能，複製至其他儲存格。

(　)13. 下列有關Excel之敘述，何者有誤？ (A)儲存格的文字只能由左至右橫向排列 (B)對多個儲存格執行跨欄置中功能，會將這些儲存格合併成一個大儲存格 (C)按下Ctrl+Q快速鍵，可開啟快速分析選單 (D)選擇性貼上可以選擇只貼上儲存格的註解。

❍ 實作題

1. 開啟「ch03→血壓紀錄表.xlsx」檔案，進行以下設定。

   ● 將收縮壓欄位設定格式化條件：當數值>139時，儲存格填滿淺紅色、文字為深紅色。指定圖示集中的三箭號(彩色)格式，當>=140時，為上升箭號、>=120且<140時，為平行箭號、其他為下降箭號。

   ● 將舒張壓欄位套用「資料橫條→漸層填滿/藍色資料橫條」的格式化條件。

   ● 將心跳欄位套用「色階→綠-黃-紅色階」的格式化條件。

	A	B	C	D	E
1	日期	時間	收縮壓	舒張壓	心跳
2	2012年12月1日	上午	⇨ 129	79	72
3	2012年12月1日	下午	⇨ 133	80	75
4	2012年12月2日	上午	⬆ 142	90	70
5	2012年12月2日	下午	⬆ 141	84	68
6	2012年12月3日	上午	⇨ 137	84	70
7	2012年12月3日	下午	⇨ 139	83	72
8	2012年12月4日	上午	⬆ 140	85	78
9	2012年12月4日	下午	⇨ 138	85	69
10	2012年12月5日	上午	⇨ 135	79	75
11	2012年12月5日	下午	⇨ 136	81	72

2. 開啟「ch03→主要國家經濟成長率.xlsx」檔案，進行以下設定。

   ● 將全表格(A1：H16)設定為微軟正黑體、粗外框線；其餘儲存格的文字、對齊方式、框線及網底設定如下圖所示。

   ● 設定格式化的條件，一一比較前後年的經濟成長率。若當年經濟成長率較去年退步，則以粗體紅色字顯示。

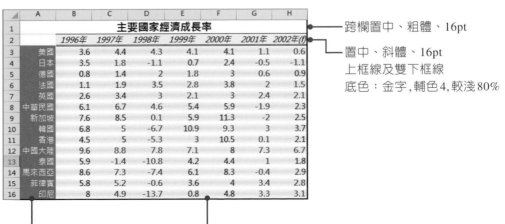

跨欄置中、粗體、16pt

置中、斜體、16pt
上框線及雙下框線
底色：金字,輔色4,較淺80%

靠右對齊
套用儲存格樣式：輔色2

填滿效果：雙色漸層(白色 & 橙字,輔色2,較淺80%)
置中水平網底

3. 開啓「ch03→製造業景氣預期.xlsx」檔案，進行以下的設定。

- 設定標題文字跨欄置中、粗體、16pt、水平及垂直置中；文字顏色爲白色、儲存格底色爲黑色。

- 將儲存格A2：M18套用Excel提供的表格樣式中的「表格樣式中等深淺21」樣式，並調整表格樣式，設定首欄、帶狀欄；取消帶狀列、篩選按鈕。

- 將A20：A23儲存格設定爲跨欄置中，並設定文字方向爲「垂直文字」。

- 將B20：M23設定合併同列儲存格。

- 將所有數據資料(B3：M18)套用「色階→紅-白-藍色階」的格式化條件。

	A	B	C	D	E	F	G	H	I	J	K	L	M
1	製造業廠商對三個月後之景氣預期動向指數（Diffusion Index）												
2	西元	1月	2月	3月	4月	5月	6月	7月	8月	9月	10月	11月	12月
3	1977	58	65	60	61	58	56	55	56	56	56	57	60
4	1978	62	68	66	67	64	61	55	58	57	56	55	54
5	1979	57	56	57	54	52	46	46	46	49	48	48	44
6	1980	50	57	54	50	48	45	47	50	49	48	48	45
7	1981	51	56	55	56	55	51	50	49	48	46	44	49
8	1982	57	52	49	48	42	44	44	44	47	46	45	48
9	1983	56	66	63	63	61	59	61	57	57	55	53	55
10	1984	61	66	60	62	58	55	53	50	51	49	48	47
11	1985	50	59	55	49	44	43	43	46	47	52	55	53
12	1986	57	64	59	61	57	59	51	51	50	49	52	53
13	1987	56	56	52	48	45	47	42	45	46	44	39	41
14	1988	47	54	52	54	51	52	53	52	49	47	44	47
15	1989	50	60	54	52	50	51	49	48	46	44	49	52
16	1990	59	60	54	50	47	48	46	46	41	45	45	45
17	1991	54	64	60	59	57	57	55	53	51	49	46	50
18	1992	53	62	58	53	52	49	49	50	49	49	50	53
19													
20		動向指數(Diffusion Index)= 1×(好轉廠家數所佔之百分比) + 1/2×(不變之百分比)。											
21	附	動向指數D.I.大於50，表示未來三個月後景氣將轉好，景氣信號爲黃燈。											
22	註	動向指數D.I.等於50，表示未來三個月後景氣將維持目前水準，景氣信號爲綠燈。											
23		動向指數D.I.小於50，表示未來三個月後景氣將轉差，景氣信號爲藍燈。											
24													

EXCEL 2016

CHAPTER

04

試算表的保護與列印

✪ 本章學習重點

4-1 視窗的特別設計

在檢視Excel活頁簿或工作表時，記得善用一些小技巧，適時對活頁簿進行分割、凍結或並排檢視等設定，能讓我們在瀏覽活頁簿時，更方便精確喔！

✦ 凍結窗格

當工作表的資料量多到超過螢幕顯示範圍時，若捲動捲軸檢視下方的資料，會看不到最前頭相對應的標題列。此時可利用「凍結窗格」功能，將標題列凍結在同一位置，不隨捲軸捲動。點選「檢視→視窗→凍結窗格」指令按鈕，即可設定凍結窗格功能。若按下凍結窗格下拉鈕，則可選擇功能如下：

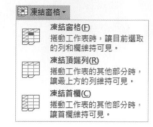

凍結窗格選項	說明
凍結窗格	可使目前儲存格以上及以左的欄及列凍結，保持可見。
凍結頂端列	不須設定目前儲存格，會直接凍結最頂端的第一列作為標題列。
凍結首欄	不須設定目前儲存格，會直接凍結最左邊的第一欄作為標題欄。

step01 開啓書附光碟中的「ch04→製造業設備利用率.xlsx」檔案，首先選取欄、列標題和資料交界處的儲存格，也就是 **B4** 儲存格，按下「**檢視→視窗→凍結窗格**」按鈕，於選單中選擇「**凍結窗格**」。

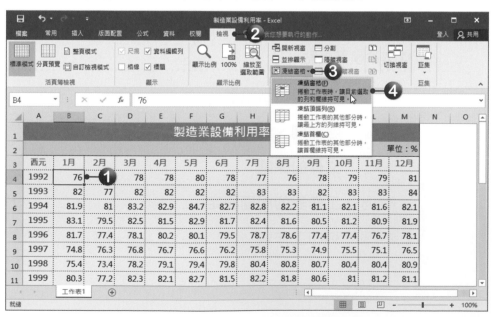

step 02 完成凍結窗格的設定後，乍看之下好像沒有什麼不一樣，但在選取的儲存格上方和左方會出現凍結線，你可以捲動縱向及橫向捲軸，會發現上方及左側的標題列皆固定不動，捲動的只是資料欄及資料列而已。

	A	C	D	E	F	G	H	I	J	K	L	M	N	O	P
1						製造業設備利用率									
2												單位：%			
3	西元	2月	3月	4月	5月	6月	7月	8月	9月	10月	11月	12月			
22	2010	77.3	80.1	79.5	80	79.1	79.1	79.2	78.8	78.6	78.6	78.3			
23	2011	75.7	78.1	78.3	78.8	77.8	78.5	78.3	78.1	79	79	79.1			
24	2012	76	79	78.7	78	78.2	79	78.6	79	79.4	79.6	80			
25	2013	78.3	79.6	79.2	78.9	78.9	78.9	78.8	79	79	78.9	79.1			
26	2014	76.5	79.1	79	79.1	79.1	79	79	78.2	79.4	79.6	80			
27	2015	77.4	81	80.2	81	81	80.8	80.8	81	81	80.2	79.8			
28	2016	77.7	78.6	76.2	76.7	75.6	75.3	76	75.1	76.2	76	75.7			
29															
30															

此為凍結線。在捲動捲軸時，凍結線以上及左側的資料欄列會維持不動。

工作表1

✦ 分割視窗

　　如果想要同時對照同一工作表中的兩筆資料，但它們卻距離很遠，無法在同一螢幕畫面中一起檢視，這時可利用「分割視窗」功能，將視窗分割成二或四個不同視窗，以便同時檢視不同區域的儲存格範圍。

step 01 開啟書附光碟中的「ch04→製造業設備利用率.xlsx」檔案，點選 **H14** 儲存格，按下 **「檢視→視窗→分割」** 按鈕，會將視窗以目前儲存格 H14 為中心，分割成四個小視窗。

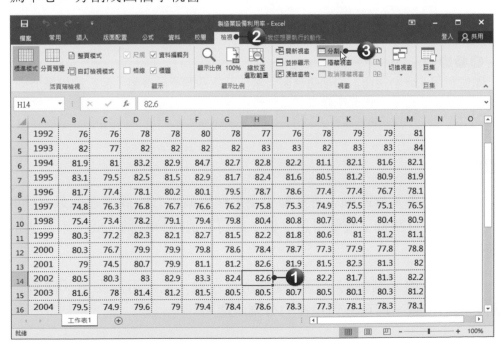

step 02　完成分割後，會出現一個十字分割軸，可在四個不同視窗分別捲動工作表，檢視不同範圍的工作表內容。可用滑鼠左鍵拖曳分割軸，調整四個視窗的大小。

	A	B	C	D	E	F	G	H	I	J	K	L	M	N	O
4	1992	76	76	78	78	80	78	77	76	78	79	79	81		
5	1993	82	77	82	82	82	82	83	83	82	83	83	84		
6	1994	81.9	81	83.2	82.9	84.7	82.7	82.8	82.2	81.1	82.1	81.6	82.1		
7	1995	83.1	79.5	82.5	81.5	82.9	81.7	82.4	81.6	80.5	81.2	80.9	81.9		
8	1996	81.7	77.4	78.1	80.2	80.1	79.5	78.7	78.6	77.4	77.4	76.7	78.1		
9	1997	74.8	76.3	76.8	76.7	76.6	76.2	75.8	75.3	74.9	75.5	75.1	76.5		
10	1998	75.4	73.4	78.2	79.1	79.4	79.8	80.4	80.8	80.7	80.4	80.4	80.9		
11	1999	80.3	77.2	82.3	82.1	82.7	81.5	82.2	81.8	80.6	81	81.2	81.1		
12	2000	80.3	76.7	79.9	79.9	79.8	78.6	78.4	78.7	77.3	77.9	77.8	78.8		
13	2001	79	74.5	80.7	79.9	81.1	81.2	82.6	81.9	81.5	82.3	81.3	82		
14	2002	80.5	80.3	83	82.9	83.3	82.4	82.6	82.8	82.2	81.7	81.3	82.2		
15	2003	81.6	78	81.4	81.2	81.5	80.5	80.5	80.7	80.5	80.1	80.3	81.2		
16	2004		74.9	79.6	79	79.4	78.4	78.6	78.3	77.3	78.1	78.3	78.1		

工作表1　就緒　100%

	A	B	C	D	E	F	G	H	I	J	K	L	M	N	O
4	1992		76	78	78	80	78	77	76	78	79	79	81		
5	1993	82	77	82	82	82	82	83	83	82	83	83	84		
6	1994	81.9	81	83.2	82.9	84.7	82.7	82.8	82.2	81.1	82.1	81.6	82.1		
7	1995	83.1	79.5	82.5	81.5	82.9	81.7	82.4	81.6	80.5	81.2	80.9	81.9		
8	1996	81.7	77.4	78.1	80.2	80.1	79.5	78.7	78.6	77.4	77.4	76.7	78.1		
9	1997	74.8	76.3	76.8	76.7	76.6	76.2	75.8	75.3	74.9	75.5	75.1	76.5		
10	1998	75.4	73.4	78.2	79.1	79.4	79.8	80.4	80.8	80.7	80.4	80.4	80.9		
14	2002	80.5	80.3	83	82.9	83.3	82.4	82.6	82.8	82.2	81.7	81.3	82.2		
15	2003	81.6	78	81.4	81.2	81.5	80.5	80.5	80.7	80.5	80.1	80.3	81.2		
16	2004	79.5	74.9	79.6	79	79.4	78.4	78.6	78.3	77.3	78.1	78.3	78.1		
17	2005	74.9	75.9	77.8	76.6	77	76.6	76.5	77	76.6	77.2	77.1	76.5		
18	2006	76.6	72	77.1	76.6	77.1	76.4	77.5	77.6	76.6	76.7	76.4	76.6		
19	2007	76	71.5	75.9	75.9	76.2	75.7	76	76	75.6	76.4	76.2	76.8		

工作表1　就緒　100%

TIPS

即使利用「分割視窗」功能將視窗分割成二或四個不同視窗，但它們仍屬於同一個工作表，因此若在某一視窗中修改了工作表內容，其他視窗中的資料也會一併變更。

取消分割

只要點選某分割軸，將它拖曳至工作表最上方的欄標題或最左側的列標題；或是直接在分割軸上雙擊滑鼠左鍵，即可取消該分割軸，成為垂直或水平排列的兩個視窗。

若是在兩分割軸的交會處雙擊滑鼠左鍵，或是再度點選「**檢視→視窗→分割**」指令按鈕，即可取消視窗的分割狀態。

✦ 視窗的排列

　　若同時開啟多個Excel活頁簿，通常必須在工作列上切換活頁簿，來檢視不同的活頁簿內容。若是按下「**檢視→視窗→並排顯示**」指令按鈕，即可開啟「重排視窗」對話方塊，設定將多個活頁簿並排同時顯示。

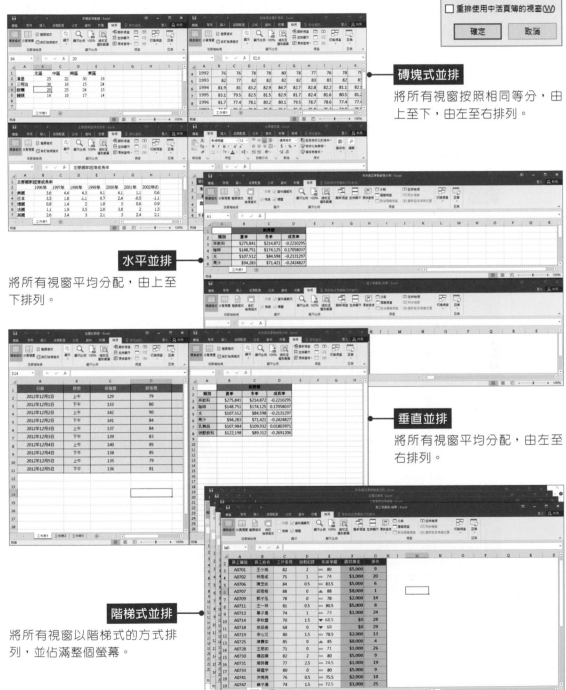

磚塊式並排

將所有視窗按照相同等分，由上至下，由左至右排列。

水平並排

將所有視窗平均分配，由上至下排列。

垂直並排

將所有視窗平均分配，由左至右排列。

階梯式並排

將所有視窗以階梯式的方式排列，並佔滿整個螢幕。

4-2 隱藏欄、列、工作表與活頁簿

✦ 隱藏欄或列

　　在資料量很多的情況下，若是工作表中有些資料不需要呈現，不一定要刪除資料，只要暫時將這些不必要顯示的資料隱藏起來，就可以減少畫面上的資料，並同時保留這些內容。

　　開啓書附光碟中的「ch04→拍賣資料.xlsx」檔案，點選「郵資計算」工作表。假設要將範例中所建立的區間標準資料隱藏起來，作法如下：

step01 先將要隱藏的 **G：I** 欄選取起來，按下「**常用→儲存格→格式→隱藏及取消隱藏→隱藏欄**」按鈕，此時 G：I 欄資料已被隱藏起來了。

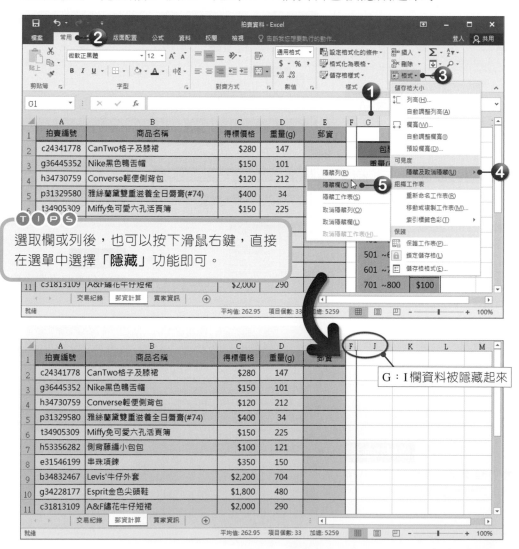

TIPS

選取欄或列後，也可以按下滑鼠右鍵，直接在選單中選擇「**隱藏**」功能即可。

G：I欄資料被隱藏起來

step 02 被隱藏的欄位並非消失，當需要時都可取消隱藏。只要同時選取隱藏欄兩旁的欄位，也就是 **F欄至J欄**，再按下「**常用→儲存格→格式→隱藏及取消隱藏→取消隱藏欄**」功能即可。

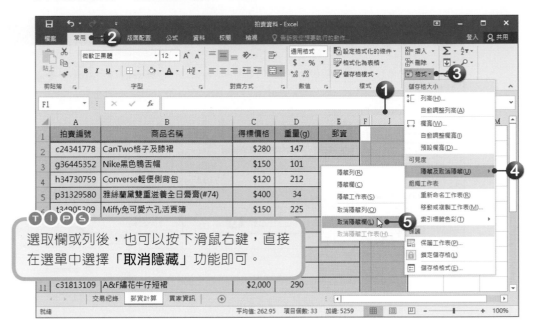

> **TIPS**
>
> 選取欄或列後，也可以按下滑鼠右鍵，直接在選單中選擇「**取消隱藏**」功能即可。

✦ 隱藏工作表

step 01 接續上述「拍賣資料.xlsx」檔案的操作，先將要設定隱藏的「交易紀錄」及「買家資訊」工作表以 **Ctrl** 鍵同時選取起來，按下「**常用→儲存格→格式→隱藏及取消隱藏→隱藏工作表**」按鈕，即可將這兩個工作表隱藏起來。

> **TIPS**
>
> 選取工作表後，也可以按下滑鼠右鍵，直接在選單中選擇「**隱藏**」功能即可。

step02 Excel雖然可以一次同時隱藏多個工作表，但一次只能取消一張工作表的隱藏狀態。只要按下「**常用→儲存格→格式→隱藏及取消隱藏→取消隱藏工作表**」功能，在「取消隱藏」對話方塊中設定即可。

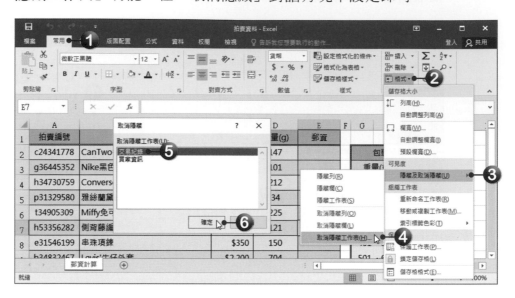

✦ 隱藏活頁簿

　　一般來說，所有已開啓的活頁簿都會顯示在工作列上，但我們仍可以視需要在工作列上隱藏或顯示活頁簿。設定隱藏後，在視窗功能表及工作列中都看不到被隱藏的活頁簿，但它仍然是開啓狀態，所以其他工作表和活頁簿仍可參照到該活頁簿中的資料。

step01 隨意開啓任兩個活頁簿檔案，在要設定隱藏的活頁簿中，按下「**檢視→視窗→隱藏視窗**」指令按鈕，即可將該活頁簿隱藏起來。

step02 設定隱藏之後，我們在工作區中便看不到該活頁簿。若想取消活頁簿的隱藏，只要按下「**檢視→視窗→取消隱藏視窗**」指令按鈕，會開啓「取消隱藏」對話方塊，從中點選要恢復顯示的活頁簿，按下「**確定**」按鈕即可。

✦ 隱藏格線

　　格線是指儲存格與儲存格之間的淡色線條，用來區別工作表中的各儲存格。在預設的情況下，工作表格線是灰色細虛線，而我們可視需要隱藏格線或變更格線色彩。

隱藏或顯示格線

　　先選取要設定隱藏格線的一或多個工作表，接著在**「檢視→顯示」**群組中，將**「格線」**核取方塊取消選取，即可將格線隱藏。

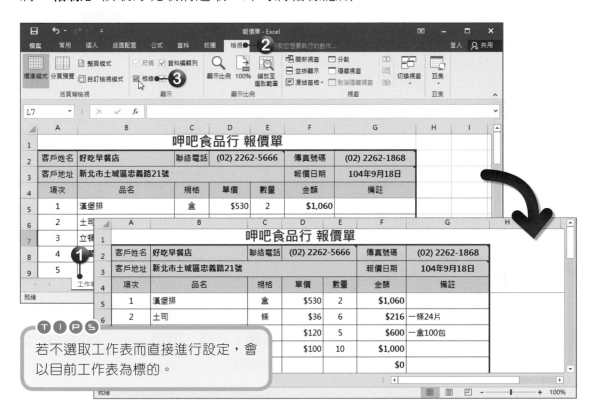

TIPS

若不選取工作表而直接進行設定，會以目前工作表為標的。

　　若要再度顯示格線，只要在**「檢視→顯示」**群組中，再將**「格線」**核取方塊選取起來即可。

變更格線顏色

　　要變更工作表格線的顏色，同樣必須以工作表為單位。因此，先選取要設定格線顏色的一或多個工作表，接著點選**「檔案→選項」**功能，開啟「Excel選項」對話方塊，在**「進階」**標籤頁中的「此工作表的顯示選項」項目中，確認**「顯示格線」**核取方塊為勾選狀態；接著按下**「格線色彩」**下拉鈕，在色盤中點選想要套用的格線顏色，最後按下**「確定」**鈕即完成設定。

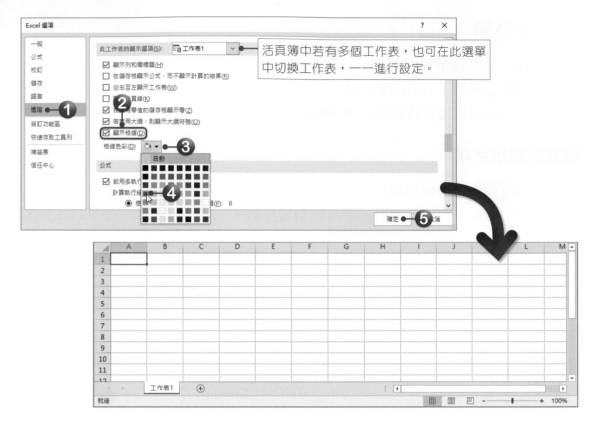

4-3 文件的保護

當我們製作好表格，為了避免在開放檔案時不小心被其他人擅改或誤刪，可以為工作表及活頁簿加上保護設定。設定「保護」之後，其他人就不能隨便修改工作表的內容或名稱，必須要有密碼才能解除保護。

而除了完全保護工作表及活頁簿，不允許檔案有所變更之外，Excel也可以設定只彈性開放某些儲存格範圍，供他人填寫或修改。

✦ 活頁簿的保護設定

接下來開啟書附光碟中的「ch04→旅遊意願調查表-保護.xlsx」檔案，依照下列步驟來學習活頁簿的保護設定。

step01 按下「**校閱→變更→保護活頁簿**」按鈕，開啟「保護結構及視窗」對話方塊，勾選「**結構**」選項，並將密碼設定為**chwa001**，設定好後按下「**確定**」按鈕。

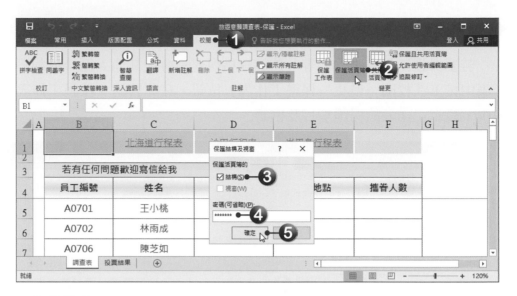

TIPS

將「**結構**」勾選起來，可避免使用者新增、刪除工作表或顯示隱藏工作表。而活頁簿結構與視窗保護會套用至整個活頁簿。

或者也可以按下「**檔案→資訊**」功能，再按下「**保護活頁簿→保護活頁簿結構**」選項，進行保護的設定。

step02 接著要再次確認密碼，請再次輸入密碼，輸入好後按下「**確定**」按鈕。

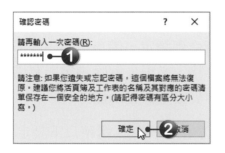

TIPS

在設定保護活頁簿時，不一定要設定密碼，但若沒有設定密碼，任何使用者都可以取消保護活頁簿的設定。

step03 到這裡就完成了保護活頁簿的設定。而保護活頁簿的結構後，就無法移動、複製、刪除、隱藏、新增工作表了。

✦ 保護整張工作表

　　若要保護工作表中的內容，使儲存格內容不會被其他人編修或誤刪，可在工作表中按下**「校閱→變更→保護工作表」**按鈕，在開啟的**「保護工作表」**對話方塊中，設定工作表的保護項目及密碼。

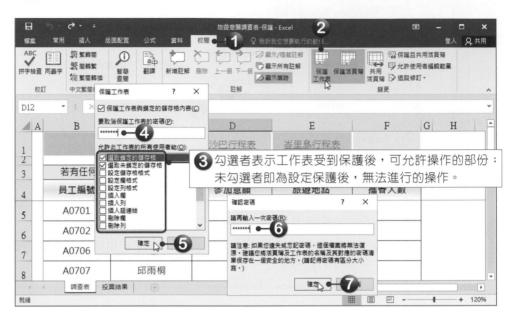

✦ 保護工作表中的特定儲存格

　　若為工作表加上保護，則所有儲存格皆受到鎖定，儲存格的內容都將無法進行編輯。若只想要保護工作表中的部分儲存格，必須先解除鎖定所有儲存格，再單獨鎖定指定的儲存格範圍，最後再為工作表設定保護功能即可。

　　延續上述「旅遊意願調查表-保護.xlsx」檔案操作，繼續以下設定：

step01 如果工作表已設定保護，按下**「校閱→變更→取消保護工作表」**按鈕，開啟「取消保護工作表」對話方塊，輸入密碼以取消保護工作表，設定好後按下**「確定」**按鈕。

step02 按下 ◢ 全選方塊 選取整個工作表，在儲存格中按下滑鼠右鍵，點選**「儲存格格式」**選項，開啟「儲存格格式」對話方塊，在**「保護」**標籤頁中，取消勾選**「鎖定」**核取方塊，接著按下**「確定」**按鈕。

> ⓉⒾⓅⓈ
> 也可按下**「常用→字型」**群組中的 🔽 **對話方塊啟動鈕**，或是按下鍵盤上的 **Ctrl+Shift+F** 或 **Ctrl+1** 快速鍵，開啟「儲存格格式」對話方塊。

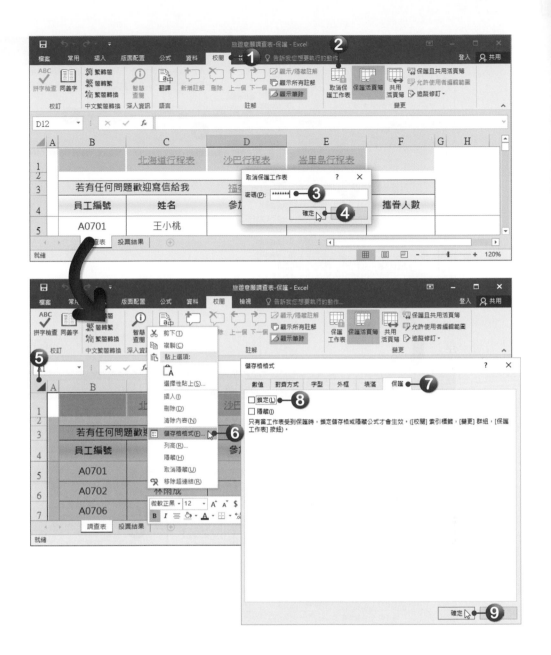

step03 在工作表中選取要設定保護的儲存格 **B5：C19**。在儲存格中按下滑鼠右鍵，點選**「儲存格格式」**選項，在「儲存格格式」對話方塊中的**「保護」**標籤頁中，重新勾選**「鎖定」**核取方塊，然後按下**「確定」**按鈕。

step04 最後按下**「校閱→變更→保護工作表」**指令按鈕，在開啟的「保護工作表」對話方塊中，設定工作表的保護項目及密碼，設定好後，按下**「確定」**按鈕。

step05 接著要再次確認密碼，請再次輸入密碼，輸入好後按下**「確定」**按鈕。

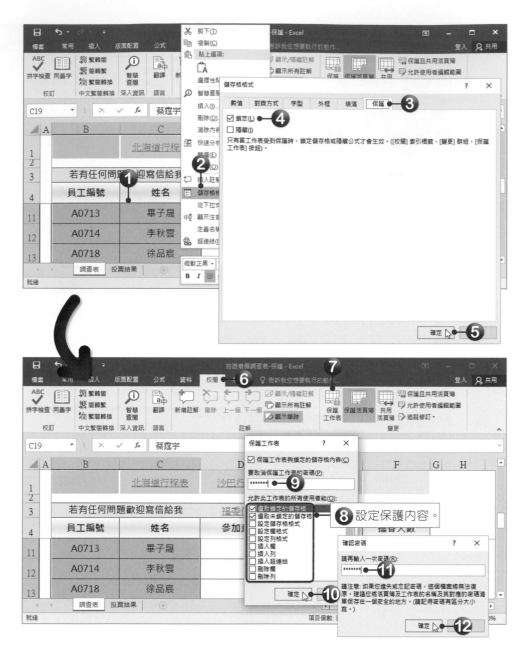

step06 到這裡就完成了保護特定儲存格的設定。若要刪除儲存格中的資料時，Excel就會出現警告訊息，表示此工作表已受到保護，無法進行編輯。

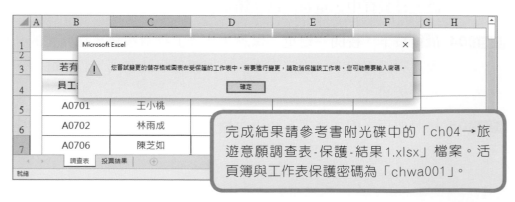

完成結果請參考書附光碟中的「ch04→旅遊意願調查表-保護-結果1.xlsx」檔案。活頁簿與工作表保護密碼為「chwa001」。

✦ 設定允許使用者編輯範圍

在對工作表、活頁簿設定保護之後，也可以利用**允許使用者編輯範圍**功能，另外指定某些範圍不受保護，允許他人使用及修改。例如：在「調查表」工作表中，我們要設定不同權限，讓每位員工只能填入自己的資料，而其他部分則無法修改。

接下來我們要為每位員工可填寫的儲存格範圍設定個別的密碼，請重新開啟「旅遊意願調查表-保護.xlsx」檔案，進行以下操作。

step01 選取 **D5：F5** 儲存格，按下「**校閱→變更→允許使用者編輯範圍**」按鈕，開啟「允許使用者編輯範圍」對話方塊，按下「**新範圍**」按鈕。

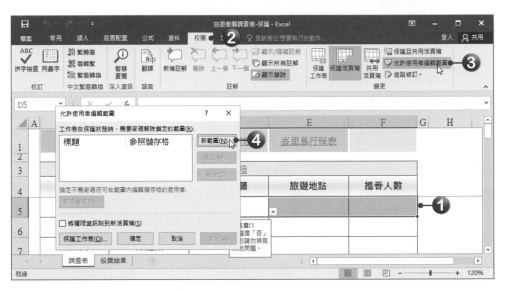

step02 開啟「新範圍」對話方塊，在「標題」欄位中輸入要使用的標題名稱；在「參照儲存格」中會自動顯示所選取的範圍；在「範圍密碼」欄位中輸入密碼(員工編號)，設定完成後，按下「**確定**」按鈕。

按下此鈕可重新選取儲存格範圍。

step03 接著會再確認一次密碼，輸入密碼後，按下「**確定**」按鈕。密碼確認無誤後，會回到「允許使用者編輯範圍」對話方塊。

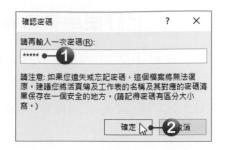

step04 接著可依相同方法設定每位員工的密碼。當所有範圍密碼都設定完成後，按下「**保護工作表**」按鈕，開啟「保護工作表」對話方塊。

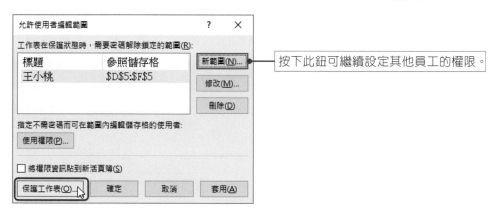

按下此鈕可繼續設定其他員工的權限。

step05 接著輸入工作表的保護密碼(chwa001)，並選取要讓使用者變更的元素。此處將「**選取鎖定的儲存格**」及「**選取未鎖定的儲存格**」選項勾選，設定好後按下「**確定**」按鈕。

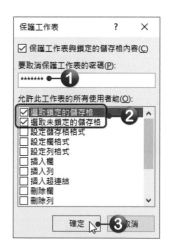

step06 在「確認密碼」對話方塊中再輸入一次密碼，輸入好後，按下「**確定**」按鈕。

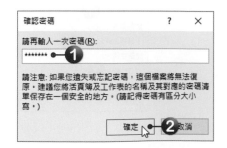

step07 最後將檔案儲存後，完成設定。而當員工欲開啓該檔案填寫資料時，必須先輸入密碼，才能進行資料輸入的動作。

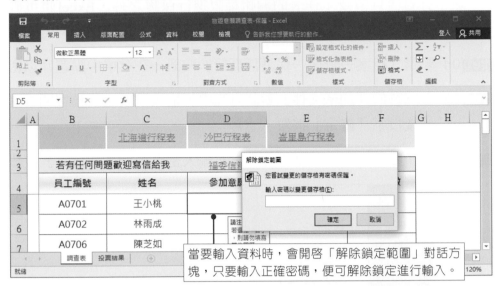

當要輸入資料時，會開啓「解除鎖定範圍」對話方塊，只要輸入正確密碼，便可解除鎖定進行輸入。

完成結果請參考書附光碟中的「ch04→旅遊意願調查表-保護-結果2.xlsx」檔案。儲存格密碼為員工編號；工作表保護密碼為「chwa001」。

✦ 取消保護工作表及活頁簿

當工作表及活頁簿被設定爲保護狀態，若要取消保護，可以按下**「校閱→變更→取消保護工作表」**按鈕；或**「校閱→變更→保護活頁簿」**按鈕來解除保護，解除保護狀態時，須輸入當初設定的密碼才能取消保護。

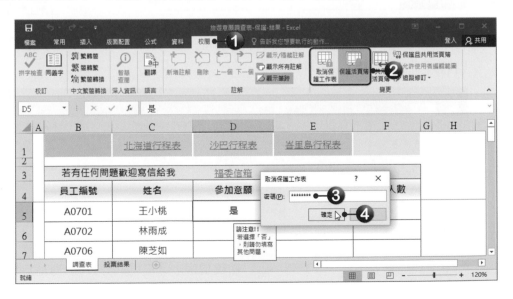

✦ 檔案的密碼保護

　　除了針對活頁簿及工作表的編輯權限進行保護之外，Excel 也可直接爲活頁簿檔案設定開啓密碼，只讓知道密碼的人開啓檔案，以確保資料的安全。

step01 點選「**檔案→資訊→保護活頁簿**」按鈕，在選單中點選「**以密碼加密**」。

step02 在開啓的「加密文件」對話方塊中，輸入欲設定的檔案開啓密碼，輸入好後按下「**確定**」按鈕。

step03 於「確認密碼」對話方塊中再次輸入密碼，按下「**確定**」按鈕。

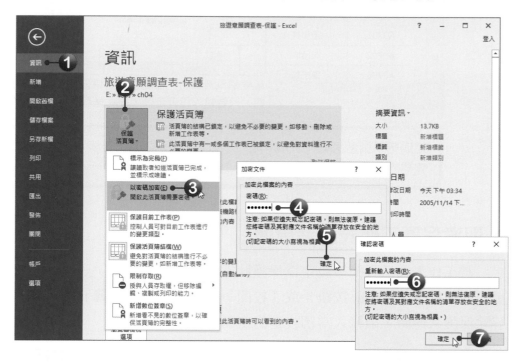

step04 密碼設定完成後，以後再次開啓檔案時，必須先輸入密碼，才能順利開啓檔案進行編輯。

若欲取消活頁簿檔案的開啓密碼時，同樣點選「**檔案→資訊→保護活頁簿→以密碼加密**」，在「加密文件」對話方塊中將密碼取消即可。

4-4 工作表的版面設定

在列印工作表之前，可以先到「**版面配置→版面設定**」群組中，進行邊界、方向、大小、列印範圍、背景等相關設定。

在本節可開啟書附光碟中的「ch04→總體經濟.xlsx」檔案，依照下列步驟來學習工作表的版面設定技巧。

✦ 邊界設定

若要調整列印紙張邊界，可按下「**版面配置→版面設定→邊界**」按鈕，於選單中選擇「**自訂邊界**」，即可進行紙張邊界的調整。

在「版面設定」對話方塊的「**邊界**」標籤頁中，可設定上下左右及頁首頁尾的邊界；而在「**置中方式**」選項，可設定**水平置中**及**垂直置中**，若兩者皆未勾選，則工作表內容預設會靠左邊和上面對齊。

置中方式	說明
水平置中	列印時，會將工作表置於左右邊界的中間。
垂直置中	列印時，會將工作表置於上下邊界的中間。
兩者皆勾選	列印時，會將工作表置於紙張的正中央。

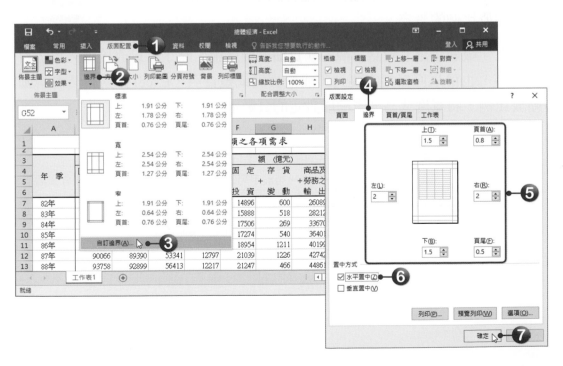

✦ 改變紙張方向與縮放比例

點選「版面配置→版面設定」群組中的  對話方塊啟動鈕，可開啟「版面設定」對話方塊，在「版面設定」對話方塊的「頁面」標籤中，可設定列印的紙張方向、紙張大小、縮放比例……等頁面相關設定。

改變紙張方向及紙張大小

若要設定紙張方向，可直接按下「**版面配置→版面設定→方向**」按鈕，於選單中選擇紙張方向為「**直向**」或「**橫向**」。

若要設定紙張大小，可直接按下「**版面配置→版面設定→大小**」按鈕，於選單中選擇想要列印的紙張大小。若無適用的紙張大小，也可以點選「**其他紙張大小**」，自行設定列印紙張大小。

或者在「版面設定」對話方塊的「**頁面**」標籤中，也可以設定要列印的紙張方向；「**紙張大小**」欄位則可選擇要使用的紙張大小。

指定縮放比例

當工作表超出單一頁面，又不想拆開兩頁列印時，可以將工作表縮小列印。在「**版面配置→配合調整大小**」群組中，可以進行縮放比例的設定。

而在「版面設定」對話方塊的「**頁面**」標籤中，除了可以直接輸入縮放百分比數值外，也可以直接指定要列印成幾頁寬或幾頁高，Excel 在列印時會自動調整縮放比例，將寬度或高度濃縮成設定的頁數進行列印。

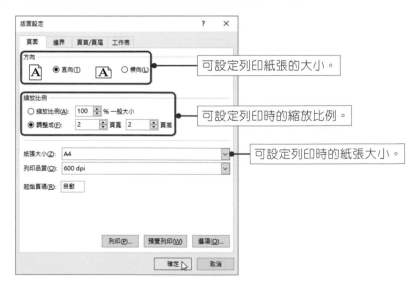

✦ 頁首及頁尾的設定

在進行列印之前，可以視需要先在工作表的頁首與頁尾中，設定加入標題文字、頁碼、頁數、日期、時間、檔案名稱、工作表名稱……等資訊，而這些資訊將會被列印在每一頁文件的最上方或最下方。

在整頁模式中直接輸入

設定頁首與頁尾最方便的方式，就是切換至 ▦ **整頁模式**，讓工作表內容依列印時的頁面顯示。在整頁模式中，按下頁面中的「**新增頁首**」或「**新增頁尾**」，即可進入頁首及頁尾的編輯狀態。

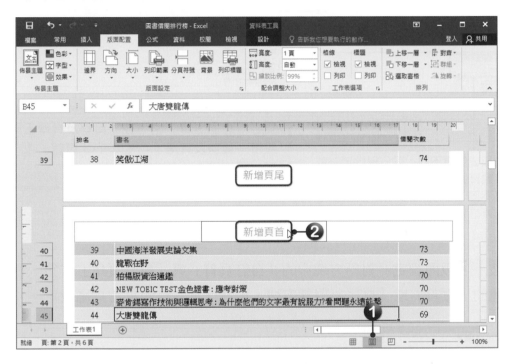

頁首及頁尾均區分為左、中、右三大區塊，直接輸入文字即可。或者也可利用「**頁首及頁尾工具→設計→頁首及頁尾項目**」標籤中的各項按鈕，插入各種功能變數，顯示文件相關資訊。

內容輸入完成後，在文件編輯區任一處點選滑鼠左鍵，即可離開頁首及頁尾的編輯狀態。

在「版面設定」對話方塊中設定

點選「版面配置→版面設定」群組中的 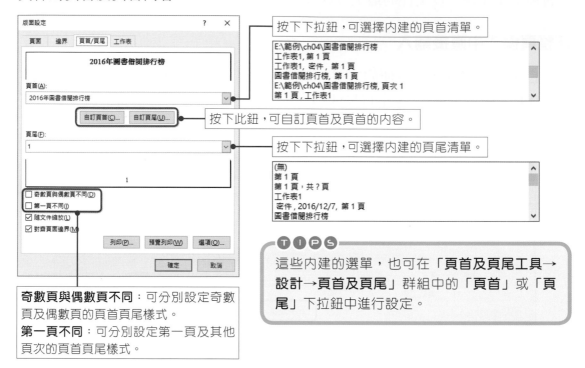 對話方塊啟動鈕，可開啟「版面設定」對話方塊，在「版面設定」對話方塊的「**頁首/頁尾**」標籤中，即可設定文件的頁首及頁首內容。

按下下拉鈕，可選擇內建的頁首清單。

E:\範例\ch04\圖書借閱排行榜
工作表1,第 1 頁
工作表1, 密件, 第 1 頁
圖書借閱排行榜, 第 1 頁
E:\範例\ch04\圖書借閱排行榜,頁次 1
第 1 頁, 工作表1

按下此鈕，可自訂頁首及頁首的內容。

按下下拉鈕，可選擇內建的頁尾清單。

(無)
第 1 頁
第 1 頁,共 ? 頁
工作表1
密件, 2016/12/7, 第 1 頁
圖書借閱排行榜

奇數頁與偶數頁不同：可分別設定奇數頁及偶數頁的頁首頁尾樣式。
第一頁不同：可分別設定第一頁及其他頁次的頁首頁尾樣式。

TIPS
這些內建的選單，也可在「**頁首及頁尾工具→設計→頁首及頁尾**」群組中的「**頁首**」或「**頁尾**」下拉鈕中進行設定。

按下「版面設定」對話方塊中的「**自訂頁首**」或「**自訂頁尾**」按鈕，會開啟相對應的「頁首」或「頁尾」對話方塊，可進行更完整的頁首頁尾設定。

此處的工具鈕與「**頁首及頁尾工具→設計→頁首及頁尾項目**」群組中的按鈕是相同的。

按下此鈕，可設定文字格式。

自訂頁首及頁尾

接下來同樣開啓書附光碟中的「ch04→總體經濟.xlsx」檔案，依照下列步驟來學習工作表的版面設定技巧。

step01 按下「**插入→文字→頁首及頁尾**」按鈕，或點選檢視工具列上的 ▦ **整頁模式** 按鈕，進入整頁模式中。

step02 在頁面中的「**新增頁首**」按一下滑鼠左鍵，即可進入頁首編輯狀態。在頁首區域中會分為三個部分，在中間欄位中輸入頁首文字，接著選取文字，在「**常用→字型**」群組中進行文字格式設定。

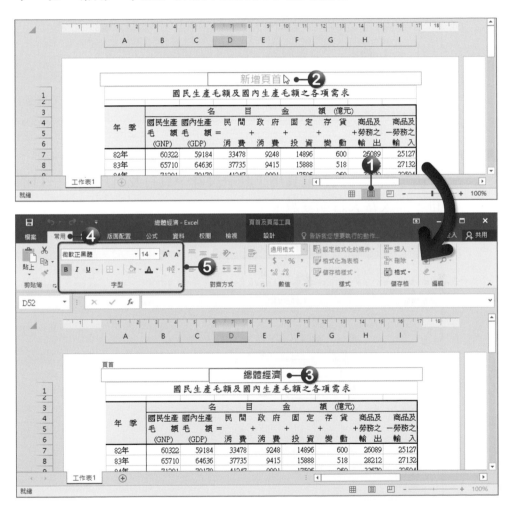

step03 接著按下「**頁首及頁尾工具→設計→導覽→移至頁尾**」按鈕，切換至頁尾區域中。

step 04 在中間區域按一下滑鼠左鍵,按下「頁首及頁尾工具→設計→頁首及頁尾→頁尾」按鈕,於選單中選擇要使用的頁尾格式。

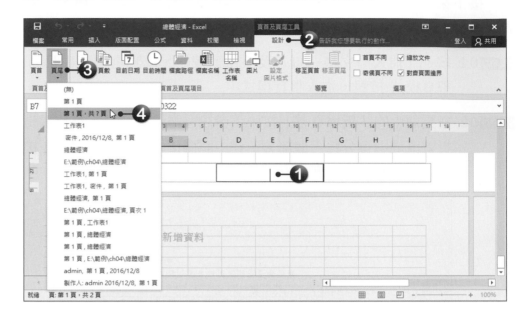

step 05 接著在左邊區域按一下滑鼠左鍵,輸入「製表日期:」文字,文字輸入好後,按下「頁首及頁尾工具→設計→頁首及頁尾項目→目前日期」按鈕,插入當天日期變數。

step 06 在頁尾的右邊區域中,按一下滑鼠左鍵,輸入「檔案名稱:」文字,文字輸入好後,按下「頁首及頁尾工具→設計→頁首及頁尾項目→檔案名稱」按鈕,插入活頁簿的檔案名稱變數。

step 07 頁首頁尾設定好後，再檢查看看還有哪裡需要調整及修改。最後，於頁首頁尾編輯區以外的地方按一下滑鼠左鍵，或是按下檢視工具中的**標準模式**，即可離開頁首及頁尾的編輯模式。

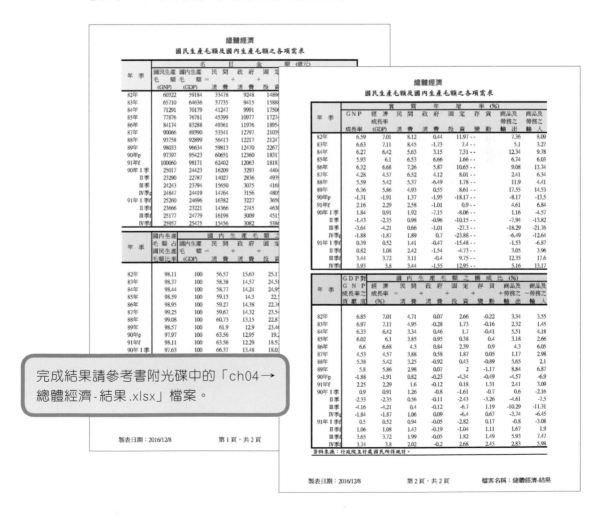

完成結果請參考書附光碟中的「ch04→總體經濟-結果.xlsx」檔案。

4-5 列印工作表

要列印工作表之前，可以指定工作表的列印範圍，或依需求設定列印出每頁標題、格線、欄標題與列標題等。最後再進行一些列印相關設定，如：設定列印份數、選擇印表機、列印頁面等，即可進行列印動作。

✦ 設定列印範圍

若只想列印出工作表中的某些範圍，而不想整份列印時，可以先選取欲列印範圍，再按下「**版面配置→版面設定→列印範圍→設定列印範圍**」按鈕，即可只列印出被選取的儲存格範圍。

> **TIPS**
> 選取要列印的範圍時，可以是多個不相鄰的範圍。

✦ 設定列印標題

我們通常會將資料的標題放在表格的第一欄或第一列，在瀏覽或查找資料時，比較好對應到該欄位的標題。但是當列印資料超出一頁時，自第二頁起，並不會列印出第一欄或第一頁的標題，這時就必須特別設定標題列，才能使表格標題重複出現在每一頁。

要設定列印標題時，按下「**版面配置→版面設定→列印標題**」按鈕，開啟「版面設定」對話方塊，在「**工作表**」標籤中，即可設定列印標題。

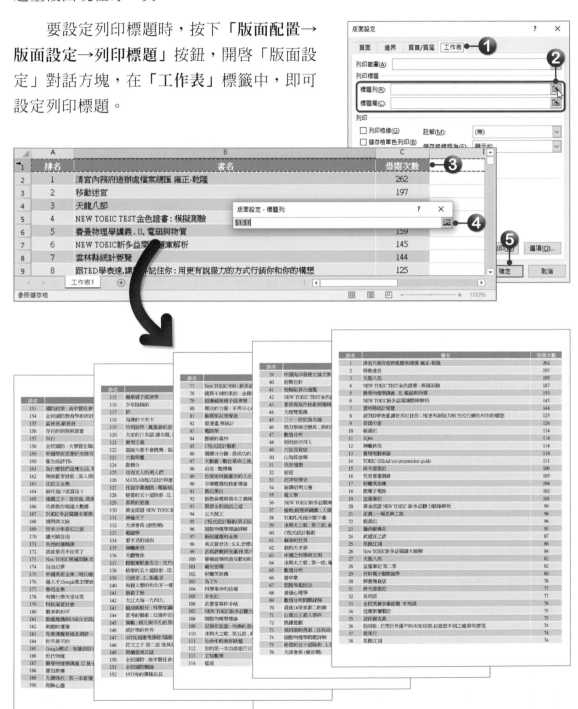

✦ 指定列印項目

在「版面設定」對話方塊的「工作表」標籤頁中，有一些項目可以選擇以何種方式列印，分別說明如下：

■ **列印格線**：在工作表中所看到的灰色格線，在列印時是不會印出的，若要印出格線時，可以將「**列印格線**」選項勾選，在列印時就會以虛線印出；或者將「**版面配置→工作表選項**」群組中的「**格線**」選項勾選起來，也可以列印出格線。

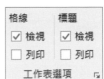

■ **註解**：在預設情況下，列印時並不會將儲存格的註解印出。但可以在「版面設定」對話方塊中，設定將註解「**顯示在工作表底端**」，則註解會列印在所有頁面的最下面；或是設定為「**和工作表上的顯示狀態相同**」，則註解會列印在工作表的儲存格上。

■ **儲存格單色列印**：若勾選此項目，則原本有底色的儲存格，在列印時就不會印出顏色，框線也都會印成黑色。

■ **草稿品質**：若勾選此項目，儲存格的底色及框線都不會列印出來。

■ **列與欄位標題**：會將工作表的欄標題A、B、C……和列標題1、2、3……，一併列印出來。或者將「**版面配置→工作表選項**」群組中的「**標題**」選項勾選起來，也可以列印出列與欄位標題。

	A	B	C
1	排名	書名	借閱次數
2	1	清宮內務府造辦處檔案總匯 雍正-乾隆	262
3	2	移動迷宮	197
4	3	天龍八部	195

列印方式

當資料過多，被迫分頁列印時，在「版面設定」對話方塊的「**工作表**」標籤頁中，可設定列印的順序。若點選「**循欄列印**」選項，會先列印同一欄的資料；若點選「**循列列印**」選項，則會先列印同一列的資料。

列印方式	說明	
循欄列印	會先列印同一欄的資料，依照A→C→B→D的順序列印。	
循列列印	會先列印同一列的資料，依照A→B→C→D的順序列印。	

✦ 插入與移除分頁線

在列印工作表時，想要將特定資料強迫分頁列印至不同頁面，可以先點選欲插入分頁線的欄、列或儲存格，接著按下「**版面配置→版面設定→插入分頁**」指令按鈕，在工作表中插入分頁線。分頁線會以淺灰色略粗的實線表示。

選取方式	說明
選取欄	會在該欄左方插入分頁線。
選取列	會在該列上方插入分頁線。
選取儲存格	會以此儲存格為中心，產生垂直與水平的兩條分頁線，將工作表強迫分成四頁列印。

若欲移除分頁線，可點選分頁線下方或右側的儲存格，點選「**版面配置→版面設定→移除分頁**」指令按鈕即可；而點選「**版面配置→版面設定→重設所有分頁線**」按鈕，則會將工作表中的所有自訂的分頁線全部移除。

✦ 設定列印選項

預覽列印

當版面設定好後，按下「**檔案→列印**」功能，或是按下鍵盤上的 **Ctrl＋P** 及 **Ctrl＋F2** 快速鍵，即可預覽每一頁的列印結果。

預覽時，點選右下角的 ▦ **顯示邊界** 按鈕，即可顯示頁面邊界；按下 ◉ **縮放至頁面** 按鈕，則可預覽放大至列印時的頁面大小；再按一次，則還原至整頁顯示大小。

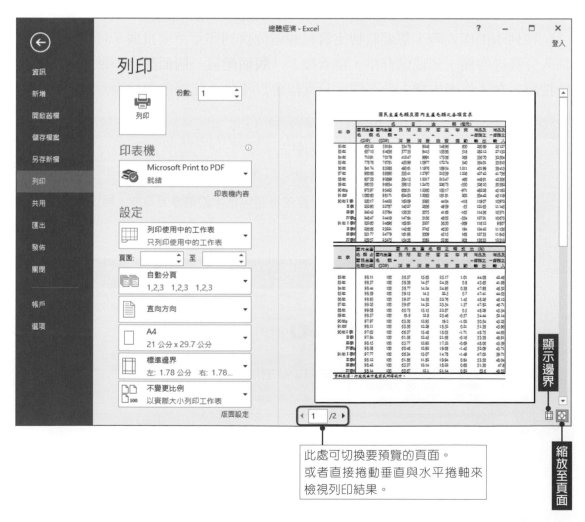

此處可切換要預覽的頁面。
或者直接捲動垂直與水平捲軸來檢視列印結果。

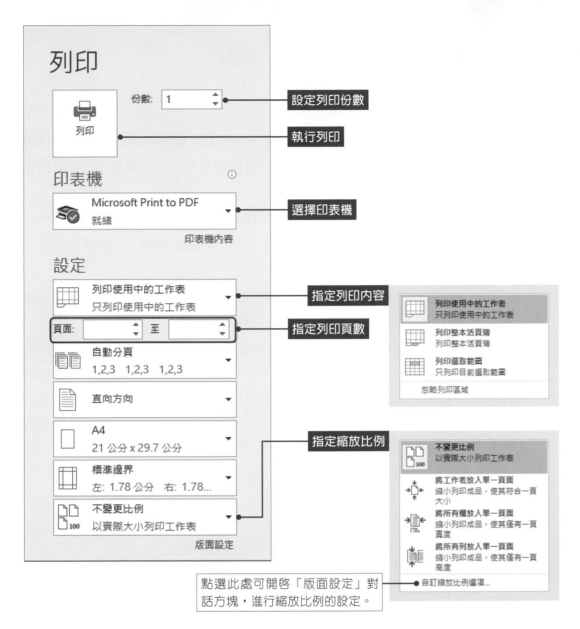

點選此處可開啓「版面設定」對話方塊,進行縮放比例的設定。

選擇要使用的印表機

若電腦中安裝多台印表機時,則可以按下**印表機**選項,選擇要使用的印表機。而不同的印表機,其適用的紙張大小和列印品質都有所不同,因此選定印表機後,可按下**印表機內容**按鈕,進行更細部的印表機硬體設定。

執行列印

當所有列印資訊都設定好後,最後按下「**列印**」按鈕,進行實際列印的動作,即可將內容從印表機中印出。

選擇題

(　　)1. 下列哪一項Excel功能,在當捲動視窗捲軸檢視Excel的表格時,能將標題列固定在工作表的最上方,以便對照表格標題? (A)分割視窗 (B)分頁預覽 (C)凍結窗格(D)強迫分頁。

(　　)2. Excel的分割視窗功能,最多可分割成幾個小視窗? (A)2 (B)3 (C)4 (D)6。

(　　)3. 下列何者不屬於Excel排列視窗的方式? (A)磚塊式並排 (B)棋盤式並排 (C)水平並排 (D)階梯式並排。

(　　)4. 下列Excel功能中,何者不是當資料量過時,避免分頁列印的方法? (A)改變紙張方向 (B)調整縮放比例 (C)調整邊界 (D)設定列印範圍。

(　　)5. 在Excel中,下列關於頁首及頁尾設定的敘述,何者不正確? (A)設定頁尾的格式為「&索引標籤」時,頁尾可列印出該工作表名稱 (B)設定頁首的格式為「&檔案名稱」時,頁首可列印出該工作表的檔案名稱 (C)設定頁尾的格式為「&頁數」時,頁尾可列印出該工作表的頁碼 (D)設定頁首的格式為「&日期」時,頁首可列印出當天的日期。

(　　)6. 在Excel中,可以在頁首及頁尾中插入下列哪種項目? (A)日期及時間 (B)圖片 (C)工作表名稱 (D)以上皆可。

(　　)7. 在Excel中,要列印出格線時,可以進入「版面設定」對話方塊的哪個頁面中設定? (A)頁面 (B)邊界 (C)頁首頁尾 (D)工作表。

(　　)8. 在Excel中,如果工作表大於一頁列印時,Excel會自動分頁,若想先由左至右,再由上至下自動分頁,則下列何項正確? (A)須設定循欄列印 (B)須設定循列列印 (C)無須設定(D)無此功能。

(　　)9. 假設某工作表的分頁狀況如右圖,若列印時設定工作表為「循欄列印」,則列印順序為何? (A)ABCDEF (B)ADBECF (C)ADEFCE(D)CFBEAD。

A	B	C
D	E	F

(　　)10. 在Excel中,要進入列印頁面中,可以按下下列哪組快速鍵? (A)Ctrl+P (B)Alt+P (C)Shift+D (D)Ctrl+Alt+P。

(　　)11. 下列有關Excel之敘述,何者正確? (A)對欄或列設定隱藏後,該欄或列會刪除不見 (B)凍結窗格功能可分割工作表視窗,以便檢視 (C)列印時,勾選「草稿品質」選項,不會列印出框線,但會列印出儲存格的底色 (D)可以在Excel的頁首頁尾中插入圖片。

◎ **實作題**

1. 開啟「ch04→工業生產概況.xlsx」檔案，進行以下設定。

   ● 利用「凍結窗格」功能，固定資料標題列(第1～2列)與標題欄(第A、B欄)。

   ● 為86年至100年的資料儲存格(C3：J17)設定編輯保護，讓使用者只能選取，無法進行編輯。(設定保護密碼為「0000」)

   ● 設定檔案開啟密碼為「9999」。

	A	B	C	D	E	F	G	H	I	J	K
1			工業生產	製造業生產	按輕重工業分		按用途別分			重工業占製造	(單位：%)
2			指數年增率	指數年增率	輕工業	重工業	投資財	消費財	生產財	業淨值百分比	
12	95年		2.03	2.91	-0.84	4.77	6.36	-3.36	4.78	68.15	
13	96年		7.43	8.69	-0.65	13.05	14.82	-1.02	10.99	70.89	
14	97年		2.63	2.36	-3.11	4.6	9.22	-3.53	2.5	72.38	
15	98年		7.71	8.13	0.38	11.08	10.06	-0.91	10.7	74.4	
16	99年		7.38	7.96	-1	11.05	14.83	1.37	7.88	76.54	
17	100年		-7.32	-7.98	-9.35	-7.58	-1.42	-9.92	-9.6	76.89	
18	101年	1月	-14.29	-14.88	-20.47	-12.96	-16.39	-19.76	-12.85	76.12	
19		2月									
20		3月									
21		4月									
22		5月									
23		6月									
24		7月	-11.07	-12	-10.91	-12.92	-2.47	-10.79	-13.44	76.51	
25		8月	-7.88	-8.71	-5.17	-9.78	-0.26	-5.47	-12.33	76	

Microsoft Excel ×

⚠ 您嘗試變更的儲存格或圖表在受保護的工作表中，若要進行變更，請取消保護該工作表。您可能需要輸入密碼。

[確定]

工作表1

2. 開啟「ch04→拍賣交易紀錄.xlsx」檔案，進行以下設定。

   ● 列印5月1日到5月10日的拍賣紀錄，列印時必須包含每個欄位的標題，文件的邊界及方向請自行設定。

   ● 在頁首中間輸入「5月1日到5月10日拍賣紀錄」文字，並自行設定文字格式。

   ● 於頁尾中間插入「第X頁，共X頁」的頁碼格式。

5月1日到5月10日拍賣紀錄

拍賣編號	商品名稱	競標日	起標價格	出標次數	得標價格	賣家代號	賣家姓名	賣家聯絡方式
e53734100	Jr.動代語誌內容47冊	5月1日	¥200	62	¥3,200	HINA	羽太	tsu-hasa@ne.jp
d31819242	Maxi Single店頭告知海報	5月1日	¥780					
c53848539	Jr.名鑑Vol.7	5月1日	¥800					
d32001744	Stand by me的日曆冊	5月2日	¥2,000					
e24576300	絹誌封面23冊	5月3日	¥300					
d30567193	絹誌六頁240冊	5月4日	¥2,000					
e53535956	2010夏Con場刊	5月6日	¥1,000					
d53767981	2012春Con場刊	5月6日	¥900					
e24776665	3本音+8張照片	5月7日	¥300					
e24909593	2011春Con場刊	5月8日	¥300					
e24751968	WinkUp2011年12月號4頁	5月8日	¥50					
e25018091	會報1～13	5月9日	¥500					
e25058192	2012夏Con場刊	5月10日	¥1,000					
c36126932	2010年春刊	5月10日	¥300					
e24938876	Kyo to Kyo宣傳單3張	5月10日	¥150					
e24939479	Kyo to Kyo宣傳單5張	5月10日	¥200					
e24935032	Kyo to Kyo傳f2冊	5月10日	¥1,000					
d54340422	2011-2012學年曆	5月11日	¥1,000					
d53570356	耽密少年偵探團場刊	5月15日	¥200					

第1頁·共2頁

5月1日到5月10日拍賣紀錄

拍賣編號	商品名稱	競標日	起標價格	出標次數	得標價格	賣家代號	賣家姓名	賣家聯絡方式
e52577015	PIKANCHI宣傳海報	5月16日	¥300	1	¥300	carnation	新井	kiyo@ne.jp
c54735835	Stand by me場刊	5月17日	¥2,500	23	¥8,250	yunrun	成田	my@ne.jp
b37341827	日本電視台Vol.14	5月17日	¥80	1	¥80	chek	市川	j2@co.jp
e25533571	Johnnys帆場刊	5月18日	¥100	30	¥1,400	sam	飯島	momo@ne.jp
c36825288	會冊單6號	5月18日	¥50	1	¥50	emi	部田	emio@com
d32592213	Replique2012年12月號	5月18日	¥400	1	¥400	setsu	山根	ns@ne.jp
d32616810	2012年繪誌內頁72冊	5月19日	¥300	30	¥1,300	ruka	二橋	pepo@or.jp
b54872723	Here We Go海報	5月13日	¥500	1	¥500	BMW	緒方	ogata@com
c35737954	出道海報	5月20日	¥500	20	¥910	ume	野村	ume@ne.jp
c36999882	嵐誌六冊600頁	5月20日	¥2,000	3	¥2,200	oosawa	古河	mayumi@ne.jp
b55029837	Oricon雜誌2012年11月8號	5月21日	¥200	1	¥200	nari	吉田	lab@or.jp
e25758282	Duet2010年8月號	5月22日	¥370	1	¥370	wave	川西	nys@ne.jp

第2頁·共2頁

3. 開啟「ch04→統計資料.xlsx」檔案，進行以下設定。

● 由於工作表比較長，又超過頁面寬度，所以把紙張列印方向設定為「橫向」，縮放比例設定為1頁寬、3頁高。

● 每頁都要加入第1列到第3列的標題列。

● 將頁首及頁尾的邊界都設定為「1」，並讓工作表水平置中列印。

● 在頁首放置檔名和修改日期，頁尾放置工作表名稱以及頁碼。

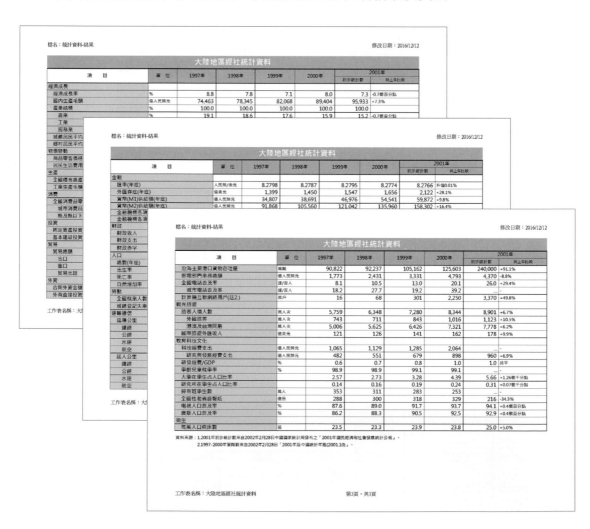

EXCEL 2016

CHAPTER

05

函數的應用

✪ 本章學習重點

5-1 認識函數

函數是Excel事先定義好的公式，專門處理龐大的資料，或複雜的計算過程。使用函數可以不需要輸入冗長或複雜的計算公式，例如：當要計算A1到A10的總和時，若使用公式的話，必須輸入「=A1+A2+A3+A4+A5+A6+A7+A8+A9+A10」；若使用函數的話，只要輸入=SUM(A1:A10)即可將結果運算出來。

函數跟公式一樣，由「=」(等號)開始輸入，函數名稱後面有一組括弧，括弧中間放的是引數，也就是函數要處理的資料，而不同的引數，要用「,」(逗號)隔開，函數語法的意義如下所示：

$$=\underset{\text{函數名稱}}{\underline{\text{SUM}}}(\underset{\text{引數1}}{\underline{\text{A1:A10}}}, \underset{\text{引數2}}{\underline{\text{B5}}}, \underset{\text{引數3}}{\underline{\text{C3:C16}}})$$

函數中的引數，可以使用數值、儲存格參照、文字、名稱、邏輯值、公式、函數，如果使用文字當引數，文字的前後必須加上「"」符號。函數中可以使用多個引數，Excel 2016最多允許使用255個引數。

函數的引數中又內嵌其他函數，例如：=SUM(B2:F7,SUM(B2:F7))，稱作**巢狀函數**，而Excel 2016的巢狀函數最多可達64層。

✦ 函數的種類

Excel預先定義了各式各樣不同功能的函數，每一個函數的功能都不相同。為了使用上的方便，根據各個函數的特性，大致可分為財務函數、日期及時間函數、數學與三角函數、統計函數、檢視與參照(查閱與參照)函數、資料庫函數、文字函數、邏輯函數、資訊函數、工程函數、Cube函數、相容函數、Web函數等。

在本章第5-3到第5-11節中，將詳細介紹各類型常用的函數。

5-2 建立函數

在儲存格中建立函數的方式，有以鍵盤直接輸入、透過自動加總鈕，以及利用插入函數精靈等方式。

✦ 直接輸入函數

如果已經非常熟悉函數的使用方式，可以直接在儲存格中鍵入函數及其引數。當輸入函數的第一個字母時，會開啟一個函數選單，將符合該字母為首的所有函數列出，以滑鼠左鍵點選函數，會在右側顯示該函數的功能說明。

在選單上選定想要使用的函數後，雙擊滑鼠左鍵即可直接輸入函數名稱及左括弧，並顯示該函數的語法設定提示，依語法進行後續的引數設定即可。

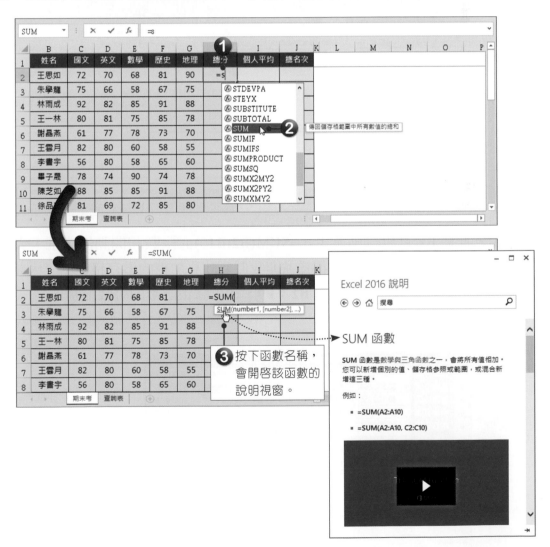

✦ 自動加總

為了使用方便，Excel將一些較常使用到的函數，整合在 Σ▾ **自動加總** 指令按鈕中。

點選「**公式→函數程式庫→自動加總**」或「**常用→編輯→自動加總**」下拉鈕，即可快速套用加總、平均值、計數、最大值、最小值等函數，並自動依儲存格內容搜尋要計算的函數範圍，可快速完成函數設定。

step01 開啟書附光碟中的「ch05→各地區營業額統計.xlsx」檔案。點選存放各店營業額加總值的 **B11** 儲存格，按下「**公式→函數程式庫→自動加總**」或「**常用→編輯→自動加總**」指令按鈕，於選單中選擇「**加總**」。

step02 此時Excel會自動產生「=SUM(B2:B10)」函數和閃動的虛框，表示會計算虛框內的總和。但這並非我們要計算加總的儲存格範圍，因此在此重新框選欲計算的範圍 **B2：F9**，即可修正函數的引數範圍。

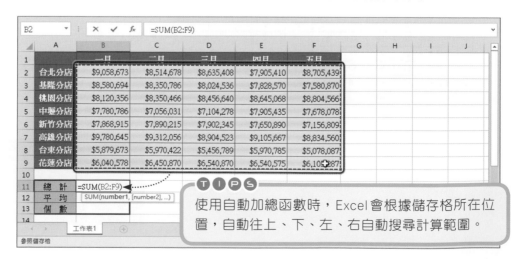

TIPS
使用自動加總函數時，Excel會根據儲存格所在位置，自動往上、下、左、右自動搜尋計算範圍。

step03 引數範圍框選完成後，按下鍵盤上的**Enter**鍵，即可計算出此範圍內的總合。

	A	B	C	D	E	F	G	H	I	J
1		一月	二月	三月	四月	五月				
2	台北分店	$9,058,673	$8,514,678	$8,635,408	$7,905,410	$8,705,439				
3	基隆分店	$8,580,694	$8,350,786	$8,024,536	$7,828,570	$7,580,870				
4	桃園分店	$8,120,356	$8,350,466	$8,456,640	$8,645,068	$8,804,566				
5	中壢分店	$7,780,786	$7,056,031	$7,104,278	$7,905,435	$7,678,078				
6	新竹分店	$7,868,915	$7,890,215	$7,902,345	$7,650,890	$7,156,809				
7	高雄分店	$9,780,645	$9,312,056	$8,904,523	$9,105,667	$8,834,560				
8	台東分店	$5,879,673	$5,970,422	$5,456,789	$5,970,785	$5,078,087				
9	花蓮分店	$6,040,578	$6,450,870	$6,540,870	$6,540,575	$6,105,287				
10										
11	總　計	$307,527,329								
12	平　均									
13	個　數									
14										

修改自動加總

如果要修改自動加總的範圍，只要在儲存格上再按下「**公式→函數程式庫→自動加總**」或「**常用→編輯→自動加總**」指令按鈕，重新設定自動加總範圍即可；或者也可以直接在資料編輯列上修改儲存格範圍。

✦ 插入函數精靈

在 Excel 中的函數種類眾多，要一一記起來也不太容易，而且每個函數的使用規則也不太一樣。因此 Excel 設計了 *fx* **插入函數** 工具鈕，按下此鈕即可開啟插入函數精靈視窗，引導使用者一步步建立函數及設定引數。

step01 延續上述「各地區營業額統計.xlsx」檔案的操作。點選存放各店營業額平均值的**B12**儲存格，按下資料編輯列上的 *fx* **插入函數** 工具鈕，或是「**公式→函數程式庫→插入函數**」指令按鈕。

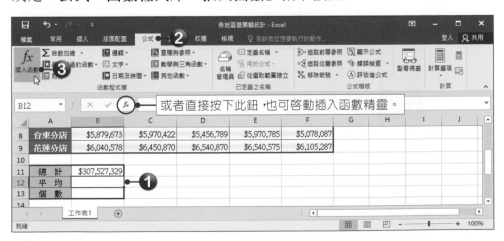

step02 開啟「插入函數」對話方塊，在「選取類別」中選擇「**統計**」類別；在「選取函數」中選擇「**AVERAGE**」函數，選擇好後按下「**確定**」按鈕。

此處會顯示所選取函數的作用及使用說明。

step03 在開啟的「函數引數」對話方塊中，按下第一個引數欄位(Number1)的 按鈕。

TIPS

在使用函數精靈時，會常使用到 按鈕，將對話方塊暫時收合，以便選取儲存格；當儲存格選取完畢，再按下 按鈕，即可展開對話方塊，繼續函數的設定。

step04 在工作表中框選儲存格範圍 **B2：F9**，選擇好後再按下 按鈕。

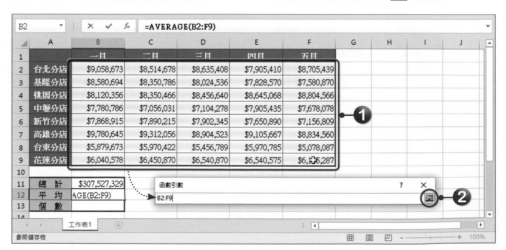

step 05 引數範圍設定完成後，再回到「函數引數」對話方塊後，即可在視窗下方預知計算結果。確認沒問題後，按下「**確定**」按鈕完成函數設定。

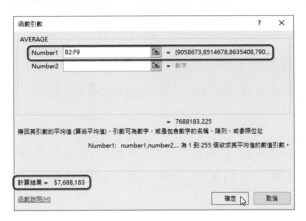

step 06 回到工作表後，在B12儲存格中就會看到計算的結果。

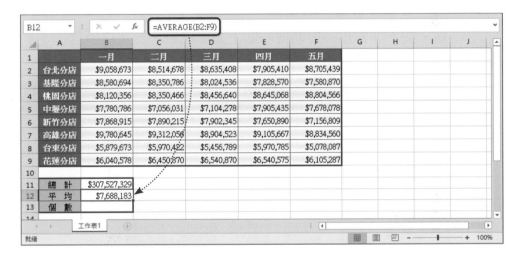

✦ 複製函數

　　複製函數的方式與公式相同，可使用**填滿控點**或**複製/貼上**的方式複製到其他儲存格。複製函數後，同樣也會根據儲存格位置的移動，自動調整引數的相對參照位址。

■**使用填滿控點**：點選含有函數設定的儲存格，拖曳其填滿控點到其他儲存格即可。

■**使用選擇性貼上**：選取含有函數設定的儲存格，點選「**常用→剪貼簿→ 複製**」按鈕；再選取要貼上的儲存格，點選「**常用→剪貼簿→貼上**」下拉鈕，於選單中選擇 **貼上公式** 按鈕，即可將函數複製到被選取的儲存格中。

✦ 修改函數

已建立好的函數與公式,都可以在資料編輯列中直接進行編輯與修改。若對函數的使用語法仍不是很熟悉,最好還是使用 *fx* **插入函數** 工具鈕進行修改。

同樣在儲存格上按下資料編輯列上的 *fx* **插入函數** 工具鈕,或是「**公式→函數程式庫→插入函數**」指令按鈕,在開啟的「插入函數」對話方塊中重新設定函數引數即可。

若是修改的幅度不大,不想重新設定函數,只想單純更換成其他函數,或重新框選儲存格範圍的話,可以直接在資料編輯列中,選取函數名稱或引數,設定成新的函數或引數範圍。

step01 延續上述「各地區營業額統計.xlsx」檔案的操作。首先點選 **B12** 儲存格,按下「**常用→剪貼簿→ 📋▾ 複製**」按鈕,再點選下方的 **B13** 儲存格,按下「**常用→剪貼簿→貼上**」下拉鈕,於選單中選擇 📋*fx* **貼上公式** 按鈕,將設定好的平均值函數複製到 B13 儲存格。

step02 接著點選 **B13** 儲存格,將滑鼠游標移至資料編輯列上的函數內,按下**名稱方塊**下拉鈕,在選單中選擇想要替換的 **COUNT** 函數。

┌─ TIPS ───┐
當在資料編輯列中編輯函數時，資料編輯列左側的「名稱方塊」會自動轉換
為「函數選單」，選單中會列出最近您曾經使用到的函數及常用的函數。

按下下拉鈕後，若選單中找不到想要使用的函數，可以選擇「**其他函數**」，
開啟「插入函數」對話方塊，選擇要使用的函數類別及函數。
└──┘

step03 此時會開啟「函數引數」對話方塊，在第一個引數欄位(Number1)中重
新設定新的儲存格範圍 **B2：F9**，選擇好後按下「**確定**」按鈕。

step04 回到工作表後，原先複製到B13儲存格的Average函數已修改成計算項
目個數的Count函數。

完成結果請參考書附光碟中的「ch05→各
地區營業額統計-結果.xlsx」檔案。

┌─ TIPS ───┐
如果只想修改函數引數範圍，也可以直接將資料編輯列上的函數引數範圍選取起來，重
新在工作表中框選新的儲存格範圍，設定好後按下鍵盤上的**Enter**鍵即可。
└──┘

05

函數的應用

✦ 建立巢狀函數

在函數中還有另一組函數做為其引數，即所謂的**巢狀函數**。請開啓書附光碟中的「ch05→比薩店銷售表.xlsx」檔案，在範例中，我們要用 **AVERAGE** 函數計算各品項的平均銷售量，並用 **ROUND** 函數將計算出來的平均銷售量取四捨五入的值。也就是說，將 AVERAGE 函數當作 ROUND 函數的引數。欲建立此巢狀函數的設定步驟如下：

step01 點選「第一週」工作表中的 **I2** 儲存格，按下資料編輯列上的 *fx* **插入函數** 按鈕，在開啓的「插入函數」對話方塊中，選擇「**數學與三角函數**」類別的 **ROUND** 函數，按下「**確定**」按鈕。

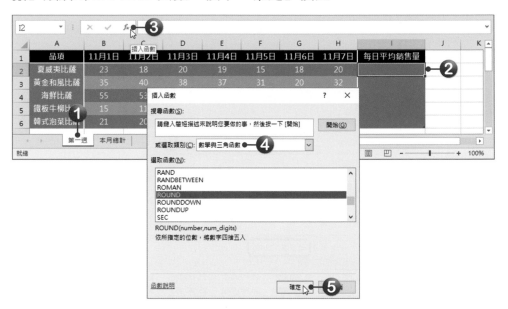

step02 接著在「函數引數」對話方塊中，先設定第二個引數欄位 (Num_digits) 為「**0**」，按下「**確定**」按鈕。

> **TIPS**
>
> **ROUND** 函數的第二個引數，是指定要四捨五入到第幾位。0表示四捨五入成整數；正的值是小數點後的位數；負的值是小數點前的位數。

step 03 回到工作表後，再將滑鼠游標移至資料編輯列中的第一個引數位置(左括弧之後，逗號之前)，再按下資料編輯列左邊的下拉鈕，從清單中選擇 **AVERAGE** 函數。

step 04 在開啟的「函數引數」對話方塊中，設定第一個引數欄位(Number1)為 **B2：H2**，選取好後按下「**確定**」按鈕。

step 05 設定完成後回到工作表，I2儲存格就會產生「**=ROUND(AVERAGE (B2:H2),0)**」的巢狀函數，此公式會將AVERAGE函數計算出來的平均值，做四捨五入成整數的動作。

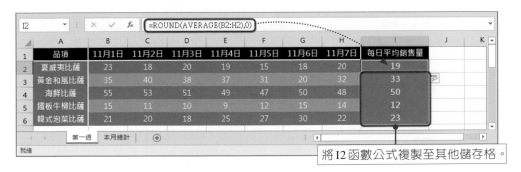

將I2函數公式複製至其他儲存格。

✦ 插入其他工作表的資料當引數

在建立函數的過程中，有時可能需要使用其他工作表中的儲存格做為引數。只要在設定函數引數時，先點選工作表標籤，再選取要參照的儲存格，就可以使用其他工作表的資料為引數。

step01 延續上述「比薩店銷售表.xlsx」檔案的操作。點選「**本月總計**」工作表中的**B2**儲存格，按下資料編輯列上的 f_x **插入函數** 按鈕，在開啓的「插入函數」對話方塊中，選擇「**數學與三角函數**」類別的**SUM**函數，按下「**確定**」按鈕。

step02 在開啓的「函數引數」對話方塊中，按下第一個引數欄位(Number1)的 按鈕。

step 03　接著點選「**第一週**」工作表，框選要計算加總函數的儲存格範圍 **B2：H2**，設定好後再按下 工具鈕。

step 04　引數範圍設定完成後，再回到「函數引數」對話方塊後，可以發現當選擇其他工作表做為引數時，其儲存格參照會標示成「**工作表名稱!儲存格位址**」，以本例來說，就是：「**第一週! B2：H2**」，表示第一週工作表中的B2：H2儲存格。確認沒問題後，按下「**確定**」按鈕完成函數設定。

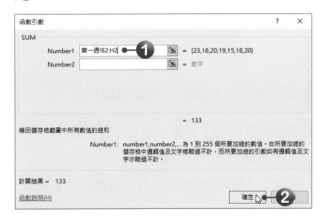

step 05　回到工作表後，在B2儲存格中就會看到計算的結果。

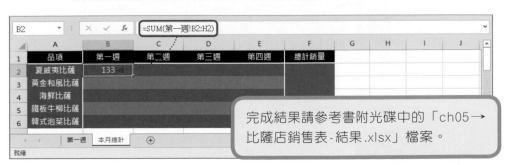

完成結果請參考書附光碟中的「ch05→比薩店銷售表-結果.xlsx」檔案。

✦ 公式與函數的錯誤訊息

在建立函數及公式後，儲存格的左上角可能會出現一個綠色三角形提示圖示，表示建立的公式或函數可能有問題。若選取該儲存格，便會出現驚歎號的 ![!▾] **追蹤錯誤** 圖示按鈕，將滑鼠游標移至圖示上方，會顯示錯誤檢查的結果。按下 ![!▾] **追蹤錯誤** 圖示旁的下拉鈕，會出現選項清單，讓我們選擇要如何修正公式。

若確認公式無誤，選擇**忽略錯誤**即可。

儲存格錯誤訊息

當公式在運算過程中發生無法正確計算的情形，儲存格會顯示以 **#** 號為首的錯誤訊息，來提醒使用者公式可能設定錯誤。下表列出常見的錯誤訊息。

錯誤訊息	說明
#N/A	表示公式或函數中有些無效的值。
#NAME?	表示無法辨識公式中的文字。
#NULL!	表示使用錯誤的範圍運算子或錯誤的儲存格參照。
#REF!	表示被參照到的儲存格已被刪除。
#VALUE!	表示函數或公式中使用的參數錯誤。

試・試・看 　自動加總、建立函數、複製函數練習

開啟書附光碟中的「ch05→期考成績表.xlsx」檔案，進行以下設定。

☑ 利用「自動加總」指令按鈕，計算總分及平均分數。

☑ 利用「統計」類別的「MAX」和「MIN」函數，求得各科最高分和最低分。

☑ 利用拖曳填滿控點的方式，將建立的函數複製到每一個儲存格。

	A	B	C	D	E	F	G	H	I	J	K
1	學號	國文	數學	英文	地理	物理	歷史	化學	總分	平均	
2	9101	58	33	40	68	50	70	55	374	53.43	
3	9102	66	68	50	80	57	81	63	465	66.43	
4	9103	70	73	67	88	60	80	71	509	72.71	
5	9104	89	80	73	90	70	92	81	575	82.14	
6	9105	56	63	43	80	83	72	78	475	67.86	
7	9106	91	85	88	93	80	93	77	607	86.71	
8	9107	66	71	58	82	76	82	70	505	72.14	
9	9108	63	65	60	78	80	89	68	503	71.86	
10	9109	88	90	85	83	78	93	81	598	85.43	
11	9110	76	53	66	83	79	89	53	499	71.29	
12											
13	最高分	91	90	88	93	83	93	81			
14	最低分	56	33	40	68	50	70	53			
15											

5-3 邏輯函數

「邏輯函數」的作用是檢查設定的條件是否成立，必須使用「判斷條件」為引數，使用時可依據條件執行指定的動作，或者將條件成立與否的結果傳回，若成立則傳回「**真(TRUE)**」；條件不成立就傳回「**假(FALSE)**」，這類的邏輯判斷在資料處理中是不可或缺的。

在書附光碟中的「ch05→函數練習」資料夾中，有各種函數種類的範例檔案，檔案名稱是以函數類別來命名。建議您在後續閱讀學習函數的使用時，同時配合書中說明開啟檔案進行學習。

✦ IF函數

根據判斷條件真假，傳回指定的結果

語 法	IF (Logical_test, Value_if_true, Value_if_false, …)
說 明	**Logical_test**：用來輸入判斷條件，所以必須是能回覆True或False的邏輯運算式。
	Value_if_true：是當判斷條件傳回True時，所必須執行的結果。如果是文字，則會顯示該文字；如果是運算式，則顯示該運算式的執行結果。
	Value_if_false：是當判斷條件傳回False時，所必須執行的結果。如果是文字，則會顯示該文字；如果是運算式，則顯示該運算式的執行結果。

請開啟「ch05→函數練習→邏輯函數.xlsx」檔案中的「IF函數」工作表。在C欄中，我們可以使用 **IF** 函數來進行判斷並顯示儲存格結果。當B2儲存格的分數大於等於60，C2儲存格就顯示「及格」；否則顯示「不及格」的效果。

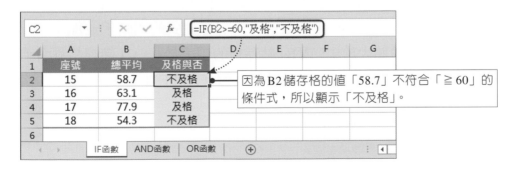

因為B2儲存格的值「58.7」不符合「≧60」的條件式，所以顯示「不及格」。

✦ AND函數

當每一個判斷條件都成立，才傳回「真」

語 法	AND (Logical1, Logical2, ...)
說 明	Logical1, Logical2, ...：為要測試的第1個條件，第2個條件...，條件最多可設定255個。

請開啟「ch05→函數練習→邏輯函數.xlsx」檔案中的「AND函數」工作表。在C欄中，我們可以使用 **AND** 函數來進行兩個條件式的判斷，並顯示儲存格結果。若A1加B1儲存格的值大於0且小於100時，C1儲存格就傳回「真(TRUE)」，否則就傳回「假(FALSE)」。

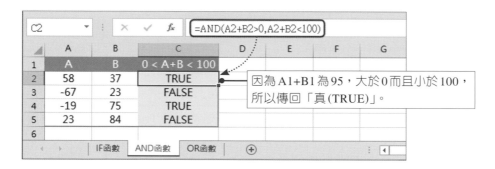

✦ OR函數

只要其中一個判斷條件成立，就傳回「真」

語 法	OR (Logical1, Logical2, ...)
說 明	Logical1, Logical2, ...：為想要測試其結果為True或False的條件。

請開啟「ch05→函數練習→邏輯函數.xlsx」檔案中的「OR函數」工作表。在C欄中，我們可以使用 **OR** 函數來進行兩個條件式的判斷，並顯示儲存格結果。只要A1儲存格的值大於0，或B1儲存格的值大於0，C1儲存格就會傳回「真(TRUE)」；如果兩個都不大於0，才傳回「假(FALSE)」。

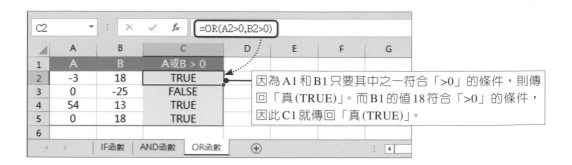

5-4 資訊函數

「資訊函數」可用來檢查儲存格的資料類型,例如:儲存格內容是不是空白、是不是數值、是不是文字等,如果結果符合,就傳回「眞(TRUE)」,不符合就傳回「假(FALSE)」。這些函數雖然看起來並不起眼,可是在某些場合,卻能發生作用。

✦ ISTEXT函數

當儲存格內容為文字,就傳回「眞」

語 法	ISTEXT (Value)
說 明	Value:為要測試的儲存格。

請開啓「ch05→函數練習→資訊函數.xlsx」檔案中的「ISTEXT函數」工作表。在B欄中,我們可以使用 **ISTEXT** 函數來判斷A欄是否為文字。如果A1儲存格的內容是文字,B1儲存格就傳回「眞(TRUE)」;如果不是文字的話,就傳回「假(FALSE)」。

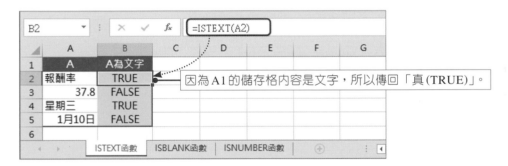

除此之外,還可使用其他函數來判斷儲存格內容,表列如下,其函數用法與ISTEXT函數相同。

IS函數	說明
ISBLANK	判斷儲存格是否為空白儲存格。
ISERROR	判斷儲存格內容是否為錯誤值(#N/A、#VALUE!、#REF!、#DIV/0!、#NUM!、#NAME?、#NULL!)。
ISLOGICAL	判斷儲存格內容是否為邏輯值。
ISNONTEXT	判斷儲存格內容是否為非文字。
ISNUMBER	判斷儲存格內容是否為數字。
ISTEXT	判斷儲存格內容是否為文字。

5-5 文字函數

「文字函數」可以在公式中處理文字，像是取出左邊、中間、右邊的字串，或是找出某個字的位置、計算字數。

✦ LEFT函數

擷取從左邊數過來的幾個字

語 法	LEFT (Text, Num_chars)
說 明	Text：所要抽選的文字串。 Num_chars：要指定抽選的字元數，也就是指從左邊數來第幾個字。

請開啟「ch05→函數練習→文字函數.xlsx」檔案中的「LEFT函數」工作表。在 B 欄中，我們可以使用 **LEFT** 函數來抽選 A 欄姓名儲存格中的第一個字。例如：A2 儲存格中有完整姓名「葉小慧」，我們只要抽選從左邊數來第一個文字，即可將其姓氏獨立抽離在 B2 儲存格。

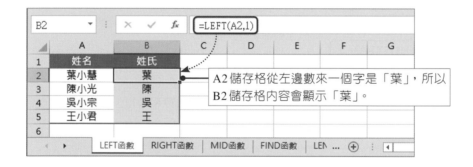

✦ RIGHT函數

擷取從右邊數過來的幾個字

語 法	RIGHT (Text, Num_chars)
說 明	Text：所要抽選的文字串。 Num_chars：要指定抽選的字元數，也就是指從右邊數來第幾個字。

請開啟「ch05→函數練習→文字函數.xlsx」檔案中的「RIGHT函數」工作表。在 B 欄中，我們可以使用 **RIGHT** 函數來抽選 A 欄姓名儲存格中的最後兩個字。例如：A2 儲存格中有完整姓名「葉小慧」，我們只要抽選從右邊數來的連續兩個字，即可將其名字獨立抽離在 B2 儲存格。

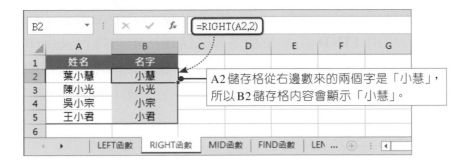

A2儲存格從右邊數來的兩個字是「小慧」，所以B2儲存格內容會顯示「小慧」。

✦ MID函數

擷取從指定位置數過來的幾個字

語　法	MID (Text, Start_num, Num_chars)
說　明	**Text**：所要抽選的文字串。 **Start_num**：指定從第幾個字元開始抽選。 **Num_chars**：指定要抽選的字元數目，也就是指要抽出幾個字。

　　請開啟「ch05→函數練習→文字函數.xlsx」檔案中的「MID函數」工作表。在B欄中，我們可以使用 **MID** 函數來抽選A欄儲存格中的特定連續文字。例如：A2儲存格的電話號碼是「(07)265-8130」，則「**=MID (A2, 2, 2)**」可取出A欄電話儲存格中的**第二個字**開始，共**兩個字**，便可取出電話區碼，放到B2儲存格。

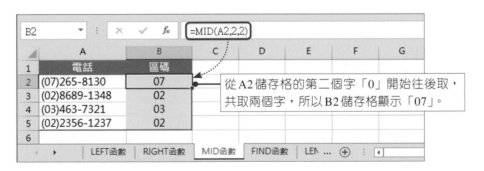

從A2儲存格的第二個字「0」開始往後取，共取兩個字，所以B2儲存格顯示「07」。

✦ FIND函數

在一個文字裡找出某個字的位置

語　法	FIND (Find_text, Within_text, Start_num)
說　明	**Find_text**：想要搜尋的特定文字或文字串。 **Within_text**：要進行搜尋的文字串。 **Start_num**：指定從文字串的第幾個字元開始搜尋。（若省略則為1）

　　請開啟「ch05→函數練習→文字函數.xlsx」檔案中的「FIND函數」工作表。在C欄中，我們可以使用 **FIND** 函數來抽選A欄儲存格中的特定文字(B欄)。例如：C欄中輸入「**=FIND (B2, A2)**」表示可在A2儲存格的地址文字中進行搜尋，找出符合B2儲存格中的文字「區」，並顯示該字位於第6個字元。

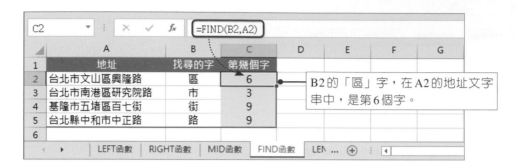

✦ LEN函數

取得文字的字數

語 法	LEN (Text)
說 明	**Text**：要計算的文字串。(字串中的空白亦視為字元)

　　請開啟「ch05→函數練習→文字函數.xlsx」檔案中的「LEN函數」工作表。在B欄中，我們可以使用 **LEN** 函數來計算A欄儲存格中共有幾個字元。值得注意的是：除了中英文字之外，A2儲存格中的數字，以及A4儲存格中的空白，也都視為一個字元。

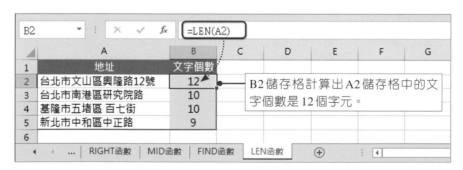

5-6 日期及時間函數

「日期及時間函數」可以在公式中分析、處理日期和時間，例如：將日期換算成星期、單獨取出日期的年、月、日以及時間的時、分、秒，大多應用在計算年齡、通話費等應用中。

✦ NOW函數

取得目前的日期和時間

語 法	NOW()
說 明	此函數不需要引數。

NOW函數可用來顯示目前的日期和時間。請開啟「ch05→函數練習→日期及時間函數.xlsx」檔案中的「NOW函數」工作表。只要透過儲存格格式的改變，就可以設定只顯示日期或時間。

A1、A2、A3儲存格都設定一樣的函數公式，但是因為儲存格格式的設定不同，而有不同的顯示結果。

選取NOW函數所在的儲存格，按下滑鼠右鍵，選擇「**儲存格格式**」，點選「**數值**」標籤，在「**日期**」及「**時間**」類別中選擇日期及時間格式，就可以改變顯示的內容。

✦ TODAY函數

取得目前的日期

語 法	TODAY()
說 明	此函數不需要引數。

TODAY 函數可用來顯示目前的日期。請開啓「ch05→函數練習→日期及時間函數.xlsx」檔案中的「TODAY函數」工作表。在A2欄中使用 **TODAY** 函數來顯示目前日期，所顯示的日期格式同樣可透過儲存格格式來改變。

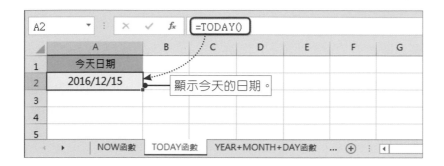

✦ YEAR、MONTH、DAY函數

分別將日期的年份、月份、日期取出

語 法	YEAR(Date)、MONTH(Date)、DAY(Date)
說 明	Date：要進行擷取的日期。

使用 **YEAR**、**MONTH**、**DAY** 函數，可單獨取出特定日期的年、月、日。請開啓「ch05→函數練習→日期及時間函數.xlsx」檔案中的「YEAR + MONTH + DAY函數」工作表。儲存格 A5、B5、C5 即是利用 YEAR、MONTH、DAY 函數來取出 A2 儲存格日期中的年、月、日。

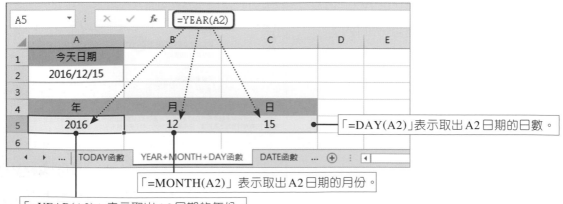

✦ DATE函數

可將年、月、日三個數值組成完整的日期

語 法	DATE (Year, Month, Day)
說 明	Year：日期的年份。 Month：日期的月份。 Day：日期的天數。

　　DATE函數可用來將單獨的年、月、日資料，組合成一個完整的日期。請開啟「ch05→函數練習→日期及時間函數.xlsx」檔案中的「DATE函數」工作表。D2儲存格即是利用**DATE**函數，將A2、B2、C2儲存格中的年、月、日資料組合在一起。

✦ WEEKDAY函數

可轉換某日期對應的星期

語 法	WEEKDAY (Date)
說 明	Date：要進行換算的日期。

　　WEEKDAY函數可用來將特定日期換算成星期幾。請開啟「ch05→函數練習→日期及時間函數.xlsx」檔案中的「WEEKDAY函數」工作表。B2儲存格利用**WEEKDAY**函數，取得A1儲存格日期2017/1/10當天是星期二。

✦ HOUR、MINUTE、SECOND函數

分別將時間的時、分、秒取出

語 法	HOUR(Time)、MINUTE(Time)、SECOND(Time)
說 明	Time：要進行擷取的時間。

HOUR 函數可以將某時間的小時抽選出來；**MINUTE** 函數可以將某時間的分鐘抽選出來；**SECOND** 函數可以將某時間的秒數抽選出來。可應用在計算停車時間、通話時間等用途。

請開啟「ch05→函數練習→日期及時間函數.xlsx」檔案中的「HOUR + MINUTE + SECOND函數」工作表。儲存格A5、B5、C5即是利用HOUR、MINUTE、SECOND函數來取出A2儲存格時間中的時、分、秒。

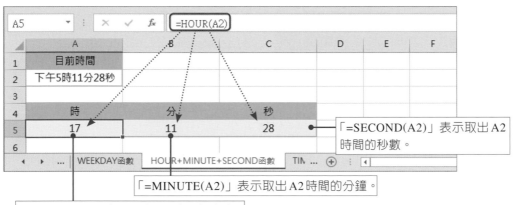

「=SECOND(A2)」表示取出 A2 時間的秒數。

「=MINUTE(A2)」表示取出 A2 時間的分鐘。

「=HOUR(A2)」表示取出 A2 時間的小時。

✦ TIME函數

可將時、分、秒三個數值組成完整的時間

語 法	TIME (Hour, Minute, Second)
說 明	Hour：時間的小時。
	Minute：時間的分鐘。
	Second：日期的秒數。

TIME 函數可用來將單獨的時、分、秒資料，組合成一個完整的時間。請開啟「ch05→函數練習→日期及時間函數.xlsx」檔案中的「TIME函數」工作表。D2儲存格即是利用 **TIME** 函數，將A2、B2、C2儲存格中的時、分、秒資料組合在一起。

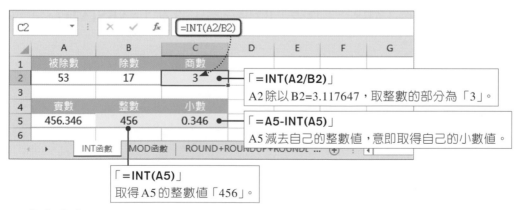

D2		×	✓	fx	=TIME(A2,B2,C2)		
▲	A	B	C	D	E	F	G
1	時	分	秒	完整時間			
2	23	6	32	11:06:32 PM			
3							
4							
5							

用 TIME 函數 將 A2(時)、B2(分)、C2(秒) 儲存格資料，組合成一個完整的時間。

◄ ► ... | HOUR+MINUTE+SECOND函數 | TIME函數 ⊕

5-7 數學與三角函數

這類函數可以執行數學運算，像四捨五入、求整數和餘數、取得絕對值、產生亂數、計算三角函數值，應用範圍很廣。例如：隨機抽樣、停車費、排列組合，以及很多數學上的應用問題。

✦ INT函數

把數值無條件捨去為整數

語 法	INT(Number)
說 明	**Number**：要進行無條件捨去運算的數值。除了直接填入數值之外，也可填入一個參照位址或運算公式。

INT函數可以將有小數的數值無條件捨去，變成整數。請開啓「ch05→函數練習→數學與三角函數.xlsx」檔案中的「INT函數」工作表，C2儲存格利用**INT**函數將A2儲存格除以B2之後，取得商數。

C2		×	✓	fx	=INT(A2/B2)		
▲	A	B	C	D	E	F	G
1	被除數	除數	商數				
2	53	17	3				
3							
4	實數	整數	小數				
5	456.346	456	0.346				
6							

◄ ► | INT函數 | MOD函數 | ROUND+ROUNDUP+ROUNDE ... ⊕

「=INT(A2/B2)」
A2 除以 B2=3.117647，取整數的部分為「3」。

「=A5-INT(A5)」
A5 減去自己的整數值，意即取得自己的小數值。

「=INT(A5)」
取得 A5 的整數值「456」。

TIPS

以INT函數取得整數，會直接將數值的小數去掉，因此數值確實為整數。但若將儲存格格式的小數位數設為「0」，小數其實仍然存在，只是未顯示而已。

✦ MOD函數

取得兩數相除後的餘數

語 法	MOD (Number, Divisor)
說 明	Number：被取數。
	Divisor：除數。

　　MOD函數可用來取得兩數相除後的餘數。請開啓「ch05→函數練習→數學與三角函數.xlsx」檔案中的「MOD函數」工作表。A2儲存格138除以B2儲存格57，得商爲2、餘數爲24，故C2儲存格顯示餘數24。

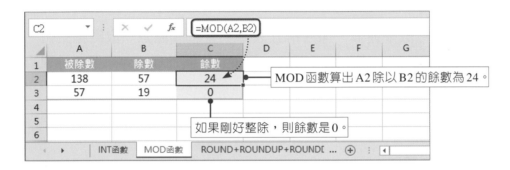

✦ ABS函數

計算數值的絕對值

語 法	ABS(Number)
說 明	Number：要取絕對值的數值。

　　ABS函數可用來取某數值的絕對值。請開啓「ch05→函數練習→數學與三角函數.xlsx」檔案中的「ABS」工作表。B2儲存格中設定「**=ABS(A2)**」，可算出A2儲存格的絕對值。

✦ ROUND、ROUNDUP、ROUNDDOWN函數

對數值進行四捨五入、無條件進位、無條件捨位運算

語法	ROUND (Number, Num_digits)
說明	Number：要進行四捨五入運算的數值。 Num_digits：四捨五入的位數。當為負值時，表示四捨五入到小數點前的指定位數；當為正數時，表示到小數點後的指定位數。

ROUND函數可用來對數值進行四捨五入的運算，而**ROUNDUP**函數及**ROUNDDOWN**函數則可分別對數值進行無條件進位及無條件捨去的運算。

請開啓「ch05→函數練習→數學與三角函數.xlsx」檔案中的「ROUND + ROUNDUP + ROUNDDOWN函數」工作表。工作表中分別對A2儲存格的數值進行四捨五入、無條件進位及無條件捨去的運算。

ROUND、**ROUNDUP**及**ROUNDDOWN**函數的第2個引數，都是要指定運算到第幾位數。如果該引數是正值，就是小數點後第幾位；如果是負值，就是小數點前第幾位。例如：「**=ROUND(358.13,-2)**」表示將358.13四捨五入到小數點前第2位，也就是十位數，運算結果是400。

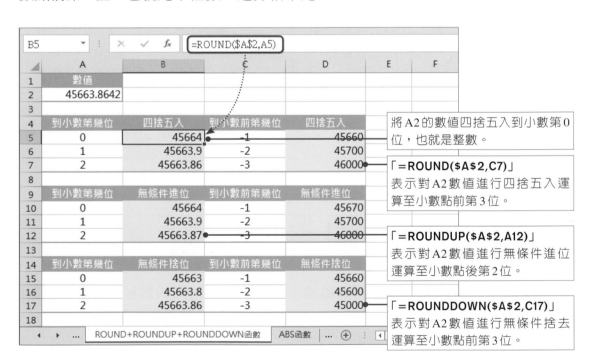

✦ RAND函數

產生0到1之間的亂數

語 法	RAND()
說 明	此函數不需要引數。

RAND 函數可以隨機產生0到1之間的亂數。請開啓「ch05→函數練習→數學與三角函數.xlsx」檔案中的「RAND函數」工作表，此範例便是利用RAND函數，在1到100之間隨機抽出30個號碼。

E5	▼	:	✕ ✓ fx	=INT(1+RAND()*99)			
▲	A	B	C	D	E	F	G	H
1			抽取的號碼				
2	4	21	30	89	41		
3	82	18	68	67	23		
4	87	36	23	49	71		
5	5	87	50	73	76		
6	6	1	71	15	86		
7	77	47	47	61	56		
8							

ABS函數　RAND函數　SUM函數　SUMIF函數

> 因為 **RAND** 函數每次產生的數值都不同，所以在30個儲存格中輸入同樣的公式，經過乘法與加法的處理，再以 **INT** 函數取其整數，就可以得到1~100之間不同的號碼。

TIPS

因為RAND函數是產生0到1的小數，因此在本例中，將RAND函數乘以99再加1，再用INT函數取整數。則當RAND函數為1時，剛好得到100；當RAND函數為0時，剛好得到1，如此便能從1到100之間選出30個不同的號碼。由於RAND函數每次產生的數字都不同，所以按下鍵盤上的 **F9** 鍵，又可以重新產生亂數。

✦ SUM函數

計算多個數值範圍的總和

語 法	SUM (Number1, Number2, …)
說 明	Number1, Number2, …：要進行加總的數值資料，最多可加總255個數值。

SUM 函數可用來加總多個數值或一整個儲存格範圍的數值。Excel的 Σ▼ **自動加總** 指令按鈕，其實就是插入SUM函數來進行加總運算。請開啓「ch05→函數練習→數學與三角函數.xlsx」檔案中的「SUM函數」工作表，在F2儲存格中，便是利用SUM函數將A2：E2儲存格中的所有數值資料加總。若是要加總中的儲存格中有邏輯值或文字資料，則會略過不計。

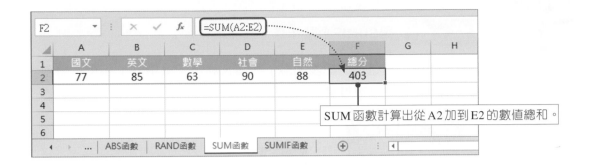

SUM 函數計算出從 A2 加到 E2 的數值總和。

✦ SUMIF函數

計算符合指定條件的數值的總和

語 法	SUMIF (Range, Criteria, Sum_range)
說 明	**Range**：列入比較條件的數值範圍。 **Criteria**：為判斷是否列入加總的條件準則，可以是數值、表示式或是字串。如果 Range 符合此引數值，則計入加總；不符合，則不計入加總。 **Sum_range**：是指要被加總的儲存格範圍。

若只想計算符合特定條件的資料加總時，可使用**SUMIF**函數，先判斷是否符合判斷標準，再決定是否計入加總。請開啟「ch05→函數練習→數學與三角函數.xlsx」檔案中的「SUMIF函數」工作表，以本例來說明，Excel 會先在 B2到 B11 的範圍裡，搜尋符合 A13 儲存格的資料，搜尋結果共符合 3 筆，然後在 C2到 C11 的範圍裡，只加總這三筆資料的數值。

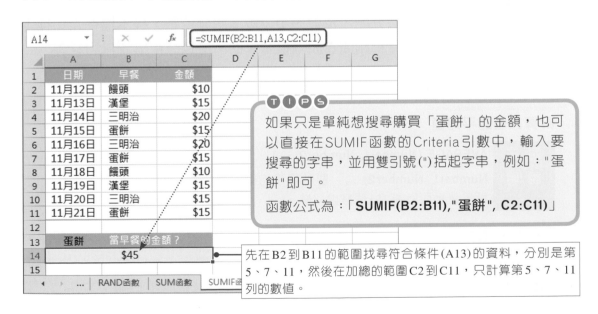

如果只是單純想搜尋購買「蛋餅」的金額，也可以直接在SUMIF函數的Criteria引數中，輸入要搜尋的字串，並用雙引號(")括起字串，例如："蛋餅"即可。

函數公式為：「**SUMIF(B2:B11),"蛋餅", C2:C11)**」

先在 B2 到 B11 的範圍找尋符合條件 (A13) 的資料，分別是第5、7、11，然後在加總的範圍 C2 到 C11，只計算第 5、7、11列的數值。

開啟書附光碟中的「ch05→出退貨明細表.xlsx」檔案，利用「SUMIF」函數，分別計算出F3、F4儲存格的出貨量及退貨量。

	A	B	C	D	E	F	G	H
1	日期	出/退貨	數量					
2	12/18	出貨	1500					
3	12/20	退貨	523		總出貨量	9913		
4	12/25	退貨	128		總退貨量	2709		
5	1/5	出貨	1320					
6	1/13	出貨	300					
7	1/20	退貨	650					
8	1/28	退貨	128					
9	2/7	出貨	1350					
10	2/16	出貨	728					
11	2/22	出貨	120					
12	3/1	退貨	427					
13	3/14	出貨	1565					
14	3/27	退貨	200					
15	4/5	出貨	1280					
16	4/11	退貨	653					
17	4/27	出貨	430					
18	5/3	出貨	1320					
19								

5-8 統計函數

「統計函數」會對資料進行統計分析，像是依照條件計算項目個數、求平均值、最大值、最小值、次數分配、眾數、中位數、四分位數、樣本標準差和樣本變異數。這類函數對統計資料和問卷調查很有幫助，可以分析出資料的意義。

✦ AVERAGE函數

計算數值的平均值

語 法	AVERAGE (Number1, Number2, …)
說 明	Number1, Number2, …：要計算平均值的數值資料，可以是數字或參照位址，最多可計算255個數值引數。

AVERAGE函數是用來計算多個數值的平均值。請開啟「ch05→函數練習→統計函數.xlsx」檔案中的「AVERAGE函數」工作表，C4儲存格就是利用AVERAGE函數，來計算1到12月(A2：L2)每月份降雨量的平均值。

✦ MAX、MIN函數

取出最大值和最小值

語　法	MAX (Number1, Number2, …)
說　明	Number1, Number2, …：要進行比較的數值資料或範圍，其中邏輯值及文字串會略過不計，最多可比較255筆數值引數。

　　MAX 函數與 **MIN** 函數是用來求算多筆數值資料中的最大值及最小值。請開啓「ch05→函數練習→統計函數.xlsx」檔案中的「MAX+MIN函數」工作表，利用 MAX 函數可求算1到12月(A2：L2)中的最大降雨量；利用 MIN 函數可求算1到12月(A2：L2)中的最小降雨量。

✦ COUNT函數

計算含數值資料的儲存格個數

語 法	COUNT (Value1, Value2, …)
說 明	Value1, Value2, …：要進行計算的儲存格範圍，最多可計算255個數值引數。

　　COUNT函數可計算一個範圍內，包含數值資料的儲存格數目有幾個。請開啟「ch05→函數練習→統計函數.xlsx」檔案中的「COUNT+COUNTIF函數」工作表，因為表格中每種酒都有熱量標示，因此E2儲存格就是利用COUNT函數，計算有熱量標示的儲存格有幾個，來推算共有幾種酒。

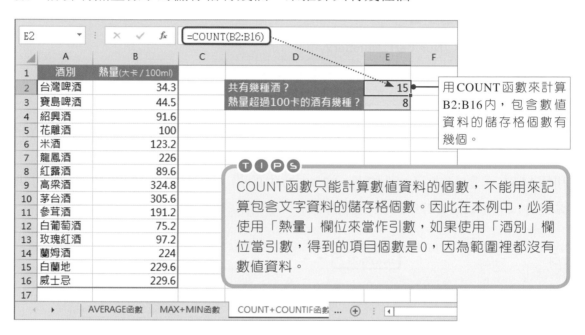

✦ COUNTIF函數

計算符合條件的儲存格個數

語 法	COUNTIF (Range, Criteria)
說 明	**Range**：列入比較條件的數值範圍。
	Criteria：為判斷是否列入計算的條件準則，可以是數值、表示式或是字串。如果Range符合此條件，則計入儲存格個數；不符合，則不計入儲存格個數。

　　若只想計算符合特定條件的儲存格個數時，可使用**COUNTIF**函數，先判斷是否符合判斷標準，再決定是否計入儲存格個數。請開啟「ch05→函數練習→統計函數.xlsx」檔案中的「COUNT+COUNTIF函數」工作表，以本例來說明，Excel會在B2到B16的範圍裡，只計算數值符合條件(>100)的儲存格個數。

E3 ▼ : × ✓ fx =COUNTIF(B2:B16,">100")

	A	B	C	D	E	F
1	酒別	熱量(大卡/100ml)				
2	台灣啤酒	34.3		共有幾種酒？	15	
3	寶島啤酒	44.5		熱量超過100卡的酒有幾種？	8	
4	紹興酒	91.6				
5	花雕酒	100				
6	米酒	123.2				
7	龍鳳酒	226				
8	紅露酒	89.6				
9	高梁酒	324.8				
10	茅台酒	305.6				
11	參茸酒	191.2				
12	白葡萄酒	75.2				
13	玫瑰紅酒	97.2				
14	蘭姆酒	224				
15	白蘭地	229.6				
16	威士忌	229.6				
17						

… MAX+MIN函數 | COUNT+COUNTIF函數 | FREQUENCY函… ⊕

> 用COUNTIF函數在B2:B16的範圍內，計算熱量大於100的儲存格個數有幾個。

✦ FREQUENCY函數

計算次數分配

語 法	FREQUENCY (Data_array, Bins_array)
說 明	Data_array：要做次數分配的資料範圍。
	Bins_array：分組參考的依據，通常是一個陣列或儲存格參照。

　　FREQUENCY函數可用來快速取得表格中各項目的次數分配，適用於問卷調查的答案統計等應用。請開啟「ch05→函數練習→統計函數.xlsx」檔案中的「FREQUENCY函數」工作表，第I、J、K欄均使用FREQUENCY函數來計算各科的成績分佈情形。

> 這種產生多重運算結果的函數，稱為**陣列函數**，其函數外圍會被一組大括弧({})包住。

I2 ▼ : × ✓ fx {=FREQUENCY(B2:B11,$H$2:$H$6)}

	A	B	C	D	E	F	G	H	I	J	K	L
1	學號	國文	數學	英文		成績分布			國文	數學	英文	(單位：人)
2	9101	58	33	40		0	-	59	2	2	4	
3	9102	66	68	50		60	-	69	3	3	3	
4	9103	70	73	67		70	-	79	2	2	1	
5	9104	89	80	73		80	-	89	2	2	2	
6	9105	56	63	43		90	-	99	1	1	0	
7	9106	91	85	88								
8	9107	66	71	58								
9	9108	63	65	60								
10	9109	88	90	85								
11	9110	76	53	66								
12												
13												

… COUNT+COUNTIF函數 | FREQUENCY函數 | MODE函…

> 因為FREQUENCY可處理多重資料，產生多個結果，因此無論是被分配的資料、存放次數分配的結果，或是參考的分組，都是**陣列**(一排連續的儲存格)。

✦ MODE.SNGL函數

計算數值的眾數

語 法	MODE.SNGL (Number1, Number2, …)
說 明	Number1, Number2, …：要計算眾數的數值範圍，可以是數字或包含數字的名稱、陣列或參照，最多可統計255個數值引數。

眾數是指一組數字中，出現次數最頻繁的數字。**MODE.SNGL**函數可用來統計在某陣列或數值範圍中，出現次數最多的項目（必須以數值表示），也就是眾數。請開啟「ch05→函數練習→統計函數.xlsx」檔案中的「MODE函數」工作表，在B13、C13、D13儲存格中，分別利用MODE.SNGL函數來計算該欄的票選中，得票數最高的號碼。

| B13 | ▼ : × ✓ ƒx | =MODE.SNGL(B2:B12) |

▲	A	B	C	D	E	F	G	H
1	問卷編號	最有可能當選	最具有執政能力	最遵守誠信原則		編號	候選人	
2	0422	2	2	1		1	老王	
3	0423	4	3	4		2	小趙	
4	0424	1	3	3		3	老陳	
5	0425	3	4	4		4	小林	
6	0426	1	1	2				
7	0427	3	1	2				
8	0428	2	1	1				
9	0429	3	4	2				
10	0430	2	2	3				
11	0431	1	1	4				
12	0432	2	4	4				
13	得票最多	2	1	4				
14								
15								

◀ ▶ … | FREQUENCY函數 | MODE函數 | MEDIAN函數 | RANK函 … ⊕ : ◀ ▶

用MODE.SNGL函數計算在B2到B12的範圍內，出現次數最多的候選人。

✦ MEDIAN函數

計算數值的中位數

語 法	MEDIAN (Number1, Number2, …)
說 明	Number1, Number2, …：要進行比較的數值範圍，可以是數字或包含數字的名稱、陣列或參照，最多可統計255個數值引數。

中位數是指一組數字的中間數字；即是有一半數字的值大於中位數，而另一半數字的值小於中位數，最常用的集中趨勢量數之一。而**MEDIAN**函數可用來求得某資料範圍中的中位數。也就是說若將資料按順序排列後，位在中間的數值是多少。

請開啓「ch05→函數練習→統計函數.xlsx」檔案中的「MEDIAN函數」工作表，在E2儲存格中，利用MEDIAN函數來求得B2：B9儲存格範圍內的中位數為$34,900。

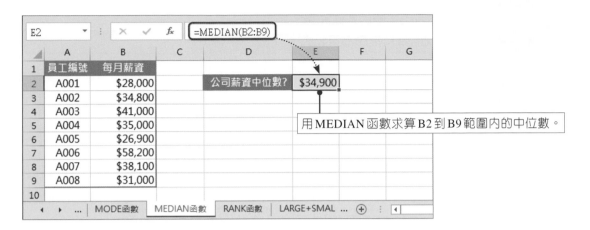

用MEDIAN函數求算B2到B9範圍內的中位數。

✦ RANK.EQ函數

幫數值排定名次

語 法	RANK.EQ (Number, Ref, Order)
說 明	**Number**：要排名的數值。 **Ref**：用來排名的參考範圍，是一個數值陣列或數值參照位址。 **Order**：指定的順序。若為0或省略不寫，則會從大到小排序Number的等級；若不是0，則會從小到大排序Number的等級。

利用 **RANK.EQ** 函數可以計算出某數字在數字清單中的等級或名次。請開啓「ch05→函數練習→統計函數.xlsx」檔案中的「RANK函數」工作表，在C欄中就是利用RANK.EQ函數來計算在六個產品(B2：B7)的銷售量中，各品項的銷售排行。

用RANK.EQ函數計算出B2儲存格中的數據，在B2到B7的範圍內排第幾名。

✦ LARGE、SMALL函數

取得第幾大和第幾小的數值資料

語 法	LARGE (Array, K)
說 明	**Array**：要進行比較的數值範圍。
	K：要尋找的資料排序為第K大。

語 法	SMALL (Array, K)
說 明	**Array**：要進行比較的數值範圍。
	K：要尋找的資料排序為第K小。

利用**RANK.EQ**函數可求算名次，但若想知道各名次所對應的數值資料是哪一個，則可使用**LARGE**函數和**SMALL**函數。**LARGE**函數可以傳回某範圍內第幾大的數值資料；**SMALL**函數則可傳回第幾小的數值資料。

請開啟「ch05→函數練習→統計函數.xlsx」檔案中的「LARGE+SMALL」工作表，在G2儲存格中，利用LARGE函數，在B2：B9儲存格範圍內進行比較，求得E2儲存格中所設定的名次(第1大)的銷售業績為$310,800；在G7儲存格中，則利用SMALL函數，在B2：B9儲存格範圍內進行比較，求得E7儲存格中所設定的名次(第1小)的銷售業績為$104,500。

5-9 財務函數

「財務函數」可執行一些商業計算，多應用在財務資料的處理上，像是計算貸款的本息攤還、固定利率的存款本利和等，在個人理財上有很大的用途。

✦ PMT函數

計算本息償還金額

語　法	PMT (Rate, Nper, Pv, Fv, Type)
說　明	**Rate**：為各期的利率。 **Nper**：為年金的總付款期數。 **Pv**：係指未來每期年金現值的總和。 **Fv**：為最後一次付款完成後，所能獲得的現金餘額。若省略不填則預設為0。 **Type**：為0或1的數值，用以界定各期金額的給付時點。若為0或省略未填，表示為期末給付；若為1，則表示為期初給付。

PMT函數可根據定額付款和固定利率來推算貸款的各期攤還金額。請開啟「ch05→函數練習→財務函數.xlsx」檔案中的「PMT函數」工作表，在第二列的貸款條件中，假設申請個人信用貸款80萬，年利率為12.75%，三年內必須同時還清本金與利息，利用PMT函數可計算每個月的付款金額為$26,859。

PMT函數除了可以計算貸款的攤還金額，也可以用來計算零存整付的儲蓄金額。例如第6列的存款條件，如果想在6個月後存到3萬元，活期存款利率為1.25%，利用PMT函數可算出每個月必須存$4,987才能達成目標。

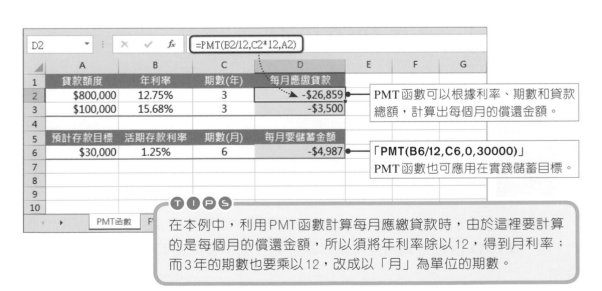

在本例中，利用PMT函數計算每月應繳貸款時，由於這裡要計算的是每個月的償還金額，所以須將年利率除以12，得到月利率；而3年的期數也要乘以12，改成以「月」為單位的期數。

✦ FV函數

計算存款本利和

語 法	FV (Rate, Nper, Pmt, Pv, Type)
說 明	**Rate**：為各期的利率。 **Nper**：為年金的總付款期數。 **Pmt**：係指分期付款的金額；不得在年金期限內變更。 **Pv**：係指現在或未來付款的目前總額。 **Type**：為0或1的數值，用以界定各期金額的給付時點。1表示期初給付；0或省略未填則表示期末給付。

　　FV函數可以用來計算零存整付的本利和。請開啟「ch05→函數練習→財務函數.xlsx」檔案中的「FV函數」工作表，假設每個月存1萬元，固定年利率為2.35%，可以用FV函數計算10年後取回的本利和為$1,351,241。

✦ IPMT、PPMT函數

計算各期還款金額的本金及利息

語 法	IPMT (Rate, Per, Nper, Pv, Fv, Type) PPMT (Rate, Per, Nper, Pv, Fv, Type)
說 明	**Rate**：為各期的利率。 **Per**：介於1與Nper(付款的總期數)之間的期數。 **Nper**：為年金的總付款期數。 **Pv**：為未來各期年金現值的總和。 **Fv**：為最後一次付款完成後，所能獲得的現金餘額。若省略不填則預設為0。 **Type**：為0或1的數值，用以界定各期金額的給付時點。若為0或省略未填，表示為「期末給付」；若為1，則表示為「期初給付」。

　　IPMT函數可以用來計算當付款方式為定期、定額及固定利率時，某期的應付利息；**PPMT**函數可以傳回每期付款金額及利率皆固定時，某期付款的本金金額。

請開啟「ch05→函數練習→財務函數.xlsx」檔案中的「IPMT+PPMT函數」工作表，假設25年期的房貸貸款金額為250萬、貸款年利率為2.85%，可在C5及D5儲存格中，利用IPMT函數及PPMT函數，計算出第一期的攤還金額$11,661之中，有$5,938屬於攤還利息部分、$5,724屬於攤還本金部分。

C5		×	✓	fx	=IPMT($C$2/12,$A5,$D$2*12,-$B$2,0)		
	A	B	C	D	E	F	G
1	購屋貸款	貸款金額	利率	償還年限	每月償還金額		
2	希望銀行房貸	$2,500,000	2.85%	25	$11,661		
3							
4	期數	每期應繳金額	利息	本金	合計		
5	1	$11,661	$5,938	$5,724			
6	2	$11,661	$5,924	$5,737			
7	3	$11,661	$5,910	$5,751			
8	4	$11,661	$5,897	$5,765	$11,661		
9	5	$11,661	$5,883	$5,778	$11,661		
10	6	$11,661	$5,869	$5,792	$11,661		

PMT函數　FV函數　IPMT+PPMT函數　RATE函數　工…

IPMT函數可根據利率、償還年限及貸款金額，計算出各期償還的利息。

D5		×	✓	fx	=PPMT($C$2/12,$A5,$D$2*12,-$B$2,0)		
	A	B	C	D	E	F	G
1	購屋貸款	貸款金額	利率	償還年限	每月償還金額		
2	希望銀行房貸	$2,500,000	2.85%	25	$11,661		
3							
4	期數	每期應繳金額	利息	本金	合計		
5	1	$11,661	$5,938	$5,724			
6	2	$11,661	$5,924	$5,737			
7	3	$11,661	$5,910	$5,751	$11,661		
8	4	$11,661	$5,897	$5,765	$11,661		
9	5	$11,661	$5,883	$5,778	$11,661		
10	6	$11,661	$5,869	$5,792	$11,661		

PMT函數　FV函數　IPMT+PPMT函數　RATE函數　工…

PPMT函數可根據利率、償還年限及貸款金額，計算出各期償還的本金。

✦ RATE函數

計算固定年金每期的利率

語法	RATE (Nper, Pmt, Pv, Fv, Type, Guess)
說明	**Nper**：為年金的總付款期數。 **Pmt**：為各期所應給付(或所能取得)的固定金額。 **Pv**：為未來各期年金現值的總和。 **Fv**：為最後一次付款完成後，所能獲得的現金餘額。若省略不填則預設為0。 **Type**：為0或1的數值，用以界定各期金額的給付時點。若為0或省略未填，表示為「期末給付」；若為1，則表示為「期初給付」。 **Guess**：為期利率的猜測數；若省略不填，則預設為10%。

　　RATE函數可以用來計算定期繳納、到期領回的產品，其報酬率為多少。請開啟「ch05→函數練習→財務函數.xlsx」檔案中的「RATE函數」工作表，假設這裡有「康康人壽」、「健健人壽」以及「長久人壽」三家壽險公司，各推出10年領回$400,000、20年領回$1,500,000、12年領回$403,988等三種不同年期及金額的保單內容。光看每期繳交保費以及繳費年限，無法馬上比較出哪一個方案較有利。這時便可以利用**RATE**函數，來推算每張保單的利率各為多少。

B5		✕ ✓ fx	=RATE(B3,B2,,-B4,1)			
	A	B	C	D	E	F	G
1	儲蓄險	康康人壽	健健人壽	長久人壽			
2	每年應繳金額	$36,173	$64,324	$30,769			
3	期間	10	20	12			
4	到期領回	$400,000	$1,500,000	$403,988			
5	利率	1.82%	1.44%	1.38%			

RATE函數可根據每期投資金額、期數和最後所得金額，來計算該項投資的報酬率。以本例來說，康康人壽的保單利率1.82%比起其他兩家的保單利率1.44%、1.38%都來得高，表示康康人壽的保費方案是較有利的。

✦ NPV函數

使用折扣率及未來各期現金流量來計算淨現值

語　法	NPV (Rate, Value1, Value2, …)
說　明	**Rate**：用以將未來各期現金流量折算成現值的利率。
	Value1、Value2：為未來各期現金流量。每一期的時間必須相同，且發生於每一期的期末。

　　NPV函數是使用折扣率或貼現率，以及未來各期支出(負值)和收入(正值)來計算某項投資的淨現值。請開啟「ch05→函數練習→財務函數.xlsx」檔案中的「NPV函數」工作表，B2儲存格的年度折扣率是指主計處計算之物價指數1.88%，本例要利用**NPV**函數來計算保單現值，來評估這張保單是否值得投資。

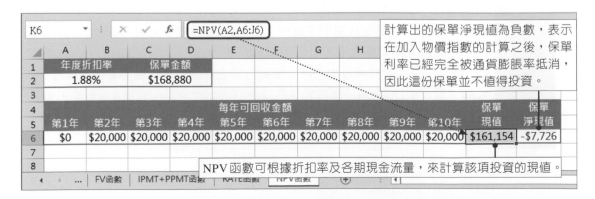

計算出的保單淨現值為負數，表示在加入物價指數的計算之後，保單利率已經完全被通貨膨脹率抵消，因此這份保單並不值得投資。

NPV函數可根據折扣率及各期現金流量，來計算該項投資的現值。

5-10 檢視與參照函數

檢視與參照函數主要是查詢資料，並傳回特定的結果。如果想要在工作表中找尋數值或儲存格參照，可以使用檢視與參照函數來對工作表進行比對，取出想要的資料。

✦ VLOOKUP函數

對表格進行垂直查詢

語 法	VLOOKUP (Lookup_value, Table_array, Col_index_num, Range_lookup)
說 明	**Lookup_value**：為想要查詢的項目，是打算在陣列最左欄中搜尋的值，可以是數值、參照位址或文字字串。
	Table_array：為用來查詢的表格範圍，是要在其中搜尋資料的文字、數字或邏輯值的表格，通常是儲存格範圍的參照位址或類似資料庫或清單的範圍名稱。
	Col_index_num：為傳回同列中第幾個欄位，代表所要傳回的值位於Table_array的第幾個欄位。引數值為1代表表格中第一欄的值。
	Range_lookup：邏輯值，用來設定VLOOKUP函數要尋找完全符合(FALSE)或部分符合(TRUE)的值。若為TRUE或忽略不填，則表示找出第一欄中最接近的值(以遞增順序排序)；若為FALSE，則表示僅尋找完全符合的數值，若找不到，就會傳回 #N/A。

VLOOKUP函數可以在表格中進行上下搜尋，找出某項目，並傳回與該項目同一列的欄位內容。請開啓「ch05→函數練習→檢視與參照函數.xlsx」檔案中的「VLOOKUP函數」工作表，在本例中，在H4、I4、J4、K4儲存格中設定VLOOKUP函數，只要在G4儲存格中輸入想查詢的貨號，VLOOKUP函數就會在左邊的表格中搜尋該貨號，並傳回與貨號對應的品名、包裝、單位或售價。

使用VLOOKUP函數時要注意，用來查詢的表格範圍，**最左欄**必須是查詢的項目，而且必須**遞增排序**。如右圖所示，如果要查詢貨號，則貨號欄位必須位於表格的最左邊，而且要由小排到大。

貨號	品名	包裝(公升)	單位	售價
A1001	蘭姆酒	0.6	瓶	$250
A1002	琴酒	0.75	瓶	$260
A1003	伏特加酒	0.75	瓶	$260
A1004	威士忌	0.6	瓶	$350
A1005	玉露酒	0.6	瓶	$300
A1006	頂級陳高	0.66	瓶	$1,000
A1007	XO白蘭地	0.6	瓶	$600
A1008	紹興酒	0.6	瓶	$130
A1009	紅葡萄酒	0.6	瓶	$200
A1010	梅酒	0.6	瓶	$300

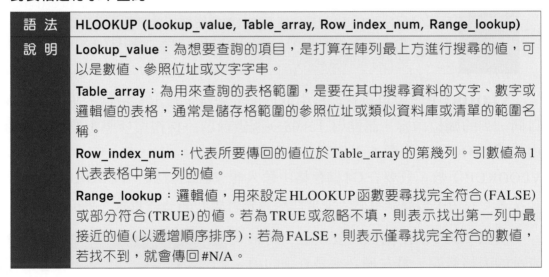

✦ HLOOKUP函數

對表格進行水平查詢

語 法	HLOOKUP (Lookup_value, Table_array, Row_index_num, Range_lookup)
說 明	**Lookup_value**：為想要查詢的項目，是打算在陣列最上方進行搜尋的值，可以是數值、參照位址或文字字串。
	Table_array：為用來查詢的表格範圍，是要在其中搜尋資料的文字、數字或邏輯值的表格，通常是儲存格範圍的參照位址或類似資料庫或清單的範圍名稱。
	Row_index_num：代表所要傳回的值位於Table_array的第幾列。引數值為1代表表格中第一列的值。
	Range_lookup：邏輯值，用來設定HLOOKUP函數要尋找完全符合(FALSE)或部分符合(TRUE)的值。若為TRUE或忽略不填，則表示找出第一列中最接近的值(以遞增順序排序)；若為FALSE，則表示僅尋找完全符合的數值，若找不到，就會傳回 #N/A。

　　HLOOKUP函數與**VLOOKUP**函數類似，可以用來查詢某項目，並傳回指定欄位，差別在於**VLOOKUP**函數是以上下垂直方式搜尋資料；而**HLOOKUP**函數則是以水平方式左右查詢，找到項目後，傳回同一欄的相關資料。

請開啟「ch05→函數練習→檢視與參照函數.xlsx」檔案中的「HLOOKUP函數」工作表，在本例中，A1：F2儲存格為成績分級標準，如果想知道小明的學期成績90.3分是屬於哪一個等第，可以在C5儲存格中設定 **HLOOKUP** 函數，讓它在A1：F2儲存格中進行左右查詢，發現落在90分這一區，因此傳回相對應的等第內容—「優」。

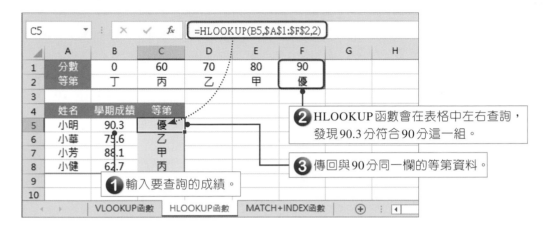

使用HLOOKUP函數時要注意，除了表格的**最上方列**必須為要查詢的項目，這些項目必須由左到右**遞增排序**；且在指定HLOOKUP函數的第2個引數時，所選取的表格也必須同時包括標題。

✦ MATCH函數

找出資料在陣列中的位置

語法	MATCH (Lookup_value, Lookup_array, Match_type)
說明	**Lookup_value**：為想要尋找的值，可以是數值、邏輯值、參照位址或文字。 **Lookup_array**：為用來查詢的表格範圍，是要在其中搜尋資料的文字、數字或邏輯值的表格，通常是儲存格範圍的參照位址或類似資料庫或清單的範圍名稱。 **Match_type**：為1、0、-1，用來指定不同的比對方法。若輸入1，則用來查詢的陣列必須先遞增排序；輸入-1，則需遞減排序；輸入0，則不必排序。

MATCH 函數可以用來查詢某資料在陣列中是位於第幾欄或第幾列。請開啟「ch05→函數練習→檢視與參照函數.xlsx」檔案中的「MATCH+INDEX函數」工作表，可利用MATCH函數來查詢各捷運的位置。

D15 · fx =MATCH(B15,A1:A13,0)

	A	B	C	D	E	F	G	H	I	J	K	L
1	票價	動物園	木柵	萬芳社區	萬芳醫院	辛亥	麟光	六張犁	科技大樓	大安	忠孝復興	南京東路
2	動物園	0	20	20	20	20	20	25	25	25	30	30
3	木柵	20	0	20	20	20	20	20	25	25	25	30
4	萬芳社區	20	20	0	20	20	20	20	25	25	25	30
5	萬芳醫院	20	20	20	0	20	20	20	20	25	25	25
6	辛亥	20	20	20	20	0	20	20	20	20	25	25
7	麟光	20	20	20	20		20	20	20	20	20	20
8	六張犁	25	20	20	20							
9	科技大樓	25	25	25	20							
10	大安	25	25	25	25							
11	忠孝復興	30	25	25	25							
12	南京東路	30	30	30	25	25	20	20	20	20	20	0
13	中山國中	30	30	30	30	25	25	20	20	20	20	20
14												
15	起站	萬芳醫院	列	5								
16	終站	南京東路	欄	12								
17												

> **TIPS** 為了讓MATCH函數能夠應用到文字的查詢，一般會將第3個引數設為「0」—不必排序。

用MATCH函數找出B15的內容，是位於A1到A13陣列範圍，第5個位置。

VLOOKUP函數 | HLOOKUP函數 | MATCH+INDEX函數

「=MATCH(B16,A1:M1,0)」
B16是位於A1到M1陣列範圍裡，第12個位置。

✦ INDEX函數

在陣列中找出指定位置的資料

語 法	INDEX (Array, Row_num, Column_num)
說 明	**Array**：為用來查詢的陣列範圍。 **Row_num**：是指要尋找第幾列。或省略則必須指定Column_num。 **Column_num**：是指要找第幾欄。或省略則必須指定Row_num。

INDEX函數有兩種使用方法。如果想要傳回指定儲存格或儲存格陣列的值，應使用陣列形式的INDEX函數；如果想要傳回指定儲存格的參照，應使用參照形式的INDEX函數。

請開啟「ch05→函數練習→檢視與參照函數.xlsx」檔案中的「MATCH+INDEX函數」工作表，本例是利用INDEX函數來查詢捷運的票價。在本例中所使用的是陣列形式的INDEX函數，可在指定的陣列範圍中，傳回某個位置的資料值。

在設定使用INDEX函數時，會詢問要使用哪一種引數組合，請選擇第1種。

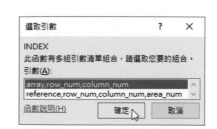

F15　　：　✕　✓　fx　=INDEX(A1:M13,D15,D16)

	A	B	C	D	E	F	G	H	I	J	K	L
1	票價	動物園	木柵	萬芳社區	萬芳醫院	辛亥	麟光	六張犁	科技大樓	大安	忠孝復興	南京東路
2	動物園	0	20	20	20	20	20	25	25	25	30	30
3	木柵	20	0	20	20	20	20	20	25	25	25	30
4	萬芳社區	20	20	0	20	20	20	20	25	25	25	30
5	萬芳醫院	20	20	20	0	20	20	20	20	25	25	25
6	辛亥	20	20	20	20	0	20	20	20	20	25	25
7	麟光	20	20	20	20	20	0	20	20	20	20	20
8	六張犁	25	20	20	20	20	20	0	20	20	20	20
9	科技大樓	25	25	25	20	20	20	20	0	20	20	20
10	大安	25	25	25	25	20	20	20	20	0	20	20
11	忠孝復興	30	25	25	25	25	20	20	20	20	0	20
12	南京東路	30	30	30	25	25	20	20	20	20	20	0
13	中山國中	30	30	30	30	25	25	20	20	20	20	20
14												
15	起站	萬芳醫院	列	5		票價	25					
16	終站	南京東路	欄	12								

先用 MATCH 函數找出起站和終站的位置，再用 INDEX 函數，在 A1 到 M13 的陣列範圍裡，找出第 5 列和第 12 欄的票價為 $25。

| VLOOKUP函數 | HLOOKUP函數 | MATCH+INDEX函數 |

試‧試‧看　用MATCH、INDEX函數從表格中找出想要的資料

開啟書附光碟中的「ch05→郵件資費表.xlsx」檔案，請按照表格中的資費表，試利用MATCH函數與INDEX函數，在L4儲存格中建立函數公式，計算出58公克的限時掛號郵件郵資為多少？

☑ 利用「MATCH」函數，先找出「限時掛號」與「58」公克分別位於表格的第幾列、第幾欄。

☑ 再將「MATCH」函數傳回的列和欄資料，提供「INDEX」函數做為引數，找出58公克的限時掛號郵件郵資為多少。

	A	B	C	D	E	F	G	H	I	J	K	L	M
1			0	20	50	100	250	500	1000				
2		重量	到	到	到	到	到	到	到		寄信種類	限時掛號	
3			20	50	100	250	500	1000	2000		重量(g)	58	
4		普通	$5	$10	$15	$25	$45	$80	$130		郵資	$36	
5		限時	$12	$17	$22	$32	$52	$87	$137				
6	平	掛號	$19	$24	$29	$39	$59	$94	$144				
7	信	限時掛號	$26	$31	$36	$46	$66	$101	$151				
8		掛號付回執	$28	$33	$38	$48	$68	$103	$153				
9		限時掛號付回執	$35	$40	$45	$55	$75	$110	$160				
10													
11													
12													

5-11 資料庫函數

與一般函數相比，「資料庫函數」具有資料篩選的功能，可以計算篩選後資料的總和、平均、最大值、最小值、變異數和標準差。

這些函數前面都有個「D」，代表**資料庫**(Database)的意思。例如：DSUM、DAVERAGE、DCOUNT、DMAX、DMIN、DVAR、DSTDEV等函數。資料庫函數的功能跟原本的統計函數一樣，名稱前多了一個「D」，表示可以先將資料篩選，再進行統計。

有時需要先分析資料是否符合指定的準則，再進行計算，這時就適合使用資料庫函數。在資料庫函數裡，預備進行篩選的資料範圍稱為「資料庫」；用來判斷的標準則稱為「準則」。選取「資料庫」時，必須包括資料的標題；設計「準則」時，也必須包括標題。

✦ DSUM函數

計算符合準則的資料的總和

語 法	DSUM (Database, Field, Criteria)
說 明	**Database**：為資料庫所在的儲存格範圍。
	Field：為欄名(前後需加雙引號)或欄號，表示要加總第幾欄的資料。
	Criteria：為包含篩選條件的儲存格範圍。上一列是欄名；下一列為篩選標準。

G4　　　fx　=DSUM(A1:D17,4,F3:F4)

	A	B	C	D	E	F	G	H	I
1	日期	種類	項目	金額					
2	2/12	飲料	蕃茄汁	$29					
3	2/13	零食	特濃牛奶糖	$39		種類	總金額		
4	2/13	餅乾	義美椰子夾心酥	$24		餅乾	▲ $136		
5	2/14	零食	健達牛奶巧克力	$28					
6	2/14	餅乾	麥穗蘇打	$24					
7	2/14	飲料	光泉鮮榨柳橙	$35					
8	2/15	飲料	莫卡咖啡	$25					
9	2/15	餅乾	雞片餅乾	$38					
10	2/15	零食	寶吉葡萄QQ糖	$10					
11	2/16	餅乾	歐斯麥蘇打	$25					
12	2/16	飲料	榛果那提	$105					
13	2/17	飲料	每日C柳橙	$20					
14	2/18	零食	森永焦糖牛奶糖	$10					
15	2/18	飲料	光泉咖啡歐蕾	$20					
16	2/19	飲料	統一鮮乳	$25					
17	2/21	餅乾	義美牛奶小泡芙	$25					
18									

DSUM函數會先篩選種類為「餅乾」的項目，再將其金額加總。

DSUM函數　　DAVERAGE函數　　DMAX函數

請開啓「ch05→函數練習→資料庫函數.xlsx」檔案中的「DSUM函數」工作表，想知道2/12～2/21這段期間共花了多少錢買餅乾，可以使用**DSUM**函數篩選出種類爲「餅乾」的項目，並顯示其加總金額即可。

✦ DAVERAGE、DMAX函數

計算符合準則的資料的平均值、最大值

語法	DAVERAGE (Database, Field, Criteria)
說明	Database：爲資料庫所在的儲存格範圍。 Field：爲欄名(前後需加雙引號)或欄號，表示要計算第幾欄的平均值。 Criteria：爲包含篩選條件的儲存格範圍。上一列是欄名；下一列爲篩選標準。

語法	DMAX (Database, Field, Criteria)
說明	Database：爲資料庫所在的儲存格範圍。 Field：爲欄名(前後需加雙引號)或欄號，表示要加總第幾欄的資料。 Criteria：爲包含篩選條件的儲存格範圍。上一列是欄名；下一列爲篩選標準。

DAVERAGE函數可以計算特定項目的平均值、**DMAX**函數則可以找出指定項目裡最大的數值。請開啓「ch05→函數練習→資料庫.xlsx」檔案中的「DAVERAGE+DMAX函數」工作表，以F3:F4儲存格爲篩選標準，在H6儲存格中建立DAVERAGE函數公式，計算種類爲飲料的項目平均值；在H7儲存格中建立DMAX函數公式，計算種類爲飲料的項目中，金額最大的值。

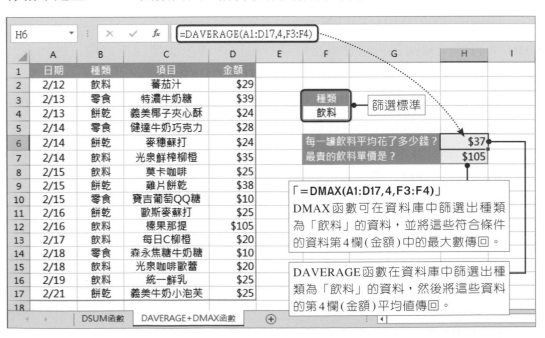

○ 選擇題

( )1. 函數裡不同的引數，是用下列哪一個符號分隔？ (A)" (B): (C), (D)'。

( )2. 用函數當引數，也就是函數裡又包含了函數，稱作？ (A)貝殼函數 (B)鳥巢函數 (C)巢狀函數 (D)蝸牛函數。

( )3. 下面按鈕中，何者可將多個範圍的所有數值加總？ (A)∑▾ (B)▥▾ (C)🎿 (D)$▾。

( )4. 在儲存格中顯示「#N/A」錯誤訊息，表示發生下列何種錯誤狀況？ (A)被參照到的儲存格已被刪除 (B)使用錯誤的儲存格參照 (C)無法辨識公式中的文字 (D)公式或函數中有些無效的值。

( )5. 下列何者不是邏輯函數？ (A)SMALL函數 (B)IF函數 (C)AND函數 (D)OR函數。

( )6. 下列何者不是統計函數？ (A)AVERAGE函數 (B)RATE函數 (C)COUNTIF函數 (D)FREQUENCY函數。

( )7. 要計算出符合指定條件的數值的總和時，下列哪個函數最適合？ (A)SUM (B)COUNT (C)SUMIF (D)COUNTIF。

( )8. 要取出某個範圍的最大值時，下列哪個函數最適合？ (A)ROUND (B)MAX (C)MIN (D)AVERAGE。

( )9. 要擷取某字串左邊數過來的第1個字時，下列哪個函數最適合？ (A)LEFT (B)RIGHT (C)MID (D)LEN。

( )10. 下列哪一個函數可以在表格中進行垂直搜尋，並傳回指定欄位的內容？ (A)VLOOKUP (B)HLOOKUP (C)MATCH (D)ABS。

( )11. 若要幫某個範圍的數值排名次時，可以使用下列哪一個函數？ (A)MODE. SNGL函數 (B)MEDIAN函數 (C)FREQUENCY函數 (D)RAND.EQ函數。

( )12. 如果想要計算本息償還金額時，可以使用下列哪個函數？ (A)NPV函數 (B) FV函數 (C)PMT函數 (D)RATE函數。

( )13. 若要計算平均值時，可以使用下列哪個函數？ (A)AVERAGE函數 (B)INT函數 (C)COUNTIF函數 (D)MOD函數。

( )14. 若找出一組數字中的中位數，可以使用下列哪一個函數？ (A)MODE.SNGL函數 (B)MEDIAN函數 (C)FREQUENCY函數 (D)COUNT函數。

( )15. 要計算數值資料的儲存格個數時，可以使用下列哪一個函數？ (A)ISTEXT函數 (B)OR函數 (C)LEN函數 (D)COUNT函數。

( )16. 要擷取從指定位置數過來的幾個字時，可以使用下列哪一個函數？ (A)ISTEXT 函數 (B)OR 函數 (C)MID 函數 (D)COUNT 函數。

( )17. 下列函數說明中，何者有誤？ (A)NOW 函數：取得目前日期和時間 (B)TODAY 函數：取得目前的日期 (C)WEEKDAY 函數：可將日期轉換成星期幾 (D)YEAR 函數：可取出日期的月。

( )18. 儲存格「A1、A2、A3、A4、A5、A6」資料分別為「45、64、44、76、60、87」，利用 COUNTIF() 函數，欲在 B2 儲存格計算大於 60 的值有幾個，下列何者正確？

(A) 公式：COUNTIF(A1,A6;>60)，值為 4。

(B) 公式：COUNTIF(A1;A6,>"60")，值為 3。

(C) 公式：COUNTIF(A1:A6 ,">60")，值為 3。

(D) 公式：COUNTIF(A1,A6,">60")，值為 4。

( )19. 下列何者非資料庫函數？ (A)ROUND 函數 (B)DSUM 函數 (C)DAVERAGE 函數 (D)DMAX 函數。

( )20. 下列哪一個函數可求得兩數相除後的餘數？ (A)ABS 函數 (B)ROUND 函數 (C)MOD 函數 (D)INT 函數。

( )21. 假設在儲存格中建立一公式內容為「=MID("全華研究室",3,2)」，則執行後儲存格會顯示為？ (A) 全華研究室 (B) 全華 (C) 研究室 (D) 研究。

● 實作題

1. 開啟「ch05→體操選手成績.xlsx」檔案，進行以下欄位設定。

● 總得分：扣除每位選手的最高分及最低分後，將其他所有分數加總。

● 名次：以各選手的總得分進行排序，列出每位選手的排名。

	A	B	C	D	E	F	G	H	I	J
1		裁判							總得分	名次
2	選手	日本籍	俄羅斯籍	美國籍	韓國籍	德國籍	法國籍	波蘭籍		
3	美國選手	8.6	8.6	8.9	8.7	8.5	8.5	8.6	43	10
4	俄羅斯選手	8.8	8.9	8.7	8.9	9	8.9	8.8	44.3	4
5	斯洛伐克選手	9	9.1	8.9	9.2	9	9.1	9.3	45.4	2
6	南斯拉夫選手	8.9	9.2	8.9	8.8	9.1	8.9	9.1	44.9	3
7	波蘭選手	8.7	8.6	8.6	8.5	8.5	8.7	8.8	43.1	9
8	加拿大選手	8.3	8.4	8.7	8.5	8.3	8.2	8.4	41.9	11
9	日本選手	8.8	8.8	8.6	8.5	8.9	9	8.9	44	5
10	韓國選手	8.6	8.9	8.8	9	8.6	8.7	8.9	43.9	6
11	西班牙選手	8.3	8.1	8.3	8.5	8.4	8.5	8.1	41.6	12
12	奧地利選手	8.6	8.9	8.8	8.7	8.5	8.8	8.6	43.5	7
13	芬蘭選手	8.8	8.9	8.6	8.7	8.6	8.7	8.6	43.4	8
14	立陶宛選手	9.1	9.1	9.2	9	8.9	9.1	9.3	45.5	1

2. 開啟「ch05→國際電話通話費.xlsx」檔案,計費的一般時段為8:00到23:00。在一般時段,通話費每6秒是0.57元;在減價時段,每6秒是0.56元,請計算每天的通話秒數、通話時段和通話費。

● 計算秒數時,由於開始和結束通話時間有跨越午夜的可能性,所以要用IF函數判斷,如果結束時間比開始時間小(也就是跨越午夜),用結束減去開始時間,還要再加1,1代表1天。相減得到的數值是天數,所以必須再乘以24、60和60。

● 用IF函數判斷開始和結束通話時間,是否同時(用AND函數判斷)落在8:00到23:00的範圍內,如果成立,則時段為「一般」;如果「不成立」,則時段為「減價」。

● 用AND函數判斷時段時,必須使用TIME函數來表示8:00和23:00。
例如:AND(B2>TIME(8,0,0),B2>TIME(23,0,0),…)。

● 用IF函數判斷,如果時段為「一般」,則通話費率為0.57;如果時段為"減價",則費率為0.56。

● 由於通話費的計算是以6秒為單位,未滿6秒也算一個單位,所以可以用ROUNDUP函數將計費的單位(秒數除以6)無條件進位。

● 每日通話費的計算結果為小數,加總計算總通話費之後,請用ROUND函數將數值四捨五入為整數。

	A	B	C	D	E	F	G	H
1	日期	開始通話	結束通話	秒數	時段	通話費用	總通話費	$ 2,321
2	4月23日	22:18:06	22:44:57	1611	一般	$ 153.33		
3	4月24日	23:06:18	24:03:25	3427	減價	$ 320.32		
4	4月25日	24:15:03	01:15:17	3614	減價	$ 337.68		
5	4月26日	21:05:34	22:47:23	6109	一般	$ 580.83		
6	4月27日	23:57:20	01:13:06	4546	減價	$ 424.48		
7	4月28日	23:01:06	24:13:21	4335	減價	$ 404.88		
8	4月29日	21:05:04	21:22:26	1042	一般	$ 99.18		

3. 開啓「ch05→月平均降雨量統計表.xlsx」檔案，用MATCH函數找出「鞍部」位於陣列中的位置，配合VLOOKUP函數取出7月鞍部的雨量資料。

	A	B	C	D	E	F	G	H	I	J	K
1	站	淡水	鞍部	台北	竹子湖	基隆					
2	1月	131.9	344.7	91.8	291.4	360.4					
3	2月	155.1	300	137.5	256	388.6					
4	3月	192.2	287.4	184.4	238.1	329					
5	4月	151.8	207.7	152.6	173.3	211.3					
6	5月	207.8	304.4	233.3	257.1	277.1					
7	6月	229.3	325.3	281.9	285.4	289.8		鞍部	7月	雨量	262.5
8	7月	149.7	262.5	233.1	248.1	140.5					
9	8月	212.1	407	268.5	403.5	196					
10	9月	279.4	735.5	325.4	708.9	412.2					
11	10月	187.9	828.2	117.4	822.8	360.1					
12	11月	142	554.4	79.8	527.4	343.9					
13	12月	108.7	372.2	74.5	323.3	355.9					

4. 開啓「ch05→汽車貸款計算表.xlsx」檔案，進行以下設定。

- 小桃買了一輛$650,000的汽車，頭期款支付了$200,000，而店家給予$50,000的折扣，剩下的餘額則要貸款。
- 該汽車貸款的年利率為3.58%，而貸款期間為3年。
- 根據以上的資料計算小桃每個月要付多少錢，而總支出的金額又是多少。

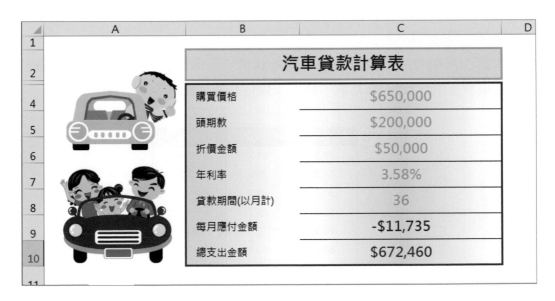

	A	B	C	D
1				
2			汽車貸款計算表	
4		購買價格	$650,000	
5		頭期款	$200,000	
6		折價金額	$50,000	
7		年利率	3.58%	
8		貸款期間(以月計)	36	
9		每月應付金額	-$11,735	
10		總支出金額	$672,460	

5. 開啓「ch05→投資判斷.xlsx」檔案，進行以下設定。

● A公司投資了一項設備，該設備的初期投資額為 $800,000，而折扣率為2.5%。

● 在「現在實際價值」欄位中，利用NPV函數求現在實際價值(指的是根據現在價值換算成各期投資中產生的效果(預計收入)中扣除初期投資所得到的資料。

● 初年度的「現在實際價值」爲「初期投資額」。

	A	B	C	D
1	初期投資額	$800,000		
2	折扣率	2.50%		
4		期數	預計收入	現在實際價值
5	初年度	0	$0	-$800,000
6	1年後	1	$120,000	-$682,927
7	2年後	2	$160,000	-$530,637
8	3年後	3	$180,000	-$363,489
9	4年後	4	$200,000	-$182,299
10	5年後	5	$220,000	**$12,149**

6. 開啓「ch05→成績變化表.xlsx」檔案，進行以下設定。

● 試運用IF函數及ABS函數，使用「變化」欄位可自動計算出第一次期考與第二次期考之間的成績變化。

● 請將第二次期考成績減去第一次期考成績，若爲負數，就在「變化」欄位顯示「退步多少分」。若爲正數，就在「變化」欄位顯示「進步多少分」。

	A	B	C	D
1	座號	第一次期考	第二次期考	變化
2	1	78.5	83.7	進步5.2分
3	2	64.3	70.1	進步5.8分
4	3	90.2	89.7	退步0.5分
5	4	88.7	85.2	退步3.5分
6	5	76.1	77.3	進步1.2分
7	6	80.2	85.4	進步5.2分
8	7	60.1	68.9	進步8.8分
9	8	91.3	87.5	退步3.8分
10	9	68.4	77.7	進步9.3分
11	10	63.2	69.7	進步6.5分

EXCEL 2016

CHAPTER

06

進階資料分析

6-1 資料排序

當資料量很多時，為了搜尋方便，通常會將資料按照順序重新排列，這個動作稱為「排序」。同一「列」的資料為一筆「紀錄」，排序時會以「欄」為依據，調整每一筆紀錄的順序。

✦ 單一排序

排序的時候，先決定好要以哪一欄作為排序依據，點選該欄中任何一個儲存格，按下「**常用→編輯→ ▲▼ 排序與篩選**」指令按鈕，即可選擇排序方式。

請開啟書附光碟中的「ch06→學生成績.xlsx」檔案，假設要以所有學生的名次來做遞增排序，須先將滑鼠游標移至「名次」欄的任一儲存格，接著點選「**常用→編輯→ ▲▼ 排序與篩選**」下拉鈕，在選單中選擇「**從最小到最大排序**」，名次會由第1名排到第10名，而且同一筆紀錄的各科成績及總分、平均分數等資料，也會跟著名次一併移動位置。

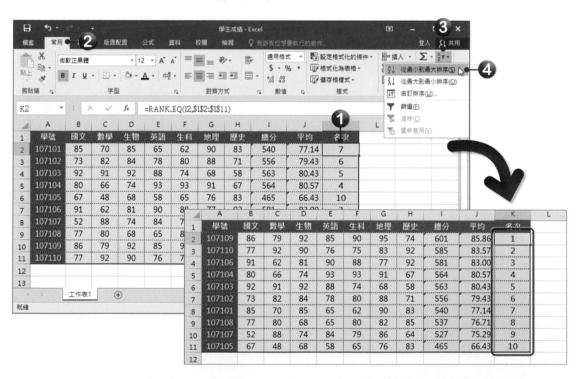

或者也可點選「**資料→排序與篩選**」群組中的 ▲↓ **從最小到最大排序** 按鈕，進行**遞增排序**；按下 ▼↓ **從最大到最小排序** 按鈕，進行**遞減排序**。

✦ 多重排序

在為資料進行排序時，有時會遇到相同的資料，此時可以再設定更多的排序依據，再對下層資料進行排序。

開啟書附光碟中的「ch06→班級成績單.xlsx」檔案，在此範例中要使用排序功能先依總分進行遞減排序，若遇到總分相同時，就再根據國文、數學、英文成績做遞減排序。

step 01 選取 **A1：J31** 儲存格，點選「**資料→排序與篩選→排序**」指令按鈕，開啟「排序」對話方塊。

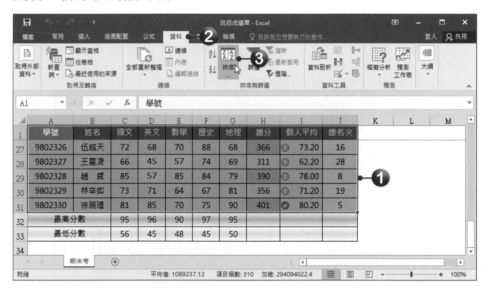

> **TIPS**
>
> 在本例中，由於第32、33列的資料並不列入排序，因此在排序之前，必須先選取排序資料(A1:J31)，再進行排序設定。若是表格中單純只有排序資料，就可不必選取，只要將滑鼠游標移至任一儲存格內，即可進行排序設定。

step 02 先設定第一個排序方式，於「排序方式」中選擇「**總分**」欄位；於「順序」中選擇「**最大到最小**」。設定好後，按下「**新增層級**」按鈕，繼續新增第二個排序標準。

> **TIPS**
>
> 在對話方塊中點選要刪除的排序準則，按下「**刪除層級**」按鈕，即可將該準則刪除。

step03 按照同樣方式，依序將國文、數學、英文的排序順序設定為「**最大到最小**」，都設定好後按下「**確定**」按鈕。

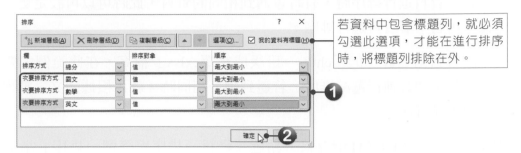

若資料中包含標題列，就必須勾選此選項，才能在進行排序時，將標題列排除在外。

step04 完成設定後，資料會根據學生的總分高低排列順序。總分相同時，會以國文分數高低排列；若國文分數又相同時，會依數學分數的高低排列；若數學分數又相同時，會依英文分數的高低排列。

	A	B	C	D	E	F	G	H	I	J
1	學號	姓名	國文	英文	數學	歷史	地理	總分	個人平均	總名次
2	9802311	王粒宏	94	96	71	97	94	452	90.40	1
3	9802303	劉德划	92	82	85	91	88	438	87.60	2
4	9802309	羅志翔	88	85	85	91	88	437	87.40	3
5	9802322	洪斤寶	91	84	72	74	95	416	83.20	4
6	9802330	徐弱瑄	81	85	70	75	90	401	80.20	5
7	9802304	梁吵偉	80	81	75	85	78	399	79.80	6
8	9802308	梁泳旗	78	74	90	74	78	394	78.80	7
9	9802328	趙 威	85	57	85	84	79	390	78.00	8
10	9802310	王淨盃	81	69	72	85	80	387	77.40	9
11	9802320	范只偉	67	75	77	79	85	383	76.60	10
12	9802317	王 飛	67	58	77	91	90	383	76.60	10
13	9802301	周杰輪	72	70	68	81	90	381	76.20	12
14	9802312	張會妹	85	87	68	65	72	377	75.40	13
15	9802325	張喜友	95	72	67	64	70	368	73.60	14
16	9802316	孫彥姿	84	75	48	83	77	367	73.40	15
17	9802326	伍越天	72	68	70	88	68	366	73.20	16
18	9802323	成 龔	69	80	64	68	80	361	72.20	17
19	9802305	鄭依雞	61	77	78	73	70	359	71.80	18
20	9802329	林幸如	73	71	64	67	81	356	71.20	19
21	9802302	蔡一零	75	66	58	67	75	341	68.20	20
22	9802324	楊紙瓊	88	90	52	57	52	339	67.80	21
23	9802314	吳厭祖	65	75	54	67	78	339	67.80	21
24	9802306	林痣玲	82	80	60	58	55	335	67.00	23
25	9802319	李心結	86	55	65	68	60	334	66.80	24
26	9802315	蔡康勇	79	68	68	58	54	327	65.40	25
27	9802321	周星匙	63	58	50	81	74	326	65.20	26
28	9802307	金城舞	56	80	58	65	60	319	63.80	27
29	9802327	王星凌	66	45	57	74	69	311	62.20	28
30	9802318	孫鞋志	59	67	62	45	54	287	57.40	29
31	9802313	吳中線	73	50	55	51	50	279	55.80	30
32	最高分數		95	96	90	97	95			
33	最低分數		56	45	48	45	50			

6-2 篩選

在檢視大筆資料量時，有時候需要先透過簡單的篩選，只顯示某一部分需要的資料，然後將其餘用不著的資料暫時隱藏，以便檢視。針對這樣的需求，Excel 提供了方便的**篩選**功能，可以快速篩選出需要的資料。

✦ 自動篩選

自動篩選功能可以為每個欄位設一個準則，只有符合每一個篩選準則的資料才能留下來。在設定自動篩選之後，便會將每一個欄位中的儲存格內容都納入篩選選單中，然後在選單中選擇想要瀏覽的資料。經過篩選後，不符合準則的資料就會被隱藏。

請開啟書附光碟中的「ch06→產品銷售表.xlsx」檔案，以本例來說，假設欲使用「自動篩選」功能來檢視「速食麵」的所有產品明細，其作法如下：

step01 選取工作表中資料範圍內的任一儲存格，再點選**「資料→排序與篩選→篩選」**指令按鈕。

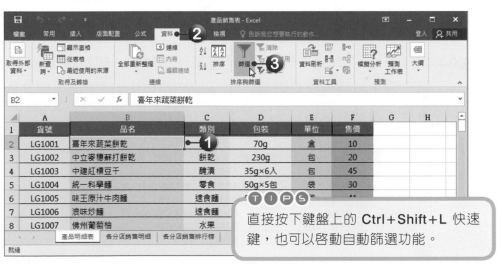

> **TIPS** 直接按下鍵盤上的 **Ctrl+Shift+L** 快速鍵，也可以啟動自動篩選功能。

step02 點選後，每一欄資料標題的右邊會出現一個 ▼ 選單鈕。

	A	B	C	D	E	F
1	貨號 ▼	品名 ▼	類別 ▼	包裝 ▼	單位 ▼	售價 ▼
2	LG1001	喜年來蔬菜餅乾	餅乾	70g	盒	10
3	LG1002	中立麥穗蘇打餅乾	餅乾	230g	包	20
4	LG1003	中建紅標豆干	醃漬	35g×6入	包	45
5	LG1004	統一科學麵	零食	50g×5包	袋	30

step 03 按下「**類別**」欄位的 ▾ 選單鈕，再將「**全選**」的勾選取消，將所有勾選取消，再勾選「**速食麵**」項目，勾選好後按下「**確定**」按鈕。

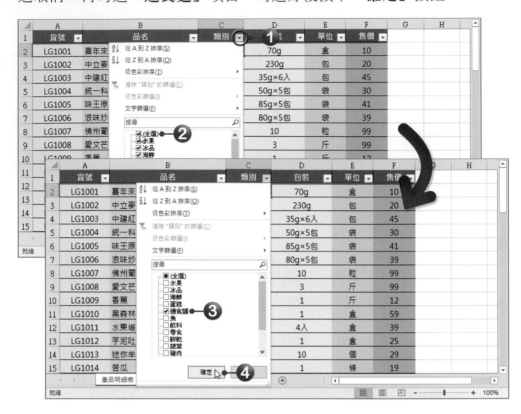

step 04 選擇好後，「**類別**」欄位的 ▾ 選單鈕會變成一個如漏斗形狀的 ▾ 選單鈕，表示該欄位設有篩選條件。而表格中則會篩選出「速食麵」類別的資料，其餘資料則會被隱藏起來。

	A	B	C	D	E	F	G	H
1	貨號	品名	類別	包裝	單位	售價		
6	LG1005	味王原汁牛肉麵	速食麵	85g×5包	袋	41		
7	LG1006	浪味炒麵	速食麵	80g×5包	袋	39		
32	LG1031	統一碗麵	速食麵	85g×3碗	組	38		
33	LG1032	維力大乾麵	速食麵	100g×5包	袋	65		
34	LG1033	揚豐肉燥3分拉麵	速食麵	300g×3包	組	69		
53	LG1052	五木拉麵	速食麵	340g×3包	組	79		
67								
68								

產品明細表　各分店銷售明細　各分店銷售排行榜

就緒　從65中找出6筆記錄

TIPS

在 Excel 工作表中設定自動篩選功能後，只要在不同的欄位上同時設定篩選條件，就可以達到多重篩選的效果。

若想取消該欄位的篩選功能，直接在該欄位上按下 ▾ 選單鈕，點選「**清除××的篩選**」，即可重新顯示所有資料。

✦ 自訂篩選條件

在設定「自動篩選」功能後，除了可點選欄位中既有的內容之外，也可以透過**自訂篩選**功能，設定更複雜的篩選條件，例如：大於某個值的資料，排名前幾項的資料、包含某個字的資料、開頭爲某個字的資料。

step01 按下「品名」欄位的 ▾ 選單鈕，於選單中選擇「**文字篩選→自訂篩選**」，開啟「自訂自動篩選」對話方塊。

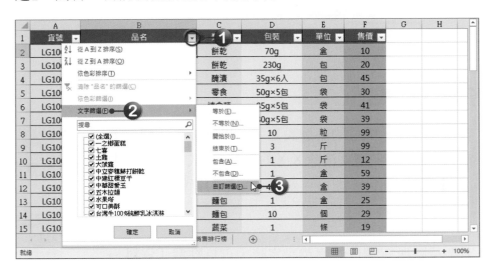

step02 接著在「自訂自動篩選」對話方塊中進行篩選的設定。這裡要設定的篩選條件，是品名中含有「統一」或是「味王」文字的資料。

將條件設定爲當「品名」欄位中的文字包含「統一」或「味王」者，就篩選出來。

TIPS

在「自訂自動篩選」對話方塊中，後方的欄位是用來輸入篩選的關鍵字。除了輸入完整的文字，還可以輸入「**?**」表示任何一個字元；輸入「*****」表示任何一組連續的文字。

以本例來說，若設定貨號包含「LG102?」，會篩選出 LG1020～LG1029 等貨號資料；若設定品名要包含「*奶」，會篩選出「義美古早傳統豆奶」、「味全香豆奶」、「福樂牛奶」等三筆資料。

step03 設定完成後，品名中有包含「統一」或是「味王」的資料，就會被篩選出來，而在狀態列也會顯示篩選的結果。

	A	B	C	D	E	F	G	H
1	貨號	品名	類別	包裝	單位	售價		
5	LG1004	統一科學麵	零食	50g×5包	袋	30		
6	LG1005	味王原汁牛肉麵	速食麵	85g×5包	袋	41		
28	LG1027	統一冰戀草莓雪糕	冰品	75ml×5支	盒	55		
32	LG1031	統一碗麵	速食麵	85g×3碗	組	38		
48	LG1047	統一寶健	飲料	500cc×12瓶	箱	109		
67								
68								

產品明細表 各分店銷售明細 各分店銷售排行榜

就緒 從 65中找出 5筆記錄　100%

✦ 移除自動篩選

　　若要移除單一欄位的篩選設定，可以直接在該欄位上按下 ▼ 選單鈕，點選**「清除ＸＸ的篩選」**，或者在選單中選擇**「（全選）」**項目，即可重新顯示完整的資料。

　　若要清除所有欄位的篩選設定時，可以點選**「資料→排序與篩選→清除」**指令按鈕，即可將所有欄位的篩選設定清除，此時所有資料也都會顯示出來，但篩選的清單鈕還是會存在。

　　若要將「自動篩選」功能取消時，可以點選**「資料→排序與篩選→篩選」**功能，則所有欄位的 ▼ 選單鈕就會消失。

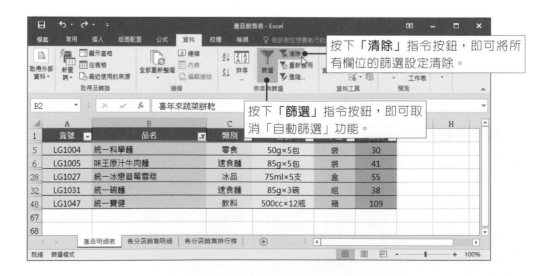

按下**「清除」**指令按鈕，即可將所有欄位的篩選設定清除。

按下**「篩選」**指令按鈕，即可取消「自動篩選」功能。

◆ 進階篩選

「自動篩選」功能雖然方便，但所能設定的篩選條件還是有限。因此，Excel 提供了「進階篩選」的功能，讓使用者可以做更細部的篩選設定。

接續以上「產品銷售表.xlsx」檔案的操作，接下來我們將從資料中同時篩選出「類別」為「飲料」和「蛋糕」，且其售價須大於50元的資料。

step01 在現有的資料最上方插入5列，用來設定準則。選取第1列到第5列，按下滑鼠右鍵，於選單中選擇「**插入**」，即可插入5列空白列。

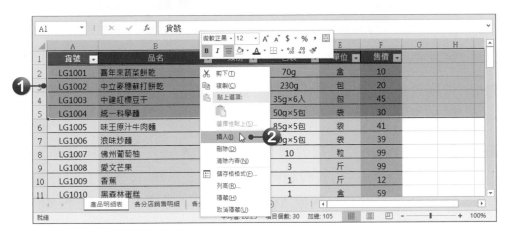

step02 選取 **A6：F6** 儲存格，按下鍵盤上的 **Ctrl+C 複製** 快速鍵，複製選取的儲存格。

step03 點選 **A1** 儲存格，按下鍵盤上的 **Ctrl+V 貼上** 快速鍵，將複製的資料貼上，這是準備用來做準則的標題。

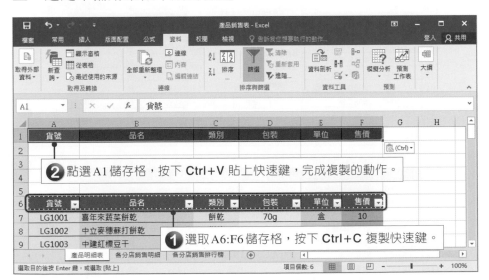

step04 在C2儲存格中輸入「**飲料**」文字,在F2儲存格中輸入「**>50**」,這是第一個準則,用來篩選「飲料」類別,且售價大於50的資料。

step05 在C3儲存格中輸入「**蛋糕**」文字,在F3儲存格中輸入「**>50**」,這是第二個準則,用來篩選「蛋糕」類別,且售價大於50的資料。

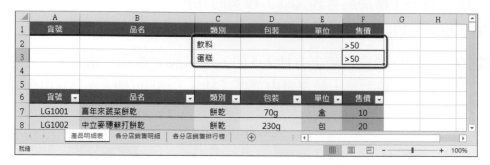

step06 準則設定好後,點選「**資料→排序與篩選→進階**」指令按鈕,開啟「進階篩選」對話方塊。

step07 點選「**將篩選結果複製到其他地方**」選項;在「**資料範圍**」欄位中會自動判斷要篩選的資料範圍,也可以按下 按鈕,在工作表中選取即將被篩選的儲存格範圍**A6:F71**。範圍選擇好後,按下 按鈕,回到「進階篩選」對話方塊中。

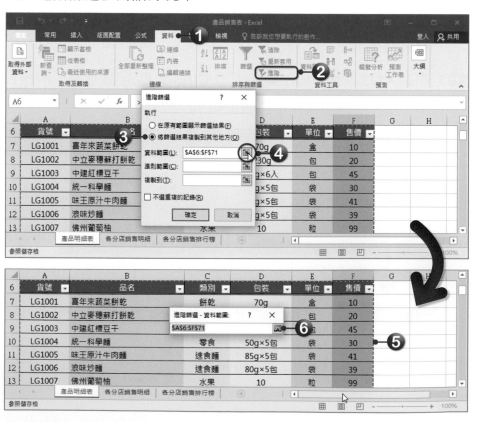

step08 接著在「**準則範圍**」欄位中按下 ▦ 按鈕，選取用來篩選的準則儲存格（A1：F3）。選擇好後按 ▦ 按鈕，回到「進階篩選」對話方塊。

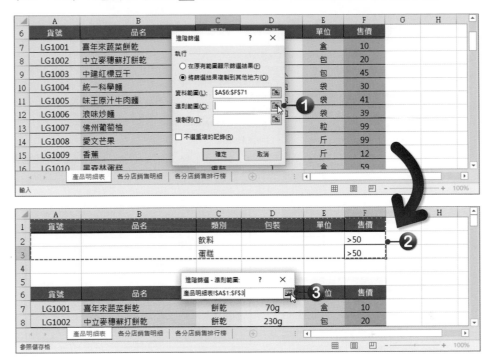

step09 在「**複製到**」欄位中按下 ▦ 按鈕，選取 **H1** 儲存格，表示要將篩選的結果從「H1」儲存格開始存放。範圍選擇好後按 ▦ 按鈕，回到「進階篩選」對話方塊中。

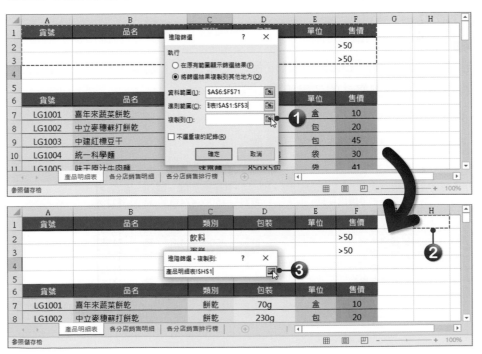

step10 設定好後按下「**確定**」按鈕，就會從「H1」儲存格開始，顯示被篩選出來的資料，同時找出「飲料」及「蛋糕」中，售價大於50元的商品。

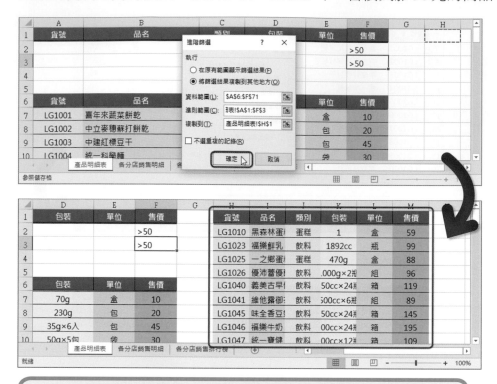

完成結果請參考書附光碟中的「ch06→產品銷售表-結果.xlsx」檔案。

試・試・看 利用「自動篩選」功能找出想要的資訊

開啟書附光碟中的「ch06→超市商品明細表.xlsx」檔案，利用「自動篩選」功能，求算符合以下篩選條件的商品明細有哪些。

☑ 貨號介於LG1040~LG1049之間。

☑ 商品單價超過所有商品的平均售價。

	A	B	C	D	E	F	G	H
1	貨號	品名	類別	包裝	單位	售價		
41	LG1040	義美古早傳統豆奶	飲料	250cc×24瓶	箱	$119		
42	LG1041	維他露御茶園	飲料	500cc×6瓶	組	$89		
46	LG1045	味全香豆奶	飲料	250cc×24瓶	箱	$145		
47	LG1046	福樂牛奶	飲料	200cc×24瓶	箱	$195		
48	LG1047	統一寶健	飲料	500cc×12瓶	箱	$109		
49	LG1048	黑松麥茶	飲料	250cc×24瓶	箱	$135		
50	LG1049	鮮果多果汁	飲料	250cc×24瓶	箱	$155		
67								

工作表1

就緒　從65中找出7筆記錄

6-3 資料表單

在工作表中輸入大量或多欄資料，已超出畫面的檢視範圍時，當填入資料或編輯對照時會不太方便，此時可以利用**資料表單**來建立每一筆資料，會比在各欄之間移動更容易輸入資料。

資料表單會以每一個欄位的**標題**做為標籤（最多可包含32欄），讓使用者直接將該欄位內容輸入在文字方塊中，而不需要水平捲動，可以更便利地輸入或顯示每一筆完整資訊。

✦ 增加表單功能

由於**資料表單**功能並未內建在功能區中，因此在使用表單功能之前，必須先將「表單」按鈕新增至「快速存取工具列」，以便後續的操作。

step01 開啟書附光碟中的「ch06→特賣商品明細.xlsx」檔案，按下「快速存取工具列」旁的下拉鈕，選擇選單中的「**其他命令**」。

step02 在「由此選擇命令」欄位中，選擇「**不在功能區的命令**」，在選單中點選「**表單...**」，按下「**新增**」按鈕，將該表單功能加入至快速存取工具列。設定好後，按下「**確定**」按鈕。

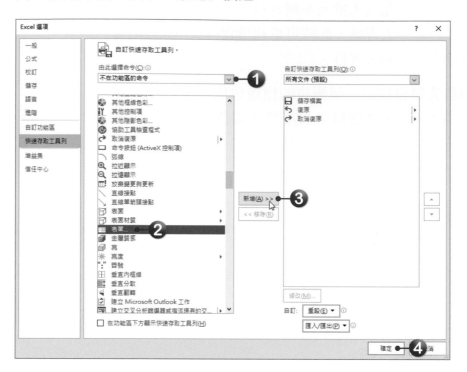

step03 回到工作表中，就可以看到快速存取工作列上多了一個 表單 功能按鈕。

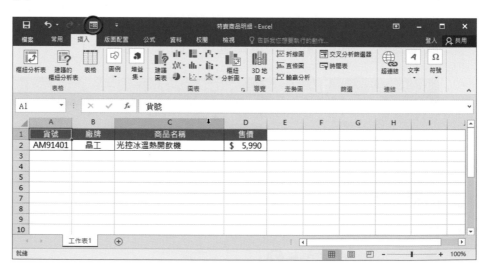

✦ 建立資料表單

step01 接續上述「特賣商品明細.xlsx」檔案的操作，在使用表單功能前，須先在工作表中輸入表格欄位標題，並輸入第一筆資料。

step02 選取表格中任何一個儲存格，按下快速存取工作列上的 **表單** 按鈕，就會出現目前工作表的「表單」視窗。

step03 在開啟的表單視窗中，會顯示目前已存在的第一筆資料。只要按下**「新增」**按鈕，即可繼續輸入新的資料。

step04 輸入完一筆資料後，按下**「新增」**按鈕，便可將該筆資料增加到工作表中。依照同樣方式繼續在空白欄位中逐筆輸入資料，直到所有資料都建立完成，最後按下**「關閉」**按鈕，完成輸入。

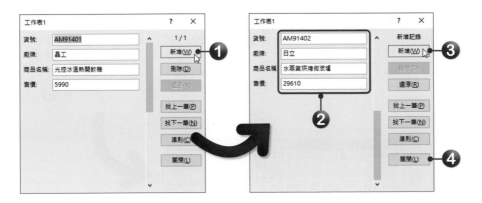

step 05 回到工作表中，就可以看到剛剛建立的資料已依照建立順序，逐筆新增在表格之中。

✦ 編輯表單內容

若要修改表單中的某筆資料的話，可以按下快速存取工作列上的 表單按鈕，在表單視窗中找到該筆資料，直接在欄位上進行修改，再按下「**新增**」按鈕，就可達到修改的目的。

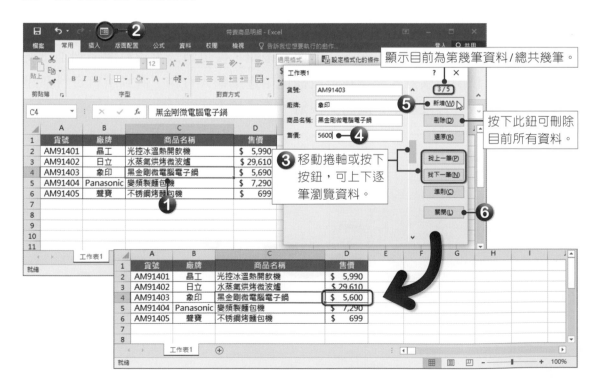

✦ 利用準則查詢表單資料

表單也可用來篩選特定條件的資料。

step 01 同樣接續上述「特賣商品明細 .xlsx」檔案的操作，選取表格中任何一個儲存格，按下快速存取工作列上的 **表單** 按鈕，在表單視窗中按下「**準則**」按鈕。

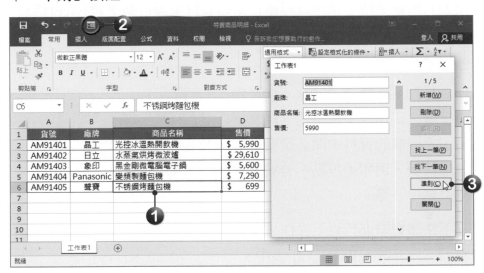

step 02 在欄位中輸入篩選準則，再按下「**找上一筆**」或「**找下一筆**」按鈕，來逐筆瀏覽符合條件的資料。

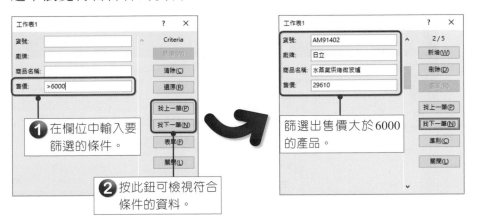

❶ 在欄位中輸入要篩選的條件。

❷ 按此鈕可檢視符合條件的資料。

篩選出售價大於6000的產品。

TIPS

在輸入篩選準則時，也可搭配「萬用字元」查詢資料。「**?**」代表任何單一字元：「*****」代表任何一組連續的文字。

完成結果請參考書附光碟中的「ch06→特賣商品明細 - 結果 .xlsx」檔案。

6-4 匯入外部資料

在Excel中除了直接在工作表輸入文字外，也可以利用「匯入外部資料」功能，匯入純文字檔、資料庫檔、網頁格式的資料……等檔案。使用「匯入外部資料」功能後，Excel中的資料會與原來的來源檔案或資料建立「連結」關係，當資料來源有所變動時，也可以輕鬆從原始資料來源自動更新Excel活頁簿內容。

✦ 匯入文字檔

Excel可以將**純文字檔**(.txt)的內容，直接匯入工作表中。在建立純文字檔案時，不同欄的資料中間必須要有統一的**分隔符號**，例如：逗點、分號、空格、定位點……等。

接下來請實際進行以下操作，學習如何將檔案內容匯入Excel工作表中。

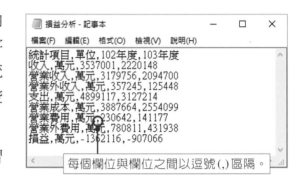

統計項目,單位,102年度,103年度
收入,萬元,3537001,2220148
營業收入,萬元,3179756,2094700
營業外收入,萬元,357245,125448
支出,萬元,4899117,3127214
營業成本,萬元,3887664,2554099
營業費用,萬元,230642,141177
營業外費用,萬元,780811,431938
損益,萬元,-1362116,-907066

每個欄位與欄位之間以逗號(,)區隔。

step01 開啟一個新的空白活頁簿，點選「**資料→取得外部資料→從文字檔**」按鈕，開啟「匯入文字檔」對話方塊，選取書附光碟中的「ch06→損益分析.txt」文字檔，選擇好後，按下「**匯入**」按鈕。

step 02 在「匯入字串精靈-步驟3之1」對話方塊中，點選「**分隔符號**」選項；檔案原始格式選擇「**繁體中文(Big5)**」，並視來源資料內容，勾選「**我的資料有標題**」選項。選擇好後，按「下一步」繼續。

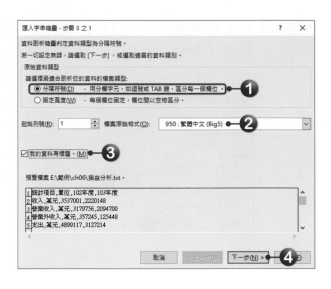

step 03 接著，依來源資料內容設定分隔符號為「**逗號**」，按「下一步」繼續。

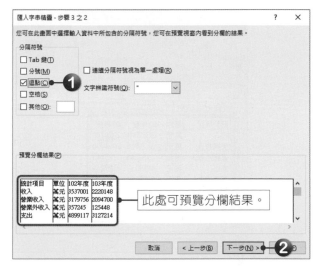

此處可預覽分欄結果。

step 04 接著，可針對每個欄位設定其資料格式，設定好後按下「**完成**」按鈕。

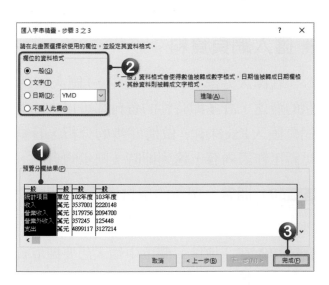

step05 接著會開啓「匯入資料」對話方塊，設定資料要匯入的位置。設定好後按下「**確定**」按鈕。

step06 回到工作表後，文字檔中的資料就會被匯入至工作表的指定位置。

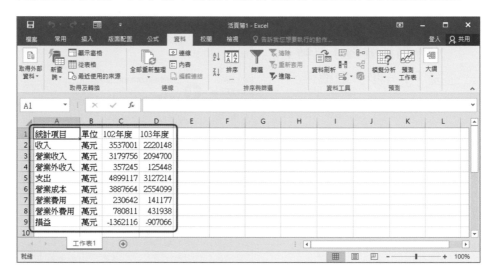

✦ 匯入網頁資料

　　在匯入外部資料的功能中，「匯入網頁資料」是最具實用性的。因為網路資訊的發達，許多即時性的資料都可以直接從網路取得。這些資料不但可以直接從網頁匯入 Excel 中，做進一步的分析，且當網頁資料有所變動，Excel 也會自動更新工作表內容，達到即時、同步的資訊。

step01 開啓一個新的空白活頁簿，點選「**資料→取得外部資料→從 Web**」按鈕，開啓「新增 Web 查詢」對話方塊。

step02 在「**地址**」欄位中輸入想要擷取資料的網站地址（請自行查詢網址，或輸入短網址 https://goo.gl/5it0yl），輸入好後，按下「**到**」按鈕。

step 03 開啟網頁後，網頁中有許多的 ➡ 圖示表示可擷取內容，在要選取的表格旁點選 ➡ 圖示，使其變成 ☑ 圖示，表示已選取該份資料。

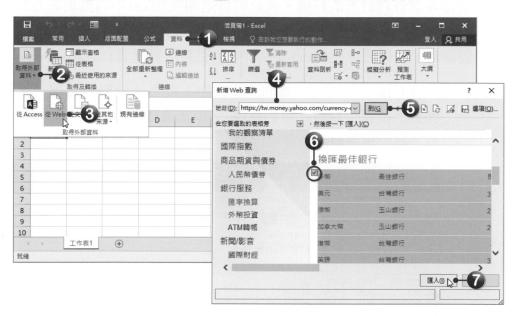

step 04 資料選擇好後按下「**匯入**」按鈕，會開啟「匯入資料」對話方塊，在此設定資料要匯入的位址，選擇好後按下「**確定**」按鈕。

step 05 再回到工作表中，網頁上的資料就會匯入到所指定的位置上。

外幣	最佳銀行	即時買入	即時賣出	現金買入	現金賣出
美元	台灣銀行	31.955	32.055	31.655	32.197
澳幣	玉山銀行	23.11	23.31	22.81	23.61
加拿大幣	玉山銀行	23.86	24.04	23.55	24.35
港幣	台灣銀行	4.093	4.153	3.973	4.168
英鎊	台灣銀行	39.37	39.79	38.5	40.43
瑞士法郎	台灣銀行	30.99	31.28	30.46	31.52
日圓	台灣銀行	0.2701	0.2741	0.2637	0.2747
歐元	台灣銀行	33.11	33.51	32.61	33.76
紐西蘭幣	台灣銀行	22.07	22.27	21.83	22.46

✦ 更新外部資料

　　連接外部資料最大的好處，就是可以定期在Excel中自動更新及分析資料，而不必反覆進行複製及貼上的資料更新動作。與外部資料連接之後，當資料來源有所變動時，可以直接從Excel中執行自動更新活頁簿資料的動作。

step01 在含有匯入外部文字檔的工作表中，按下**「資料→連線→全部重新整理」**下拉鈕，點選**「重新整理」**，或是直接按下鍵盤上的 **Alt＋F5** 快速鍵，執行**重新整理**指令。

step02 在開啟的「匯入文字檔」對話方塊中，選取要匯入的文字檔，然後按下**「匯入」**按鈕。

> **TIPS**
> 如果匯入的是網頁資料，就不會出現檔案對話方塊，而是直接進行資料的連結更新。

於開啟活頁簿時自動更新資料

　　若是想要在每次開啟活頁簿時，都能自動連到網頁以取得最新資料，可以進行以下設定：

step 01 點選含有外部資料的任一儲存格，按下「**資料→連線→全部重新整理**」下拉鈕，點選「**連線內容**」。

step 02 按下「**使用方式**」索引標籤，將「更新」項目下的「**檔案開啟時自動更新**」選項勾選起來，按下「**確定**」按鈕即可。

> 可設定活頁簿在固定時間間隔自動更新資料。

> 勾選此選項，可將查詢定義與活頁簿一起儲存，但不儲存外部資料，以減少活頁簿檔案的大小。

6-5 小計

在一份資料繁雜、大量資料相互交錯的報表中，若要從中找到某種類的基本資訊，可以使用Excel的「小計」功能。Excel內建的「小計」功能，可幫助使用者不須建立任何函數，就能快速將各種類的資料分門別類，快速統計出各項基本資訊，例如：加總、平均、最大值等資訊。

step01 開啟書附光碟中的「ch06→冷氣銷售表.xlsx」檔案，先將作用儲存格移至「分店」欄位中，再點選「**資料→排序與篩選→**[]**從A到Z排序**」指令按鈕，將「分店」欄位按照筆劃遞增排序。

step02 接著點選「**資料→大綱→小計**」指令按鈕，開啟「小計」對話方塊，進行小計的設定。

step 03 接著在「分組小計欄位」選單中選擇「**分店**」，這是要計算小計時分組的依據；在「使用函數」選單中選擇「**加總**」，選擇用加總的方法來計算小計；在「新增小計位置」選單中將「**數量**」及「**業績**」勾選，則會將同一個分組的「數量」及「業績」加總，顯示為小計的資訊。都設定好後，按下「**確定**」按鈕。

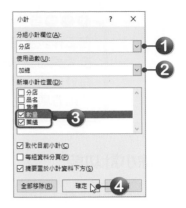

step 04 回到工作表中，可以看到每一個分店類別下都有一個「合計」金額。而這裡的小計資訊，是將同一分店的數量和業績加總得來的。

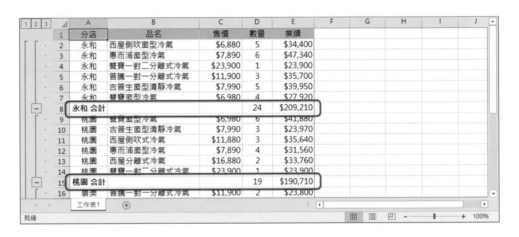

step 05 產生小計後，在工作表的左側會有一些 ⊟ **展開/摺疊** 鈕，按下 ⊟ 鈕，會變成 ⊞ 鈕，並且隱藏分組的詳細資訊，只顯示該分組的小計資訊。再按一下 ⊞ 按鈕，又變回 ⊟ 按鈕，可以顯示分組的完整資訊。

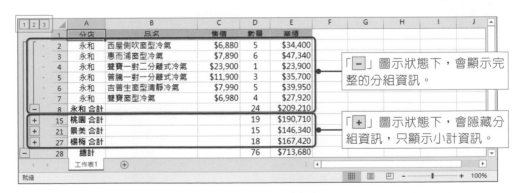

完成結果請參考書附光碟中的「ch06→冷氣銷售表-結果.xlsx」檔案。

T I P S

在工作表左邊的 1 2 3 大綱符號,是將資料的檢視分為三個層級,經由點按大綱符號來變更所顯示的層級資料。以本例來說,按下 1 ,只會顯示所有分店的「總計」資料;按下 2 ,將顯示各分店的「小計」資料;按下 3 ,則會顯示各分店的完整分組資料。

移除小計功能

使用「小計」功能,方便比較每一個分組的差距。若不需要使用「小計」功能,只要再次執行**「資料→大綱→小計」**功能,在開啟的「小計」對話方塊中,按下**「全部移除」**按鈕即可。

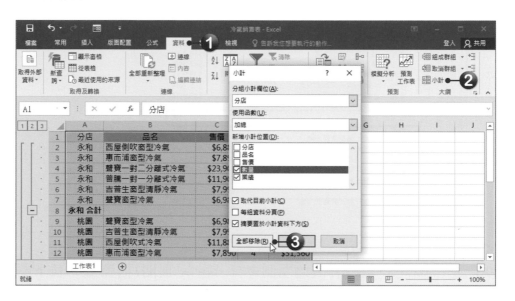

試 • 試 • 看　「小計」功能的操作

開啟書附光碟中的「ch06→產品銷售表.xlsx」檔案,在「各分店銷售明細」工作表中,利用「小計」功能找出哪一款商品賣出的數量最多。

		A	B	C	D	E	F	G	H	I
	1	分店名稱	貨號	品名	售價	數量	業績			
+	61			維力大乾麵 合計		30				
+	63			義美蘇打餅乾 合計		21				
+	65			統一科學麵 合計		130				
+	67			波卡洋芋片 合計		35				
+	69			宏亞新貴派 合計		32				
+	71			中華甜愛玉 合計		24				
+	73			義美蘇打餅乾 合計		21				
+	75			中華甜愛玉 合計		22				
+	77			義美古早傳統豆奶 合計		30				

産品明細表　各分店銷售明細

6-6 合併彙算

要計算分散在不同工作表的資料，除了用「複製」、「貼上」功能將資料移到同一個工作中進行運算，還有一個更聰明的方法—「合併彙算」。「合併彙算」功能可以將個別工作表的資料，自動合併彙整在同一個工作表中，方便進行後續的運算與處理。

請開啟書附光碟中的「ch06→連鎖咖啡店營業額.xlsx」檔案，在檔案中有三個不同分店的營業額報表，我們要將這三個分店的營業額合併彙總至「總營業額」工作表中。

step 01 點選**「總營業額」**工作表標籤，選取**A1**儲存格，再點選**「資料→資料工具→ 合併彙算」**指令按鈕，開啟「合併彙算」對話方塊。

step 02 在「函數」選項中，選擇**「加總」**函數。接著按下**「參照位址」**欄位的 按鈕，選擇第一個要進行合併彙算的參照位址。

TIPS
「合併彙算」最多可指定255個來源範圍。

step03 點選「**敦化分店**」工作表標籤，選取 **A1：F5** 儲存格範圍，選取好後按下 ▦ 按鈕，回到「合併彙算」對話方塊。

step04 設定好第一個要彙算的儲存格範圍後，按下「**新增**」按鈕，將「敦化分店!$A$1:$F$5」加到「所有參照位址」的清單中。

按下此鈕，可將選取範圍加入彙算清單。

step05 接著再按下「**參照位址**」欄位的 ▦ 按鈕，選擇第二個要進行合併彙算的參照位址。

step06 點選「**大安分店**」工作表標籤，選取 **A1：F5** 儲存格範圍，選取好後按下 ▦ 按鈕，回到「合併彙算」對話方塊。

step07 設定好第二個要彙算的儲存格範圍後，按下「**新增**」按鈕，將「大安分店!$A$1:$F$5」加到「所有參照位址」的清單中。

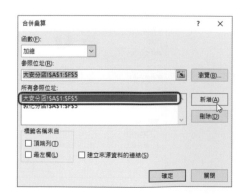

step08 接著再按下**「參照位址」**欄位的 ▦ 按鈕，選擇第三個要進行合併彙算的參照位址。

step09 點選**「松江分店」**工作表標籤，選取 **A1：F5** 儲存格範圍，選取好後按下 ▦ 按鈕，回到「合併彙算」對話方塊。

step10 設定好第三個要彙算的儲存格範圍後，按下**「新增」**按鈕，將「松江分店!$A$1:$F$5」加到「所有參照位址」的清單中。到目前為止，已經將三家分店的參照位址設定好了。

step11 接下來繼續設定合併彙算表的標籤名稱。由於所選取的各參照位址均包含相同的欄標題及列標題，所以將「標籤名稱來自」選項中的**「頂端列」**和**「最左欄」**勾選起來，最後按下**「確定」**按鈕，完成設定。

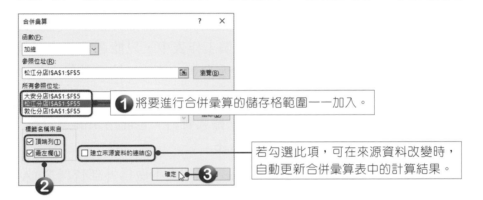

T I P S

若各來源範圍包含相同的欄標題，則勾選**「頂端列」**，合併彙算表中會自動複製欄標題至合併彙算表中；若各來源範圍包含相同的列標題，則勾選**「最左欄」**，合併彙算表中會自動複製列標題至合併彙算表中。兩個選項可以同時勾選，但若所框選的來源範圍標題不同，則視為個別的欄或列，將單獨呈現在工作表中，而不計入運算。

step12 回到工作表後，儲存格中就會顯示三個資料表合併加總的結果。

完成結果請參考書附光碟中的「ch06→連鎖咖啡店營業額-結果.xlsx」檔案。

選擇題

(　　)1. 在 Excel 中，在表格中按下下列哪一個按鈕可以執行「遞減排序」？ (A) ⁰⁰⁺ (B) ⁺≡ (C) Z↓A (D) A↓Z 。

(　　)2. 在 Excel 中設定篩選準則時，以下哪一個符號可以代表一組連續的文字？ (A)「*」(B)「?」(C)「/」(D)「+」。

(　　)3. 在 Excel 中設定篩選準則時，若輸入「???冰沙」，不可能篩選出下列哪一筆資料？ (A)草莓冰沙 (B)巧克力冰沙 (C)百香果冰沙 (D)翡冷翠冰沙。

(　　)4. 以下對於 Excel「篩選」功能之敘述，何者正確？ (A)執行篩選功能後，除了留下來的資料，其餘資料都會被刪除 (B)欄位旁顯示「▼」圖示，表示該欄位設有篩選條件 (C)在同一個工作表中，只能選定其中一個欄位設定篩選，無法同對針對兩個欄位設定篩選功能 (D)按下鍵盤上的 Ctrl+L 快速鍵，可啟動「自動篩選」功能。

(　　)5. 下列 Excel 功能中，何者可以用來輸入資料，也能用來篩選資料？ (A)自動篩選 (B)合併彙算 (C)表單 (D)小計。

(　　)6. 下列哪一種檔案格式無法匯入 Excel 工作表中做為外部資料？ (A)網頁資料 (B)MP3 檔 (C)資料庫檔 (D)文字檔。

(　　)7. 在 Excel 中要匯入文字檔時，來源檔案的不同欄位之間須使用下列哪個符號隔開？ (A)逗號 (B)分號 (C)空格 (D)以上皆可。

(　　)8. 在已匯入外部資料的工作表中，按下何組快速鍵可執行「重新整理」的指令？ (A)Ctrl+F (B)Alt+F (C)Ctrl+F5 (D)Alt+F5。

(　　)9. 利用 Excel 的「小計」功能，可以計算出下列何種資訊？ (A)加總 (B)項目個數 (C)平均值 (D)以上皆可。

(　　)10. 欲使用 Excel 的「小計」功能，應在下列哪一個索引標籤中進行設定？ (A)常用 (B)插入 (C)資料 (D)檢視。

(　　)11. 下列哪一個功能，可以將不同工作表的資料，合在一起進行運算？ (A)資料表單 (B)小計 (C)目標搜尋 (D)合併彙算。

(　　)12. 在 Excel 中，在表格中按下下列哪一個按鈕可以執行「合併彙算」？ (A) ▤ (B) ▦ (C) ▣ (D) A↓Z 。

○ 實作題

1. 請將書附光碟中的「ch06→產品清單.accdb」檔案，匯入至Excel工作表中。

▲	A	B	C	D	E	F	G	H	I
1	產品編號 ▼	產品名稱 ▼	廠商 ▼	容量 ▼	單價 ▼				
2	MA93001	冠軍蘆筍汁	味王	250ml×24罐	99				
3	MA93002	滿漢香腸	統一	445g	98				
4	MA93003	嘟嘟好香腸	統一	445g	98				
5	MA93004	黑橋牌香腸（原味）	統一	445g	98				
6	MA93005	黑橋牌香腸（蒜味）	統一	445g	98				
7	MA93006	e家小館玉米可樂餅	義美	600g	92				
8	MA93007	義美貢丸（豬肉）	義美	600g	85				
9	MA93008	義美貢丸（香菇）	義美	600g	85				
10	MA93009	義美魚丸（花枝）	義美	600g	85				
11	MA93010	義美魚丸（香菇）	義美	600g	85				
12	MA93011	e家小館炒飯（蝦仁）	義美	270g	29				

工作表1

就緒　　　田 圓 凹 ─ ＋ 100%

2. 開啓「ch06→保險銷售明細.xlsx」檔案，利用「小計」功能，進行以下設定。

● 找出哪一張保單賣出的次數最多。

● 找出各類別保單的總投保金額為多少。

1 2 3	▲	A	B	C	D	E	F	G	H
	1	銷售員	類別	保單名稱	保額				
+	7		投資型保險 合計		$91,000				
+	12		防癌險 合計		$99,600				
+	16		長期照護險 合計		$20,000				
+	20		重大疾病險 合計		$22,500				
+	23		意外險 合計		$4,200				
+	29		壽險 合計		$95,000				
−	30		總計		$332,300				
	31								

工作表1

就緒　　　田 圓 凹 ─ ＋ 100%

3. 開啟「ch06→拍賣交易紀錄.xlsx」檔案，利用「篩選」功能，進行以下設定。

- 找出商品名稱包含「場刊」的所有拍賣紀錄。

	A	B	C	D	E	F	G
1	拍賣編號	商品名稱	結標日	得標價格	賣家代號	賣家姓名	
15	53721737	Kyo to Kyo 2016場刊	4月29日	¥500	ki	堀口	
23	53535956	2016夏Con場刊	5月6日	¥1,000	e11a	木下	
24	53767981	2016春Con場刊	5月6日	¥900	doraa	小林	
26	e24909593	2016春Con場刊	5月8日	¥1,300	basara	倉家	
29	e25058192	2015夏Con場刊	5月10日	¥1,000	nazu	白岩	
30	c36126932	2016年場刊	5月10日	¥630	blue	秋山	
33	e24935032	Kyo to Kyo場刊2冊	5月10日	¥5,750	satoko	笠原	
35	53570356	新宿少年偵探團場刊	5月15日	¥510	yamato	大和	
37	54735835	Stand by me場刊	5月17日	¥8,250	yunrun	成田	
39	e25533571	Johnnys祭場刊	5月18日	¥1,400	sam	鮫島	

工作表1

就緒　從 46中找出 10筆記錄　　100%

- 找出得標價格前5名的拍賣紀錄。

	A	B	C	D	E	F	G
1	拍賣編號	商品名稱	結標日	得標價格	賣家代號	賣家姓名	
17	53734100	Jr.時代雜誌內頁47頁	5月1日	¥3,200	HINA	平木	
22	d30567193	雜誌內頁240頁	5月4日	¥3,600	satoko	笠原	
28	e25018091	會報1～13	5月9日	¥3,300	michi	後藤	
33	e24935032	Kyo to Kyo場刊2冊	5月10日	¥5,750	satoko	笠原	
37	54735835	Stand by me場刊	5月17日	¥8,250	yunrun	成田	
48							

工作表1

就緒　從 46中找出 5筆記錄　　平均值:¥4,997,493　項目個數: 30　加總:¥54,972,426　　100%

4. 開啟「ch06→咖啡店營業額.xlsx」檔案，將台北、台中、高雄分店的營業額合併彙算至「總營業額」工作表中，並自行設計美化彙算表格的格式。

	A	B	C	D	E	F	G	H	I	J	K	L
1		拿堤	卡布奇諾	摩卡	焦糖瑪奇朵	維也納	總計					
2	第一週	$38,115	$34,125	$29,505	$41,055	$21,000	$163,800					
3	第二週	$46,935	$36,225	$31,605	$43,680	$24,360	$182,805					
4	第三週	$47,565	$39,375	$33,705	$46,515	$23,205	$190,365					
5	第四週	$38,745	$39,270	$35,910	$40,740	$25,410	$180,075					
6	總計	$171,360	$148,995	$130,725	$171,990	$93,975	$717,045					
7												

台北分店　台中分店　高雄分店　總營業額

就緒　　100%

EXCEL 2016

CHAPTER
07

模擬分析工具

✪ 本章學習重點

7-1 目標搜尋

　　一般在Excel上的運用，大多都是利用Excel計算已存在的資料，來求算答案。但Excel也提供了多種模擬分析工具，例如：分析藍本、目標搜尋、運算列表等功能，讓使用者可以根據答案或需求，往回推算資料的數值，以便從中比較最適合需求或預算的方案。

　　舉例來說，假設在擬定購屋計劃時，預計在三年後利用零存整付定期存款的本利和，支付購屋的頭期款$1,000,000，那麼以目前的利率推算，每個月須固定存入多少錢，才能達到這個目標呢？遇到這類的問題，可以使用Excel中的「目標搜尋」功能來推算答案。「目標搜尋」的使用方法，是幫目標設定期望值，以及一個可以變動的變數，它會調整變數的值，讓目標能夠符合所設定的期望值。

　　開啓書附光碟中的「ch07→零存整付試算.xlsx」檔案，這是一個已設定好目前定存條件以及本利和函數公式的表格。接下來我們將利用「目標搜尋」功能來推算三年後要達到100萬存款的目標，一個月須存多少錢，作法如下：

step01 選取要達成目標的儲存格，也就是本利和必須達到100萬的**B5**儲存格，點選「**資料→資料工具→模擬分析**」指令按鈕，於選單中選擇「**目標搜尋**」功能。

step02 在開啓的「目標搜尋」對話方塊中，「目標儲存格」欄位會自動填上目前所在儲存格(B5)；而「目標值」欄位則輸入三年後的目標存款金額「**1000000**」。接著再按下「變數儲存格」欄位的 ▣ 按鈕，回到工作表中選取要推算每月存入金額的欄位。

step03 在工作表中選取 **B2** 儲存格,再點選  按鈕,回到「目標搜尋」對話方塊中。

step04 最後在「目標搜尋」對話方塊中按下**「確定」**按鈕,完成設定。

step05 工作表中會出現「目標搜尋狀態」視窗,顯示目標搜尋已完成計算。再看看工作表中的資料變化,目標儲存格「B5」顯示為目標值「$1,000,000.00」;變數儲存格「B2」則自動運算相對應的數值,得出每月必須存入「$26,951.96」,才能在三年後存得一百萬元。

step06 如果這時在「目標搜尋狀態」視窗中按下**「確定」**按鈕,目標儲存格及變數儲存格會自動替換成搜尋後的數值;若按下**「取消」**按鈕,則工作表會回復原來的模樣,表格內的所有數值都不會改變。

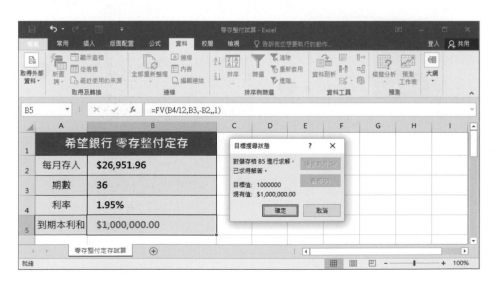

7-2 分析藍本

「分析藍本」是提供使用者進行決策分析的工具之一。當同時面對多種條件選擇時，它可以儲存不同的數值群組，方便使用者檢視各種條件下的運算結果，以便做成最好的決策。

舉例來說，要比較各種不同的貸款金額、期數，可以將每一組貸款金額、期數，建立成一個「分析藍本」，切換不同的分析藍本，就可以檢視不同組合下的償還金額，甚至可以將分析藍本建立成報表，比較各組合之間的差異。

✦ 建立分析藍本

請開啟書附光碟中的「ch07→分析藍本.xlsx」檔案，在本例中，我們將比較各種不同貸款年限及貸款金額的每月償還金額。

step01 在應用「分析藍本」功能時，須先將游標移至要進行比較的目標儲存格上，也就是「每月償還金額」的 **B4** 儲存格。

step02 點選「**資料→預測→模擬分析**」指令按鈕，於選單中選擇「**分析藍本管理員**」功能，開啟「分析藍本管理員」對話方塊，按下「**新增**」按鈕。

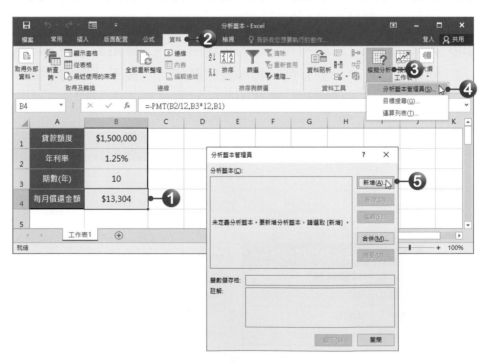

step03 在「新增分析藍本」對話方塊中，於「分析藍本名稱」中輸入第一個貸款方案名稱「80萬貸款5年」，接著按下  按鈕。

step04 在工作表中，利用**Ctrl**鍵分別選取**B1**和**B3**儲存格，這兩個是可以變動的數值，選擇好了之後，按下 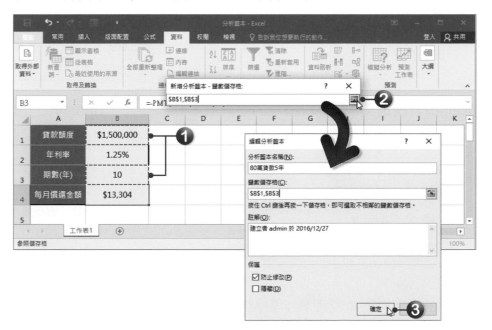 按鈕，回到「新增分析藍本」對話方塊中，再按下「**確定**」按鈕，建立分析藍本。

step05 接著就可以在「分析藍本變數值」對話方塊中，輸入貸款方案的變數值。在代表貸款金額的B1變數儲存格中，輸入「**800000**」；在代表償還年限的B3變數儲存格中，輸入「**5**」，最後按下「**確定**」按鈕。

輸入「80萬貸款5年」分析藍本的變數值。

step 06 回到「分析藍本管理員」中，就可以看到剛剛新增的分析藍本「80萬貸款5年」，再按下**「新增」**按鈕，繼續增加下一個分析藍本。

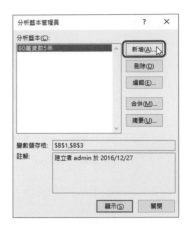

step 07 輸入第2個分析藍本名稱**「100萬貸款6年」**，這裡的變數儲存格，會保留第一次設定的值「B1」以及「B3」，所以不須重新設定，只須按下**「確定」**按鈕即可。

step 08 接著設定第2個分析藍本的變數值，分別輸入**「1000000」**和**「6」**，輸入好後按下**「確定」**按鈕，回到「分析藍本管理員」對話方塊中。

1 輸入「100萬貸款6年」分析藍本的變數值。

step 09 在「分析藍本管理員」對話方塊中，繼續按下**「新增」**按鈕，增加第3個分析藍本。

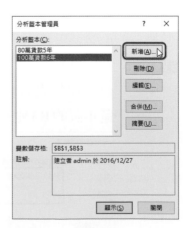

step 10 在「新增分析藍本」對話方塊中，輸入第3個分析藍本名稱「**120萬貸款10年**」，再按下「**確定**」按鈕。

step 11 接著設定第3個分析藍本的變數值，分別輸入「**1200000**」和「**10**」，輸入好後按下「**確定**」按鈕，回到「分析藍本管理員」對話方塊中。

step 12 按下「**新增**」按鈕，繼續增加下一個分析藍本。在「新增分析藍本」對話方塊中，輸入第4個分析藍本名稱「**135萬貸款10年**」，輸入好後按下「**確定**」按鈕。

step 13 接著設定第4個分析藍本的變數值，分別輸入「**1350000**」和「**10**」，輸入好後按下「**確定**」按鈕。

step14 回到「分析藍本管理員」對話方塊後,在「分析藍本管理員」對話方塊中,可以看到剛剛新增的四個分析藍本。

step15 假設想要看以第4個分析藍本「135萬貸款10年」所計算出來的每月償還金額,則在分析藍本選單中點選**「135萬貸款10年」**,再按下**「顯示」**按鈕,就可以在工作表上看到以這個貸款方案來計算的每月償還金額了。

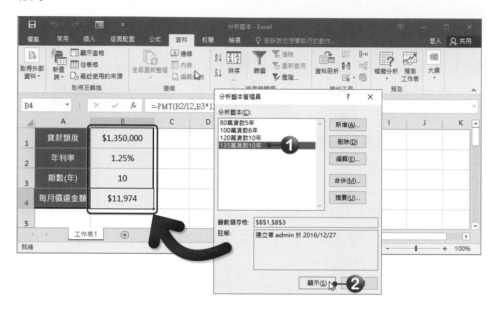

✦ 編輯分析藍本

若想要修改已建立好的分析藍本,同樣點選**「資料→資料工具→模擬分析」**指令按鈕,於選單中選擇**「分析藍本管理員」**功能,在「分析藍本管理員」對話方塊中,點選欲修改的分析藍本,再按下**「編輯」**按鈕。接著在開啟的「編輯分析藍本」以及「分析藍本變數值」對話方塊中,修改相關設定,再按下**「確定」**按鈕就可以了!

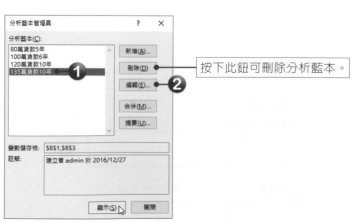

✦ 以分析藍本摘要建立報表

「分析藍本」不僅可以在畫面上檢視不同的變數結果，它還可以產生「摘要」。分析藍本的**「摘要」**是將所有分析藍本排成一個表格，產生一份容易閱讀的報表。

接下來我們就將已設定好的4個分析藍本，利用「分析藍本摘要」製作成一份易於閱讀並比較的報表吧！

step01　點選**「資料→資料工具→模擬分析」**指令按鈕，於選單中選擇**「分析藍本管理員」**功能。

step02　開啟「分析藍本管理員」對話方塊，按下**「摘要」**按鈕。

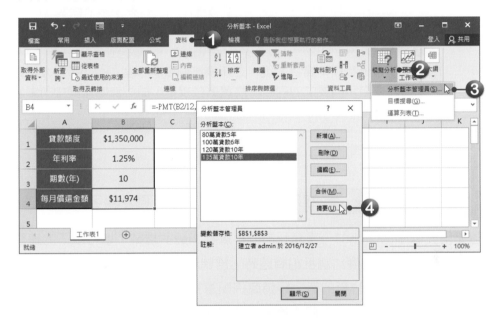

step03　在「報表類型」選項中，點選**「分析藍本摘要」**選項；而Excel會自動尋找「目標儲存格」選項的所在儲存格，這裡是指當分析藍本設定的變數儲存格改變時，會受到影響而跟著改變的儲存格，它所搜尋到的儲存格位置正好是本例所要考慮的「貸款總計金額」(B4)儲存格，因此直接按下**「確定」**按鈕即可。

step 04 回到工作表後，已自動建立一個「分析藍本摘要」的工作表標籤頁，工作表內容也就是所有分析藍本的摘要資料。

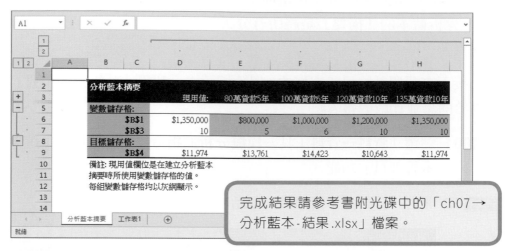

完成結果請參考書附光碟中的「ch07→分析藍本-結果.xlsx」檔案。

TIPS

在產生「分析藍本摘要」後，工作表左側會有一些 ➕、➖ 等大綱符號，用來隱藏或顯示摘要中的內容。點選這些按鈕，即可決定摘要中所要顯示的資訊。

試·試·看 利用「分析藍本」評估不同變數可能得到的結果

開啟書附光碟中的「ch07→書籍利潤分析摘要.xlsx」檔案，進行以下的練習。

☑ 一家出版社與經銷商討論折扣問題時，經銷商要出版社把折扣壓到65折，才願意訂2000本，如果是7折的話，經銷商只願意訂1500本。請根據以上資訊，建立兩個分析藍本，並產生分析藍本摘要，評估哪一種方案的利潤比較大。

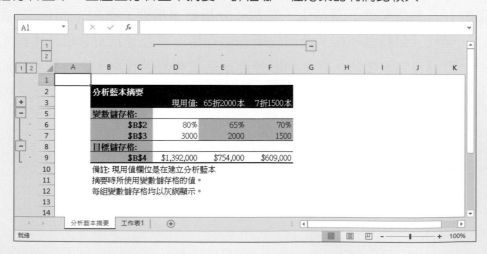

7-3 運算列表

在進行資料分析時，我們常常需要掌握在不同問題或狀況之下，會產生哪些不同的結果。**運算列表**是一個Excel的模擬工具，它可以將不同變動所產生的結果，呈現在一個儲存格範圍內，以列表顯示各種特定狀況下的公式結果變化。而依據運算列表中的變數數量，又可分為**單變數運算列表**與**雙變數運算列表**。

✦ 單變數運算列表

單變數運算列表是指在運算列表中，只使用單一變數，其變數可安排在一欄或一列中輸入，而運算結果會顯示在相鄰的欄或列。

列變數運算列表

以列(列方向)的方式列示變數值，其運算結果會顯示在列變數的下一列。運算列表的配置如下圖所示：

列變數

	1.50%	1.75%	2.00%	2.25%	2.50%	2.75%	3.00%
$23,532	$24,097	$24,670	$25,252	$25,842	$26,440	$27,046	$27,661

公式儲存格　　　　　　　　運算列表結果

欄變數運算列表

以欄(欄方向)的方式列示欄變數，其運算結果會顯示在欄變數的右側欄。運算列表的配置如下圖所示：

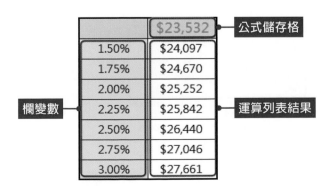

	$23,532 ← 公式儲存格
1.50%	$24,097
1.75%	$24,670
2.00%	$25,252
2.25%	$25,842 ← 運算列表結果
2.50%	$26,440
2.75%	$27,046
3.00%	$27,661

欄變數

　　舉例來說，房貸利率的不同會影響每月償貸金額，因此我們可以利用Excel
的「運算列表」功能，在同一張列表中，取得在不同利率之下的每月償還金額的
資訊。在這個範例中，變數只有一個—**利率**，因此接下來我們將建立一個單變數
運算列表。

　　開啓書附光碟中的「ch07→運算列表.xlsx」檔案，點選「**單變數運算列**
表」工作表標籤，A2：B4儲存格為貸款條件，D2：E17則是要建立的單變數運
算列表所在，也就是1.5%至5.0%的貸款利率下，相對應的每月償還金額表。

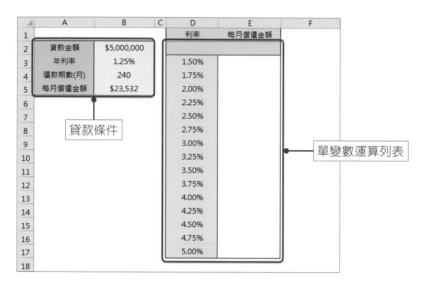

　　首先，在單變數運算列表中必須建立一個「公式儲存格」，因此我們要先
在「E2」儲存格中建立每月償還金額的運算公式。請依照下列步驟建立單變數
運算列表：

step01 首先，要在**E2**儲存格中建立計算每月償還金額的運算公式。函數引數
的設定方式如下圖所示，設定好後按下「**確定**」按鈕。

step 02 設定好函數公式後，E2儲存格會以已建立好的貸款條件：貸款金額「$5,000,000」、利率「1.25%」、償還期數「240期」計算，並顯示每月償還金額爲「$23,532」。而接下來列表中的儲存格都將以E2儲存格的公式爲基礎，依照不同的利率條件再進行運算。

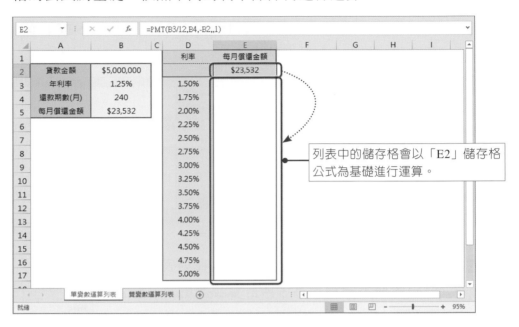

列表中的儲存格會以「E2」儲存格公式爲基礎進行運算。

step 03 接著選取 **D2：E17** 儲存格，再點選「**資料→資料工具→模擬分析**」指令按鈕，於選單中選擇「**運算列表**」功能。

① 在選取列表範圍時，須將含有運算公式的公式儲存格(E2)，以及運算區選取起來，不要框選標題列。

step 04 在空白的運算列表中，是以**欄**欄位顯示不同的「利率」，因此在「運算列表」對話方塊中，點選**「欄變數儲存格」**的 📷 按鈕，設定變數儲存格。

step 05 在工作表中選取「利率」資料所在的 **B3** 儲存格後，按下 📷 按鈕，回到「運算列表」對話方塊中。

step 06 最後按下**「確定」**按鈕，就可以在列表中看到對照各種不同利率下，所計算出來的每月償還金額囉！

✦ 雙變數運算列表

顧名思義，**雙變數運算列表**就是指在運算列表中，使用了兩個變數，可用來觀察當這兩個變數同時發生變化時，會產生什麼結果。其運算列表的配置是分別將兩個變數安排在**欄**與**列**中輸入，如下圖所示：

公式儲存格 $23,532	10	15	列變數 20	25	30
$1,500,000	$13,290	$9,134	$7,060	$5,818	$4,994
$2,000,000	$17,720	$12,178	$9,413	$7,758	$6,658
$2,500,000	$22,150	$15,223	$11,766	$9,697	$8,323
$3,000,000	$26,580	$18,268	$14,119	$11,637	$9,987
$3,500,000	$31,010	$21,312	$16,473	$13,576	$11,652

欄變數 ──────────────── 運算列表結果

舉例來說，在固定利率條件下，**房貸償還年限**以及**貸款金額**會影響每個月的房貸支出，為了準確比較在不同金額及年限下，每月須繳交的房貸金額，我們可以建立一個「雙變數運算列表」，以取得不同貸款金額與不同償還年限下的每月償還金額的資訊。

延續上述「運算列表.xlsx」檔案操作，這次點選**「雙變數運算列表」**工作表標籤，在A1：B4儲存格為貸款條件，B7：G12則是我們要建立的雙變數運算列表所在，分別計算償還年限10到30年、貸款金額$1,500,000到$3,500,000的貸款條件組合下的每月償還金額表。

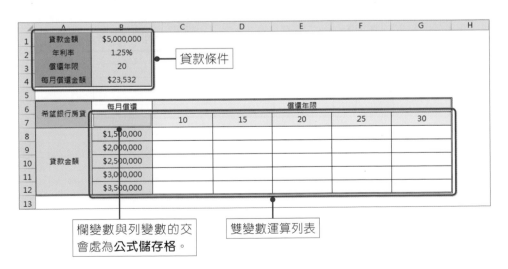

欄變數與列變數的交會處為**公式儲存格**。

雙變數運算列表

　　同樣地，在運算列表中必須建立一個「公式儲存格」，因此我們在「B7」儲存格中建立每月償還金額的運算公式。請依照下列步驟建立雙變數運算列表：

step01 首先，要在 **B7** 儲存格中建立計算每月償還金額的運算公式。函數引數的設定方式如下，設定好後按下**「確定」**按鈕。

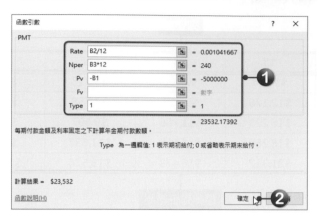

step02 設定好函數公式後，B7儲存格會以已建立好的貸款條件：貸款金額「$5,000,000」、利率「1.25%」、償還年限「20年」計算，並顯示每月償還金額爲「$23,532」。而接下來列表中的儲存格都將以B7儲存格的公式爲基礎，依照不同的利率條件再進行運算。

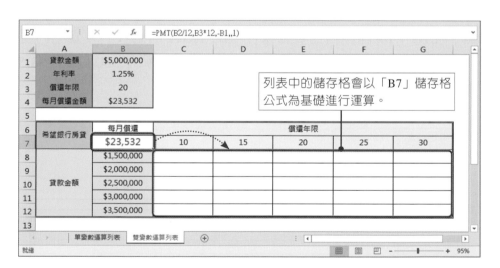

step 03 接著選取 **B7：G12** 儲存格，再點選「**資料→資料工具→模擬分析**」指令按鈕，於選單中選擇「**運算列表**」功能。

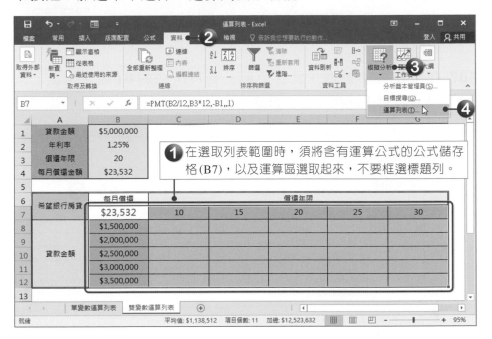

step 04 在空白的運算列表中，是以**列欄位**顯示不同的「償還年限」，因此在「運算列表」對話方塊中，點選「**列變數儲存格**」的  按鈕，設定變數儲存格。

step 05 在工作表中選取「償還年限」資料所在的 **B3** 儲存格後，按下 📷 按鈕，回到「運算列表」對話方塊中。

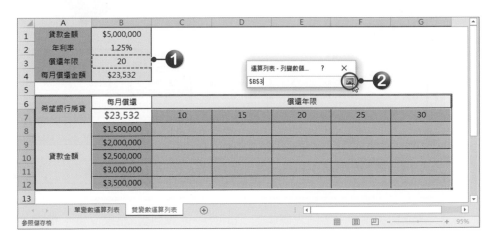

step06 在空白的運算列表中，是以**欄**欄位顯示不同的「貸款金額」，因此在「運算列表」對話方塊中，再點選**「欄變數儲存格」**的 按鈕，設定變數儲存格。

step07 在工作表中選取「貸款金額」資料所在的 **B1** 儲存格後，按下 按鈕，回到「運算列表」對話方塊中。

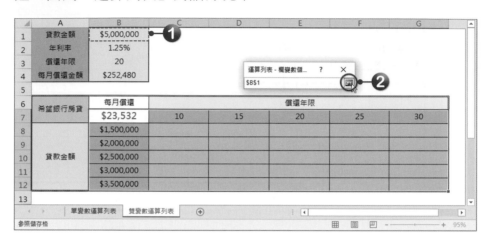

step08 最後按下**「確定」**按鈕，就可以在列表中看到對照各種不同利率下，所計算出來的每月償還金額囉！

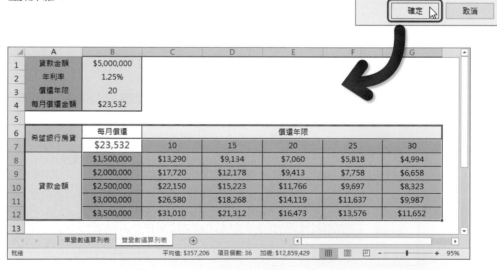

> 完成結果請參考書附光碟中的「ch07→運算列表-結果.xlsx」檔案。

7-4 公式稽核

在 Excel 工作表中建立公式後，我們通常只能在資料編輯列上看到完整的公式，卻無法一眼看出公式與表格中其他儲存格之間的關係。因此當公式中使用了其他參照儲存格時，若要檢查公式的正確性或尋找錯誤的來源，並不是那麼容易辨識。

因此，Excel 提供了一個公式檢查工具—「公式稽核」，它可以用來顯示公式與儲存格之間的關聯，讓使用者可以很直覺地追蹤儲存格中，公式資料的來源以及去向。

依照公式中使用到的參照儲存格關聯，又可分為**前導參照儲存格**與**從屬參照儲存格**，分別說明如下：

■ **前導參照儲存格**：是指目前儲存格中的公式所參照到的儲存格。例如，D3 儲存格中建立公式為「=B1-B2」，則 B1 和 B2 儲存格即為 D3 儲存格的前導參照儲存格。

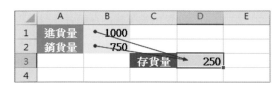

■ **從屬參照儲存格**：是指公式中有參照到目前儲存格的其他儲存格。例如，D3 儲存格中建立公式為「=B1-B2」，則 D3 儲存格即為 B1 和 B2 儲存格的從屬參照儲存格。

Excel 將公式稽核的功能指令都放置在「公式→公式稽核」群組中，可用來協助公式的檢查。

✦ 追蹤前導參照

選取公式所在的儲存格，按下「**公式→公式稽核→追蹤前導參照**」指令按鈕，即可以圖形方式顯示公式儲存格與前導參照儲存格之間的關係，箭頭所指的儲存格即為目前儲存格的前導參照儲存格。

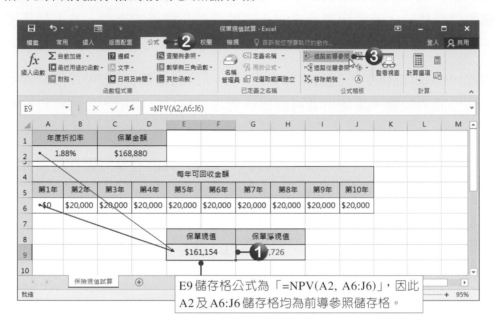

E9 儲存格公式為「=NPV(A2, A6:J6)」，因此 A2 及 A6:J6 儲存格均為前導參照儲存格。

✦ 追蹤從屬參照

選取儲存格，按下「**公式→公式稽核→追蹤從屬參照**」指令按鈕，即可以圖形方式顯示目前儲存格是否為其他儲存格的參照儲存格，箭頭所指的儲存格即為目前儲存格的從屬參照儲存格。

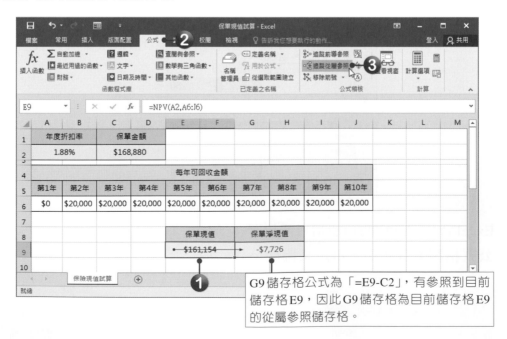

G9 儲存格公式為「=E9-C2」，有參照到目前儲存格 E9，因此 G9 儲存格為目前儲存格 E9 的從屬參照儲存格。

✦ 查看工作表上所有的關聯

step01 開啓書附光碟中的「ch07→Q1銷售簡表.xlsx」檔案,點選「**Q1報表**」工作表標籤,在工作表中的任一空白儲存格中,輸入「**=**」(等號),再按下工作表的 ◢ **全選方塊** 按鈕,按下鍵盤上的 **Enter** 鍵完成設定。

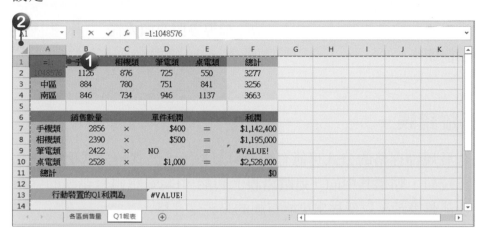

step02 選取剛剛設定好的儲存格,以滑鼠左鍵雙擊「**公式→公式稽核→追蹤前導參照**」指令按鈕即可。

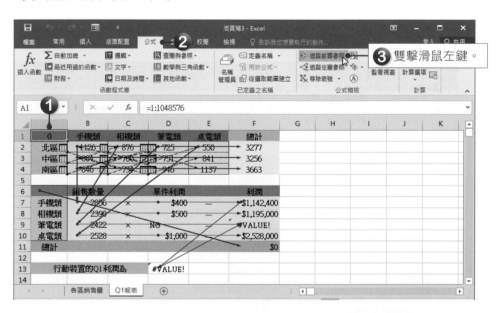

ⓉⒾⓅⓈ

執行追蹤前導參照功能後,工作表中出現的藍色箭號表示為沒有錯誤的儲存格;紅色箭號表示為產生錯誤的儲存格。若有另一個工作表或活頁簿中的儲存格參照了所選的儲存格,則會有一個黑色虛線箭號由所選的儲存格指向一個工作表圖示 ▦。而該活頁簿必須為開啓狀態,Excel才能追蹤這些從屬參照。

✦ 移除箭號

執行追蹤前導參照或追蹤從屬參照功能後，工作表中會出現關聯箭頭圖示。若想取消這些箭頭標示，可以按下「**公式→公式稽核→移除箭頭**」指令按鈕，即可清除工作上的箭頭圖示。

按下「**移除箭頭**」下拉鈕，還可選擇想要全部移除工作表中所有的參照箭頭，或是只清除**前導參照箭頭**或**從屬參照箭頭**。

✦ 追蹤錯誤

若發現儲存格的公式可能有誤，可以按下「**公式→公式稽核→ 錯誤檢查**」下拉鈕，點選其中的「**追蹤錯誤**」功能，Excel 會將有錯誤的儲存格參照，以紅色箭號表示，以便找出可能有誤的來源儲存格。

舉例來說，延續上述「Q1銷售簡表.xlsx」檔案的操作，在「Q1報表」工作表的「D13」儲存格中執行「**公式→公式稽核→ 錯誤檢查→追蹤錯誤**」指令按鈕後，會發現工作表中標示著紅色箭頭，並將游標移回發生錯誤的F9儲存格。我們只要修正了F9儲存格的錯誤，D13儲存格就會得到正確的公式資料。

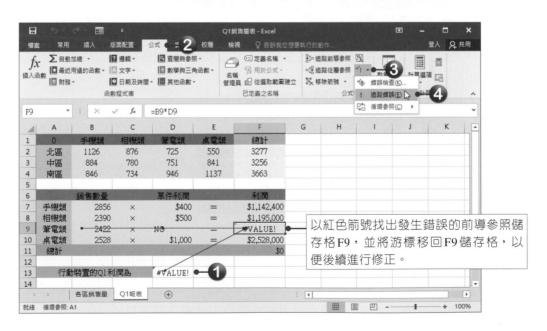

以紅色箭號找出發生錯誤的前導參照儲存格F9，並將游標移回F9儲存格，以便後續進行修正。

✦ 錯誤檢查

在上述「Q1銷售簡表.xlsx」檔案範例中，我們已經透過**「追蹤錯誤」**功能發現F9儲存格內容有誤。若是無法馬上察覺錯誤所在，可以使用**「錯誤檢查」**功能，讓Excel直接告訴我們發生錯誤的原因。

step01 先選取「Q1報表」工作表中的**F9**儲存格，點選**「公式→公式稽核→**

錯誤檢查」指令按鈕。

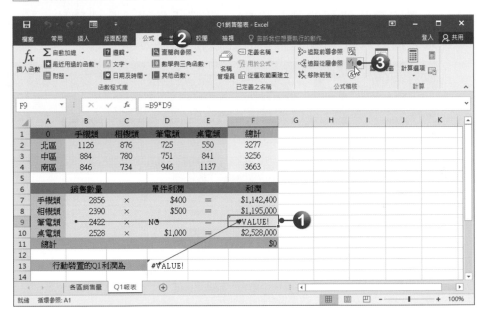

step02 在開啟的「錯誤檢查」對話方塊中，會顯示錯誤發生的位置以及錯誤原因，可以得知F9儲存格是在運算過程中，發生資料格式上的錯誤。

step03 接著按下「錯誤檢查」對話方塊中的**「顯示計算步驟」**按鈕，進行「評估值公式」對話方塊，檢視公式的執行過程。

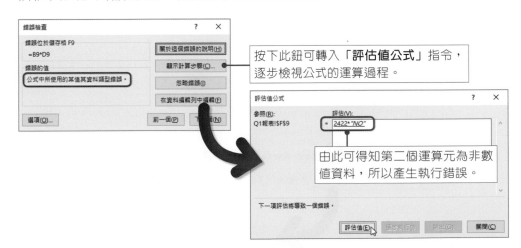

按下此鈕可轉入**「評估值公式」**指令，逐步檢視公式的運算過程。

由此可得知第二個運算元為非數值資料，所以產生執行錯誤。

✦ 評估值公式

「評估值公式」也是Excel公式稽核的工具之一，它可以將公式的參照與執行一步步拆解，從逐步運算中發現問題的所在，在面對複雜或冗長的公式時，使儲存格更易於偵錯。除了在「錯誤檢查」對話方塊中按下**「顯示計算步驟」**按鈕外，點選「公式→公式稽核→ fx 評估值公式」指令按鈕，也能開啟「評估值公式」對話方塊。

step 01 先選取發生錯誤的儲存格**F9**，點選「公式→公式稽核→ fx 評估值公式」指令按鈕，開啟「評估值公式」對話方塊。

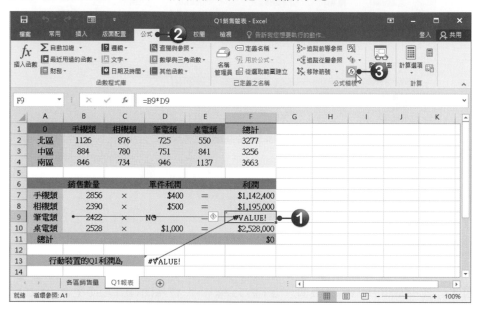

step 02 在「評估」欄位中會顯示公式的運算內容。按下**「評估值」**按鈕，會執行含有底線的公式部分；連續按下**「評估值」**按鈕，就可以逐步檢視公式的運算步驟，以便找出發生錯誤的地方。檢視完畢，按下**「關閉」**鈕關閉視窗即可。

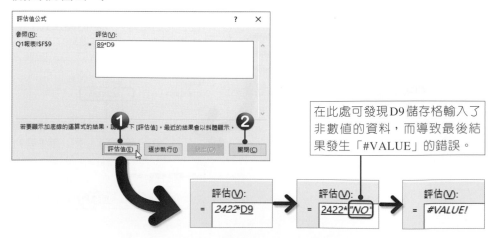

在此處可發現D9儲存格輸入了非數值的資料，而導致最後結果發生「#VALUE」的錯誤。

✦ 顯示公式

若想要檢視工作表中，有哪些儲存格含有公式？這些儲存格又參照了哪些儲存格？可以點選「**公式→公式稽核→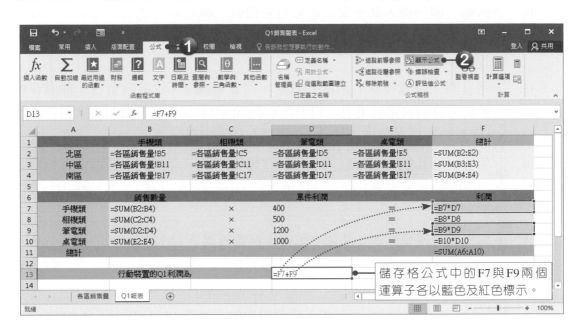 顯示公式**」按鈕，或者直接按下鍵盤上的 **CTRL +** `（抑音符號）快速鍵，Excel就會將整份報表中所有含有公式的儲存格，在原儲存格上顯示內容公式。若點選某一個儲存格公式，則會將有參照到的儲存格以不同顏色標示及框選，如此一來，公式的結構便一目瞭然了。

儲存格公式中的F7與F9兩個運算子各以藍色及紅色標示。

TIPS

「**顯示公式**」功能可以在不同的顯示模式之間切換，但不會變更儲存格的狀態。在顯示公式時，會發現表格的欄寬可能會暫時有所調整，只要再切換回來，就可以恢復原來設定的欄寬。

選擇題

( )1. 下列哪一個功能，可以設定達成的目標，再根據目標往回推算某個變數的數值？ (A)目標搜尋 (B)運算列表 (C)分析藍本 (D)合併彙算。

( )2. 下列哪一個功能，其主要功能是只要提供一種計算方式，即能在一次操作便計算出多組數值資料的運算？ (A)目標搜尋 (B)運算列表 (C)分析藍本 (D)合併彙算。

( )3. 下列有關「目標搜尋」功能之敘述，何者有誤？ (A)可調整另一個儲存格的數值來符合特定結果 (B)「目標搜尋」的指令按鈕在「資料」索引標籤中 (C)變數儲存格必須是公式 (D)目標儲存格必須是公式。

( )4. 下列哪一個功能，可以在同一個儲存格範圍內，以列表方式顯示各種特定狀況下的公式結果變化？ (A)目標搜尋 (B)運算列表 (C)公式稽核 (D)合併彙算。

( )5. 下列有關「運算列表」功能之敘述，何者有誤？ (A)是Excel的資料分析工具之一 (B)單一變數可以放置在欄或列 (C)在運算列表中必須建立一個公式儲存格 (D)最多只能夠運算一個變數，無法處理多個變數。

( )6. 「運算列表」功能最多可以處理幾個變數的運算？ (A)1 (B)2 (C)3 (D)4。

( )7. 若欲在下表中執行「運算列表」功能，以計算E6：E9儲存格內的數值，應在哪一個儲存格位置建立儲存格公式？ (A)E6 (B)D4 (C)D5 (D)任一空白儲存格皆可。

	A	B	C	D	E	F	G	H
1	貸款金額	$ 1,000,000						
2	貸款年限	3						
3	年利率	2.50%						
4						貸款年限		
5					5	6	7	8
6			年利率	3.00%				
7				4.00%				
8				5.00%				
9				6.00%				

( )8. 假設A5儲存格公式為「=SUM(A1:A4)」，下列敘述何者正確？ (A)A1為A5的前導參照儲存格 (B)A4為A5的從屬參照儲存格 (C)A5為A3的前導參照儲存格 (D)儲存格之間並不存在參照關係。

( )9. 下列何者為「評估值公式」指令按鈕？ (A)▣ (B)▣ (C)▣ (D)▣。

( )10. 按下下列何組快速鍵，可執行「顯示公式」功能？ (A)Ctrl ＋ ` (B)Ctrl ＋ ! (C)Ctrl ＋ F (D)Ctrl ＋ ;。

● 實作題

1. 開啓「ch07→書籍目標銷售量.xlsx」檔案，這是某家出版社的某一本新書銷售業績表。目前的總業績是 $518,880，請利用「目標搜尋」功能，計算如果想把業績做到 60 萬元，則門市的直營書店，必須再努力賣掉多少本書？

	A	B	C	D	E
1		定價	折扣	數量（本）	業績
2	訂戶	$320	80%	300	$76,800
3	經銷書店	$320	65%	1500	$312,000
4	門市書店	$320	75%	542	$130,080
5					
6	銷售總業績	$518,880			

	A	B	C	D	E
1		定價	折扣	數量（本）	業績
2	訂戶	$320	80%	300	$76,800
3	經銷書店	$320	65%	1500	$312,000
4	門市書店	$320	75%	?	$211,200
5					
6	銷售總業績	$600,000			

2. 開啓「ch07→學期總成績.xlsx」檔案，進行以下設定。

● 將 B2 ～ E2 的儲存格格式設定爲「百分比」。

● 在 F2 儲存格建立學期總成績的計算公式：各項成績乘以其比重，再加總。

● 假設 60 分爲及格，利用「目標搜尋」功能求算出如果這門課如果不想被當掉，期末考最少必須考幾分。

	A	B	C	D	E	F	G
1		期中考	期中報告	期末報告	期末考	學期總成績	
2	成績比重	15%	20%	30%	35%	60	
3	成　績	43	57	63	66.42857		
4							

3. 開啟「ch07→小額信貸試算.xlsx」檔案，此檔案為小額信貸計算表，而小桃選擇
   了以下三家銀行進行比較，請製作一份「分析藍本摘要報表」，告訴小桃該選擇
   哪一家銀行。

銀行名稱	貸款額度	利率	償還期數
花騎銀行	$120,000	13%	48
勇豐銀行	$100,000	12%	36
台鑫銀行	$100,000	14%	24

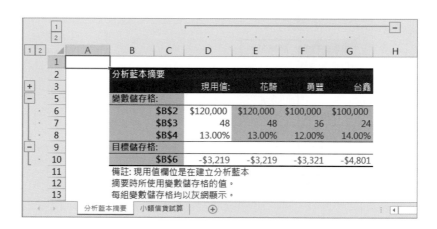

4. 開啟「ch07→房屋貸款.xlsx」檔案，進行以下設定。

   ● 在E2儲存格建立函數公式，利用PMT函數計算分期付款每月攤還金額。

   ● 利用運算列表功能，在F4 ～ J9儲存格中自動填入每月攤還金額的計算結果。

   ● 設定E2及F4 ～ J9儲存格的數字格式為小數位數0位、文字格式為藍色粗體。

	A	B	C	D	E	F	G	H	I	J	K
1	年利率	2.65%		銀行	貸款利率			貸款年限			
2	貸款年限	10			$33,161	10	15	20	25	30	
3	貸款金額	$3,500,000		台灣銀行	2.169%	$32,412	$22,755	$17,955	$15,097	$13,211	
4				台灣企銀	2.320%	$32,646	$22,998	$18,206	$15,357	$13,478	
5				土地銀行	2.350%	$32,692	$23,046	$18,256	$15,408	$13,531	
6				中華郵政	2.195%	$32,452	$22,797	$17,998	$15,142	$13,256	
7				元大銀行	2.490%	$32,910	$23,273	$18,491	$15,651	$13,782	
8				星展銀行	2.670%	$33,192	$23,566	$18,796	$15,967	$14,109	
9				玉山銀行	2.150%	$32,382	$22,725	$17,924	$15,065	$13,177	
10											
11											

工作表1

EXCEL 2016

CHAPTER
08

建立分析圖表

✪ 本章學習重點

8-1 圖表的功能與類型

　　圖表是 Excel 中很重要的功能，因為一大堆的數值分析資料，都比不上圖表的一目瞭然，透過圖表能夠更輕易解讀出資料所蘊含的意義。

✦ 圖表的功能

　　雖然 Excel 的圖表類型五花八門，每個類型所適用的資料型態也不盡相同，但還是能歸納出下列三種最常用的圖表功能。

比較數值大小

　　在眾多數值中比較大小，是一件不容易的事。但如果將數值大小以圖形表示，則很容易可以辨別出高低。Excel 圖表類型中，**直條圖**與**橫條圖**都可用來比較同一類別中數列的差異。

地名	1月	2月	3月	4月	5月	6月	7月	8月	9月	10月	11月	12月
嘉義	27.9	43.4	60.4	100.8	201.4	363.6	278	397.9	181.5	18.5	13.2	20.2
台中	34	66.8	88.8	109.9	221.8	361.5	223.7	302.5	137.3	12.3	20.4	21.9
阿里山	88.6	113.7	158.8	209.5	537.1	743.8	592.2	820.4	464	126.1	54.3	53.7
玉山	133.4	161.5	161.4	210.6	441.7	564.3	384.5	463.8	330.4	136.8	82.2	81.5

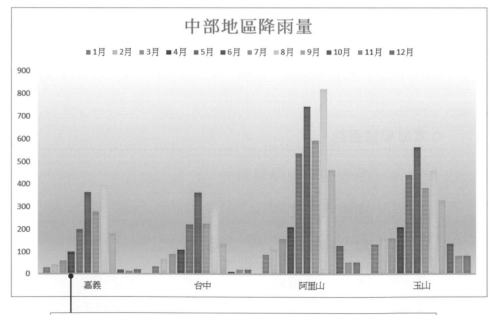

將資料內容製作成直條圖後，很容易可以比較出雨量多的地區和月份。

本圖範例請參考書附光碟中的「ch08→中部地區降雨量.xlsx」檔案。

表現趨勢變化

　　要比較一段時間數值的增長，單單觀察數值不容易馬上看出所以然。**折線圖**將一段時間的數值以線段連接起來，適合用來表現數列在時間上的變化趨勢。

年別	66年	67年	68年	69年	70年	71年	72年	73年	74年	75年	76年	77年	78年
出生率	23.76	24.11	24.41	23.38	22.97	22.08	20.55	19.59	18.03	15.92	16.00	17.24	15.72
死亡率	4.76	4.68	4.73	4.76	4.83	4.77	4.87	4.74	4.81	4.89	4.91	5.14	5.15

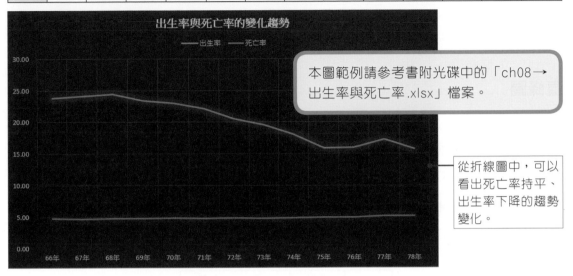

本圖範例請參考書附光碟中的「ch08→出生率與死亡率.xlsx」檔案。

從折線圖中，可以看出死亡率持平、出生率下降的趨勢變化。

比較不同項目所佔的比重

　　單用數值來表現一個項目佔整體的比重，閱讀印象會顯得太薄弱。**圓形圖**可顯示一個數列中，不同類別所佔的比重，能清楚表達各項目佔整體的比重大小。

教育程度	不識字	自修	國小	國中	高中	高職	高等教育	專科	大學	研究所
單位(千人)	1368	177	3850	2624	2053	2474	2357	1267	992	98

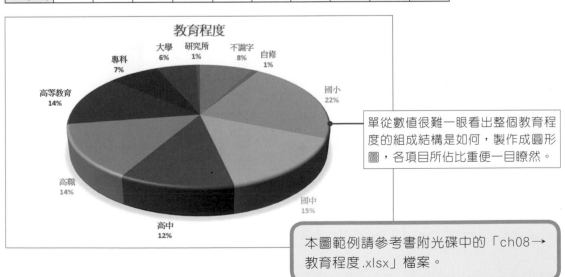

單從數值很難一眼看出整個教育程度的組成結構是如何，製作成圓形圖，各項目所佔比重便一目瞭然。

本圖範例請參考書附光碟中的「ch08→教育程度.xlsx」檔案。

✦ 圖表類型

Excel 提供了多種圖表類型，每一個類型下還有副圖表類型，讓我們可以在各式各樣的圖表類型中，選擇適合表現資料意義的圖表。除前述常見的圖表功能之外，Excel 還有一些特殊圖表，可用來滿足各種不同的需求。在本節中，我們將一一了解 Excel 的各種圖表類型及其適用時機。

接下來請開啓書附光碟中的「ch08→圖表類型.xlsx」檔案，依各類型開啓相對應的工作表標籤，參考範例內容。

直條圖

「直條圖」是將數列資料以長條表示，放到各個類別項目中，以比較同一個類別中，不同數列的差異。它的垂直座標軸是 Excel 根據長條的數值大小，自動產生的數值刻度；水平座標軸則是用來劃分類別的項目。

同一組數列具有相同的長條外觀，而一個類別中會有好幾組數列的長條，因此可以比較不同組數列和不同類別的差異。

	87年	88年	89年
桃園縣	23900	15200	23750
嘉義市	2516000	888000	360000
新竹縣	678700	522350	755625
苗栗縣	431730	474000	456015
臺中縣	369810	338700	309446
南投縣	6249155	5108670	6004190
彰化縣	805600	790640	1775200

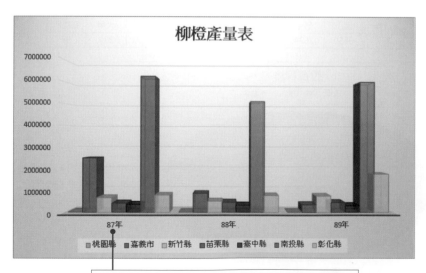

可看出在某一年裡，哪一個地方的產量比較多。

橫條圖

「橫條圖」跟直條圖的功能一樣，可以用來比較數值大小。只是它的水平座標軸是數值刻度，垂直座標軸才是類別項目。

	男	女
95年	74.86	81.41
96年	75.46	81.72
97年	75.59	81.94
98年	76.03	82.34
99年	76.13	82.55
100年	75.96	82.63
101年	76.43	82.82
102年	76.91	83.36
103年	76.72	83.19
104年	77.01	83.62

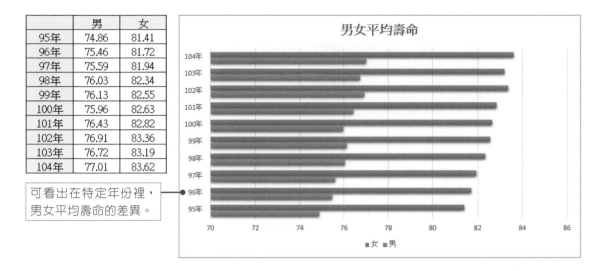

可看出在特定年份裡，男女平均壽命的差異。

堆疊圖

若將圖表中同一類別的幾組數列，以堆疊方式組合在一起，則會在名稱前頭加上「堆疊」兩個字，例如：堆疊直條圖、堆疊橫條圖等。它們的特性是能在一個類別中，觀察某一個數列佔整體的比重，以及這個類別的數值總和。

營業額	拿堤	卡布奇諾	摩卡	焦糖瑪奇朵	維也納
敦化分店	48930	43155	38640	50715	28350
大安分店	55965	48405	42105	57120	31080
松江分店	66465	57435	49980	64155	34545

可觀察某家店在某一種咖啡的銷售上，佔了多少比例的業績。

折線圖

「折線圖」是以點表示數列資料,並且用線將這些數列資料點連接起來,因此可以從線條的走勢,判斷數列在類別上的變化趨勢。通常折線圖的水平類別座標軸會放置時間項目,所以折線圖最常用來觀察數列在時間上的變化。

年份	滿天星	玫瑰	百合	洋桔梗	大理花
101	1093080	9669279	7676438	1409270	3406382
102	655224	11324237	10457104	1942690	3170759
103	699640	14802024	8956732	1413890	3991801
104	583840	13923238	5224152	1464890	3449041
105	688545	14308072	7760210	2835415	4115669

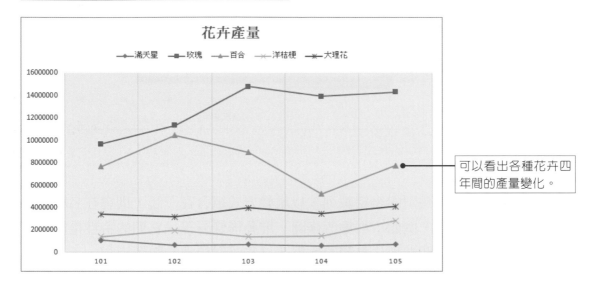

可以看出各種花卉四年間的產量變化。

折線圖可以不畫出數列資料點,只單純地顯示線條,如此更能夠表現數列的變化趨勢;也可以將數列資料堆疊,產生堆疊折線圖;或是把線條變成立體的一個面,增加視覺效果。

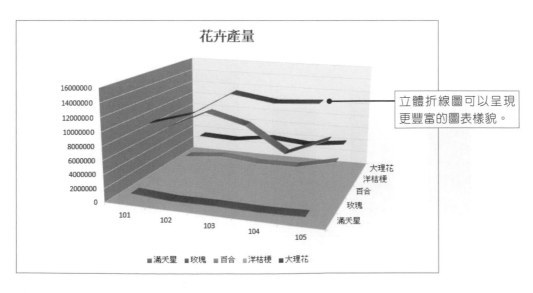

立體折線圖可以呈現更豐富的圖表樣貌。

區域圖

「區域圖」是將數列在類別上的變化，以一塊區域表示。堆疊區域圖除了可以觀察數列的變化趨勢，最主要是可以呈現一個數列佔整體的比重。

(百萬元)	關稅	所得稅	貨物稅	證券交易稅	營業稅	土地增值稅
101年	93056.60	225344.85	125743.01	37100.26	157261.24	206349.54
102年	97203.56	240864.71	133019.90	26741.58	175095.77	171142.99
103年	93383.84	245247.29	130364.53	50774.25	178381.17	143519.83
104年	98139.49	284867.88	135511.35	27328.76	184228.00	109920.33
105年	86942.31	293800.62	127267.27	35766.41	187705.22	100118.32
106年	83887.42	279359.13	112164.39	91082.83	176468.93	106591.56
107年	82096.76	309043.57	110629.97	71374.93	187139.51	85772.38

> **堆疊區域圖**除了可看出稅收逐年的變化，還可以顯示某一個稅佔總稅收的比例。

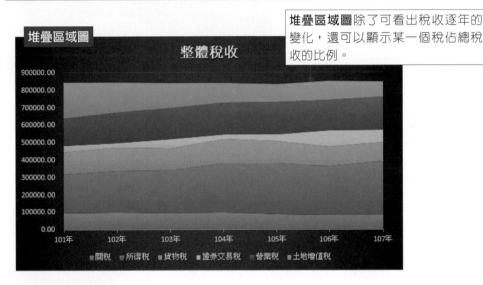

如果將區域圖做成100%堆疊圖，則每一塊區域是代表數列佔整體的百分比。區域圖也可以做成立體的，每一個資料點都用立體區域表示。在區域圖裡，區域不但是數列資料點，同時也代表一個數列，因此本身就可以表現數列的變化。

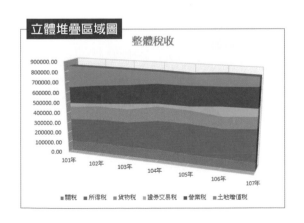

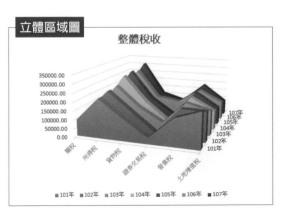

圓形圖

一個圓形圖只包含一個數列，整塊圓餅就是數列。圓餅內一塊塊的扇形，用來表示不同類別資料佔整體的比例，因此圖例是說明扇形所對應的類別。圓形圖只能用來觀察一個數列，在不同類別所佔的比例。

品名	銷售額
草莓巧克力	$ 20,150
鹽味焦糖	$ 14,520
餅乾奶油	$ 25,140
花生奶油巧克力	$ 18,980
抹茶巧克力	$ 17,550
香草	$ 24,420
花生吉利丁	$ 10,210
咖啡核桃	$ 8,450

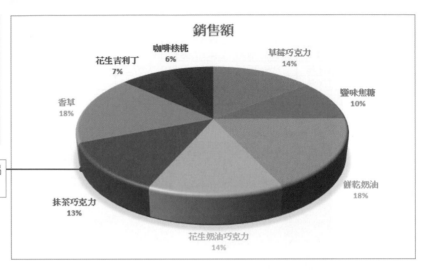

圓形圖可以表現單一產品佔總銷售額的比重。

圓形圖可以個別設定為「分裂」，扇形會向外分散，可強調個別的存在感。

此外，當各類別之間的資料相差太大，造成有些扇形小到看不見，此時不妨將比例過小的扇形，獨立成另外一個比例圖，可使閱讀起來就比較清楚。

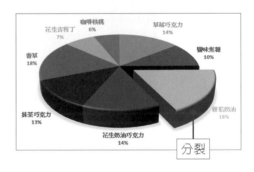

獨立出來的比例圖若是圓形圖，就稱為「子母圓形圖」；若是橫條圖，就稱為「圓形圖帶有子橫條圖」。

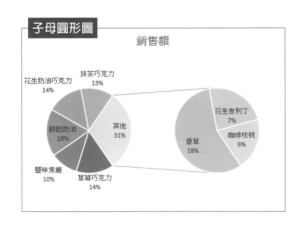

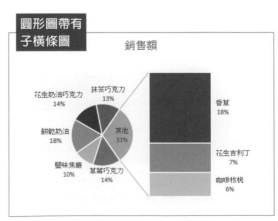

環圈圖

圓形圖一次只能處理一個數列;而環圈圖則可同時比較多個數列,每一環就是一個數列。環上的扇形,代表不同類別。環圈圖除了具有圓形圖的功能,還可以觀察不同數列的類別所佔的比重差異。

客座利用率	103年	104年
自強號	74.85%	73.19%
莒光號	52.06%	47.59%
區間列車	63.28%	61.44%
普通車	15.97%	12.77%

一組數列

除了可以比較每一種列車佔整體的比重,還可以觀察不同年份同一種列車的利用率。

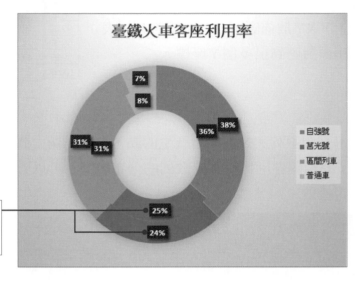

曲面圖

「曲面圖」可以呈現兩個因素對另一個數值的影響。它將兩個因素放在類別X軸、數列Y軸,受影響的結果放在數值Z軸,繪製出高低起伏的曲面圖。曲面圖是立體的,調整它的立體檢視,可以從不同方向觀察類別與數列對數值的影響。

獅子座流星群觀測數量				
時間	東方	南方	西方	北方
3:30	3	1	9	3
3:45	6	1	7	3
4:00	3	1	8	7
4:15	3	3	11	6
4:30	9	8	12	6
4:45	7	6	7	7

一組數列　　　一個類別

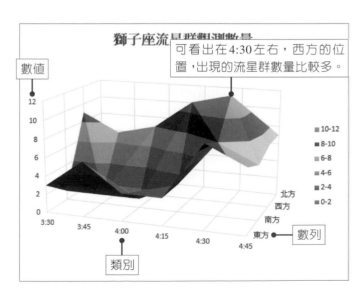

XY散佈圖

「XY散佈圖」的主要功能是用來比較數值之間的關係，因此它沒有類別項目，其水平和垂直座標軸都是數值。兩兩成對的數值被視為XY座標繪製到XY平面上。XY散佈圖可以有多組數列，表示X座標對應到很多個Y座標。

年	重貼現率	貨幣市場利率	放款與投資年增率
91年	5	7.16	28.61
92年	5.625	6.78	19.48
93年	5.5	6.77	15.19
94年	5.5	6.68	10.45
95年	5	5.79	7.93
96年	5.25	6.83	8.5
97年	4.75	6.81	7.9
98年	4.5	4.88	3.4
99年	4.625	4.91	3.2
100年	2.125	3.69	-1

x 數值　第1組數列　第2組數列

每一組數列與X數值所產生的點，會有一個大概的分布範圍，代表著數列與X數值的相關性。比較不同數列的分布範圍，可以看出不同數列與X數值的相關性是否接近。

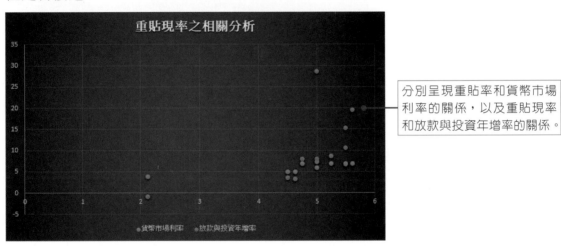

分別呈現重貼率和貨幣市場利率的關係，以及重貼現率和放款與投資年增率的關係。

XY散佈圖為了更明白表達數值之間的相關性，可以幫資料點加上趨勢線，這些趨勢線都是由方程式產生，對數值的相關性更具有解釋力。

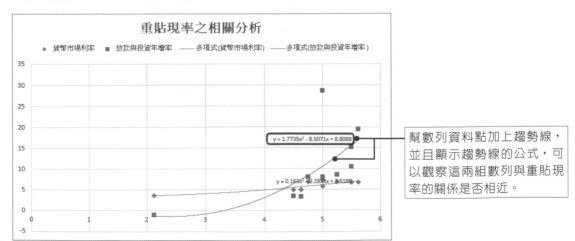

幫數列資料點加上趨勢線，並且顯示趨勢線的公式，可以觀察這兩組數列與重貼現率的關係是否相近。

泡泡圖

「泡泡圖」是從 XY 散佈圖延伸而來，XY 散佈圖一次只能比較一對數值的關係，泡泡圖則可以比較三個數值的關係。它將第三個數值用泡泡大小來表示。

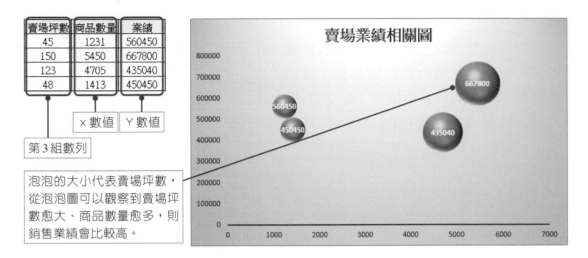

賣場坪數	商品數量	業績
45	1231	560450
150	5450	667800
123	4705	435040
48	1413	450450

第3組數列

Ｘ數值　Ｙ數值

泡泡的大小代表賣場坪數，從泡泡圖可以觀察到賣場坪數愈大、商品數量愈多，則銷售業績會比較高。

雷達圖

「雷達圖」使用放射狀的座標軸，來觀察項目的離散情形。其座標軸是從中心向外放射的網狀座標，每一條座標軸代表一個類別，而數值刻度就位於類別座標軸上。數列資料會以點標示在各個類別座標軸上，並且用線將同一組數列的資料點連接起來。

雷達圖除了可看出某個數列偏離中心點的情形，最主要是可以根據連接資料點所產生的線條範圍，找出分布最廣泛的數列。

銷售數量	木柵分店	和平分店	永和分店	土城分店	基隆分店
波士頓派	1123	1568	2045	2124	1504
起士蛋糕	1420	1250	1003	2012	1354
起士培果	1023	1157	1245	1394	1247
草莓千層	783	754	761	780	770
黑森林蛋糕	913	1072	920	987	965

一個數列　　一組類別

從線條產生的範圍來看，銷售業績分布最好的是波士頓派。

股票圖

　　Excel提供了**高-低-收盤股價圖**、**開盤-高-低-收盤股價圖**、**成交量-最高-最低-收盤股價圖**，以及**成交量-開盤-最高-最低-收盤股價圖**等4種股票圖，分別可以製作3種、4種、5種資訊的股票圖。

　　要製作股票圖之前，必須將資料的順序排好，以5種資訊的股票圖為例，資料必須包含五種數列，並須按照「成交量-開盤-最高-最低-收盤」的順序排列。

日期	成交量	開盤價	最高價	最低價	收盤價
4月1日	120,313,979	10.4	10.5	10.25	10.3
4月2日	141,785,767	10.3	10.6	10.25	10.3
4月3日	323,103,748	10.3	11	10.25	10.9
4月4日	919,451,274	10.8	11.65	10.75	11.65
4月8日	951,048,097	11.9	12.3	11.7	12
4月9日	411,344,928	12.2	12.25	11.2	11.2
4月10日	200,930,257	11.4	11.45	10.8	10.9
4月11日	271,166,487	11.1	11.6	11	11.3
4月12日	168,943,908	11.15	11.5	11	11.45
4月15日	108,394,089	11.45	11.5	11.1	11.3
4月16日	129,650,572	11.5	11.65	11.4	11.65
4月17日	439,347,583	11.75	12.4	11.7	12.35
4月18日	427,473,042	12.5	12.65	12.15	12.2
4月19日	377,924,362	12.2	12.9	12.2	12.7
4月22日	413,686,970	12.8	13.4	12.6	13.35
4月23日	464,771,810	13.35	13.9	13	13.05
4月24日	244,753,507	13.05	13.3	12.8	13.1
4月25日	460,447,709	13.1	13.7	12.8	12.9
4月26日	347,963,847	13.05	13.05	12	12.1
4月29日	146,199,136	11.8	12	11.65	11.7
4月30日	181,258,292	11.7	11.9	11	11

　　有包含交易量資訊的股票圖，會有兩個數值座標軸，一個用來衡量交易量，一個用來衡量股票的開盤、收盤價格。

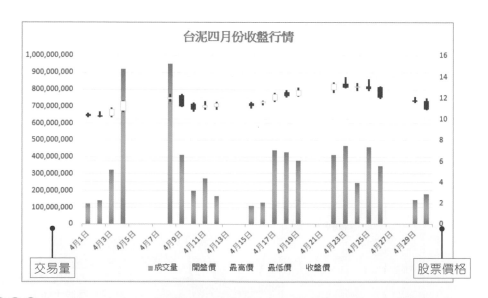

　　TIPS

　　股票圖中，黑色實心條狀表示開高走低，開盤價高於收盤價；空心條狀表示開低走高，收盤價高於開盤價。而上線條的頂點表示最高價；下線條的底部則表示最低價。

8-2 認識圖表物件

一個圖表的基本構成，包括「圖表標題」、「資料標記」、「資料數列」、「垂直及水平座標軸」、「圖例」……等元件。

✦ 圖表的組成

圖表是由許多物件組合而成的，每一個物件都可以個別修改，以下就來看看圖表有哪些物件。

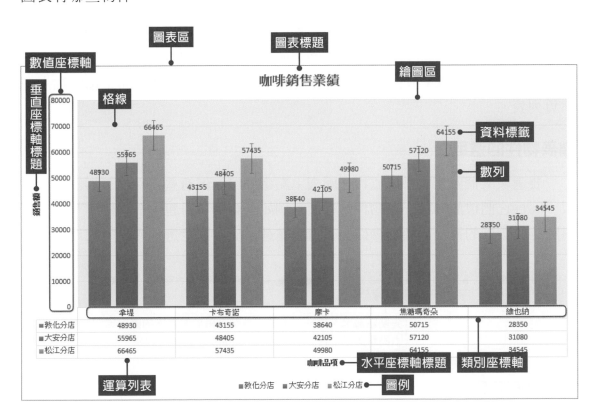

■ **圖表區**：整個圖表區域。

■ **繪圖區**：不包含**圖表標題**、**圖例**，只有圖表內容。可在圖表區中任意拖曳移動位置、調整大小。

■ **圖表標題**：圖表的標題。

■ **類別座標軸**：將資料標記分類的依據。

■ **數值座標軸**：根據資料標記的大小，自動產生衡量的刻度。

■ **座標軸標題**：座標軸分為水平與垂直兩座標軸，分別顯示在水平與垂直座標軸上，為數值刻度或類別座標軸的標題名稱。

■ **資料數列**：**資料標記**表示資料的數值大小。而相同類別的資料標記，為同一組資料數列(同一顏色者)，簡稱「數列」。

■ **資料標籤**：在數列資料點旁邊，標示出資料的數值或相關資訊，例如：百分比、泡泡大小、公式。

■ **格線**：分為水平與垂直格線，可幫助數值刻度與資料標記的對照。除了**圓形圖**及**雷達圖**外，其餘圖表類型都能加上格線。

■ **圖例**：顯示資料標記屬於哪一組資料數列。

■ **運算列表**：將製作圖表的資料放在圖表的下方，以便跟圖表互相對照比較。除了各類**圓形圖**、**XY散佈圖**、**泡泡圖**及**雷達圖**外，其他的圖表類型都能加上運算列表。

圖表物件的選取

要選取某個圖表物件，直接在圖表上點選即可。但有些物件沒有辦法直接選取，因為它們位於另外一個物件的裡面，例如：圖例項目包含在圖例中；數列資料點位於數列的裡面。這類物件必須重複點選兩次，才能選到內層的物件。

先點擊滑鼠左鍵一下，選取圖例，再於要選取的圖例項目上點擊滑鼠左鍵一下，即可將該圖例項目選取起來。

✦ 圖表工具

在Excel中製作好圖表時，或是點選工作表中的圖表物件，都會自動開啟**圖表工具**，利用其中的**設計**及**格式**索引標籤，即可進行圖表的相關設定。

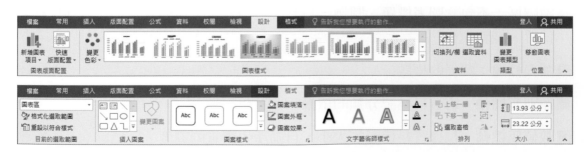

8-3 建立圖表

了解圖表的基本概念後,接下來我們要學習如何在 Excel 中製作圖表,以及圖表的基本操作。請開啓書附光碟的「ch08→員工旅遊報名人數調查.xlsx」檔案,進行以下操作練習。

✦ 於工作表中插入圖表

step01 先將圖表資料來源的儲存格範圍 **A1:E6** 選取起來,點選「**插入→圖表→直條圖**」下拉鈕,於選單中點選想要建立的副圖表類型。

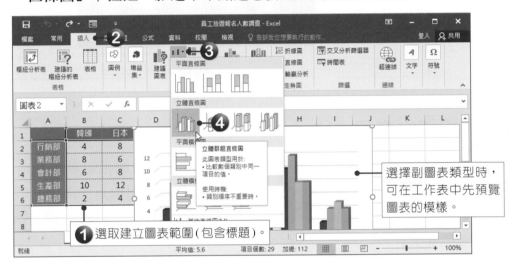

step02 點選後,在工作表中就會建立一個圖表,且功能區中會自動出現「圖表工具」關聯式索引標籤,在此索引標籤下可以進行圖表樣式、版面配置、格式等設定。

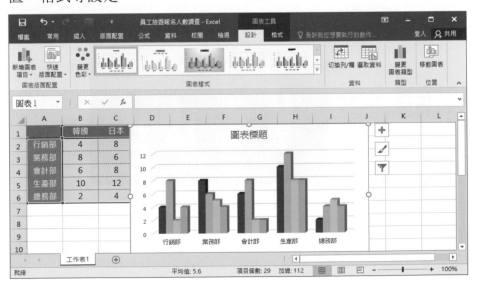

step03 在「圖表工具→設計→圖表樣式」選單中,選擇想要套用的樣式。

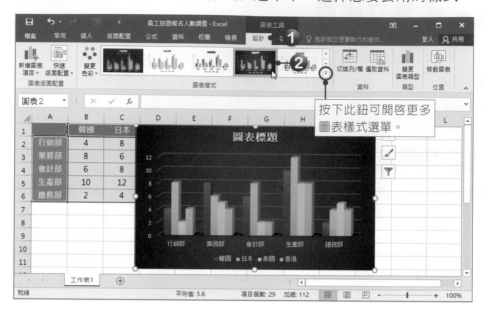

✦ 改變資料方向

Excel製作圖表時,可指定資料數列要**循列**或**循欄**來繪製。在前述範例操作中,Excel預設以「旅遊國家」做為資料數列,若想改以「部門」做為資料數列,只要點選圖表,再按下**「圖表工具→設計→資料→切換列/欄」**指令按鈕,即可切換圖表資料方向。

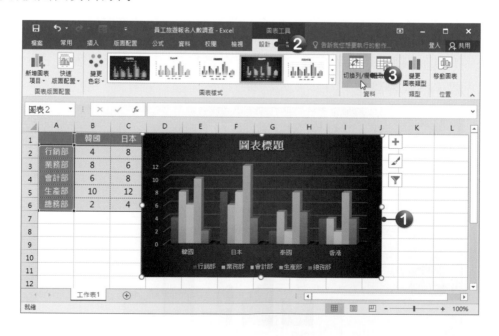

✦ 調整圖表位置及大小

工作表中的圖表屬於一個物件，所以可以單獨選取圖表、移動圖表，或調整圖表的大小。

移動圖表位置

只要選取圖表，讓圖表出現八個控點，再按住滑鼠左鍵不放，拖曳滑鼠至想要放置的位置，放開滑鼠左鍵即可調整圖表擺放位置。

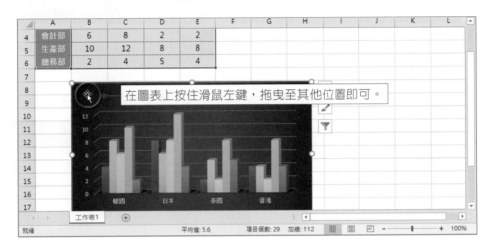

圖表大小調整

將滑鼠游標移至四周的控點上，按下滑鼠左鍵不放並拖曳滑鼠，即可改變圖表的大小。

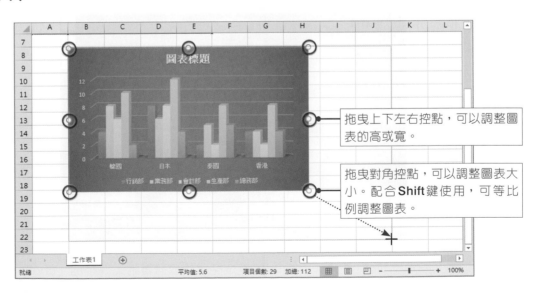

移動至新工作表

在預設的情況下，Excel 會將圖表直接新增在來源資料的同一個工作表上，也可重新調整圖表位置，將它單獨放置在新工作表或其他指定位置。

step01 選取圖表，按下「**圖表工具→設計→位置→移動圖表**」指令按鈕，開啓「移動圖表」對話方塊。

step02 點選「**新工作表**」，按下「**確定**」按鈕。

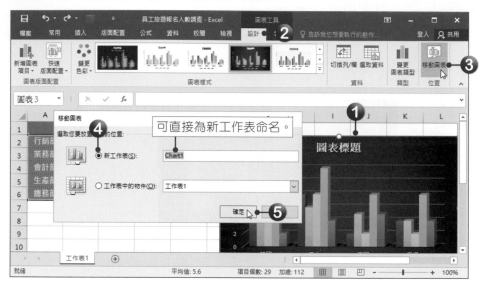

step03 Excel 會在目前工作簿的左邊新增一個**圖表工作表**(Chart1)，並將圖表搬移至此。

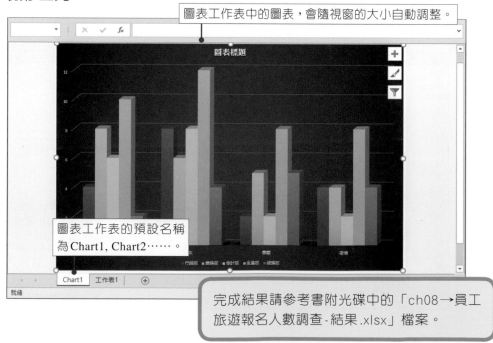

完成結果請參考書附光碟中的「ch08→員工旅遊報名人數調查-結果.xlsx」檔案。

T I P S
在「移動圖表」對話方塊中選擇圖表位置時,如果選擇**「工作表中的物件」**選項,圖表會隨著資料一起存在,稱作「內嵌圖表」,這種圖表只是一個物件;如果選擇**「新工作表」**選項,則會在新的工作表上建立圖表,這個新的工作表是特殊的圖表工作表(Chart),是具有特定工作表名稱的獨立工作表。然而不管是哪一種,當來源的資料改變時,圖表也會跟著變化。

8-4 改變來源資料

建立好圖表之後,仍然可以隨時修改製作圖表的資料,或是加入新的數列或類別。請開啟書附光碟的「ch08→各縣市西瓜產量表.xlsx」檔案,進行以下的操作練習。

✦ 移除資料

假設現在要移除圖表中「88年」及「89年」的產量資料,操作步驟如下:

step01 先選取圖表,再點選**「圖表工具→設計→資料→選取資料」**指令按鈕,開啟「選取資料來源」對話方塊。

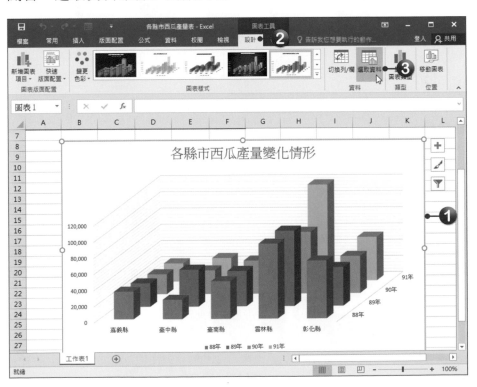

step02 在**圖例項目(數列)**中,取消勾選要移除的「**88年**」及「**89年**」數列,
設定好後,按下「**確定**」按鈕。

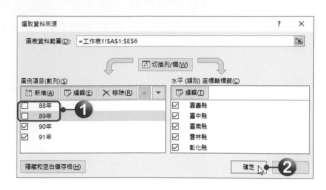

step03 回到工作表中,圖表的「88年」及「89年」數列就被移除了。

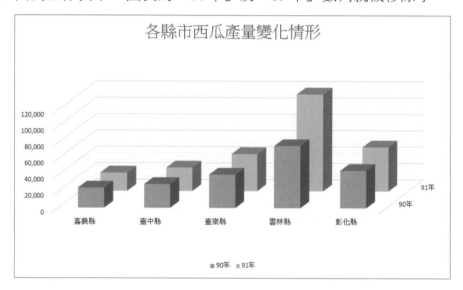

各縣市西瓜產量變化情形

T I P S

要移除數列資料時,除了上述方法之外,還有更快速的方法,就是直接點選圖表中要
刪除的數列,按下鍵盤上的**Delete**鍵,或是在該數列上按下滑鼠右鍵,於選單中選
擇「**刪除**」,即可將該數列刪除。

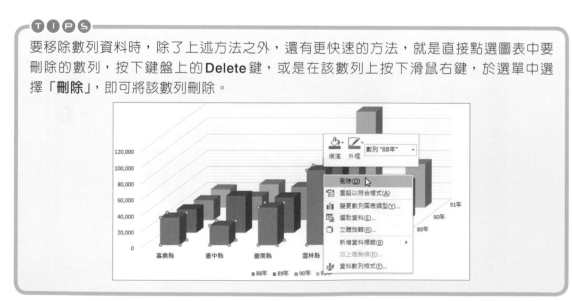

✦ 加入資料

假設現在要在圖表中加入「92年」的數列資料，操作步驟如下：

`step 01` 先選取圖表，再點選「**圖表工具→設計→資料→選取資料**」指令按鈕，開啟「選取資料來源」對話方塊。

`step 02` 在**圖例項目(數列)**中，按下「**新增**」按鈕。

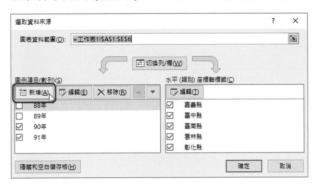

`step 03` 開啟「編輯數列」對話方塊，點選「數列名稱」欄位的 🔢 按鈕，選取要新增的「92年」標題儲存格 **F1**。

`step 04` 接著點選「數列值」欄位的 🔢 按鈕，再選取 **F2：F6** 儲存格，選擇好按下「**確定**」按鈕。

step 05 回到「選取資料來源」對話方塊後，在「圖例項目(數列)」中就會多
了一個「**92年**」的數列資料，沒問題後按下「**確定**」按鈕。

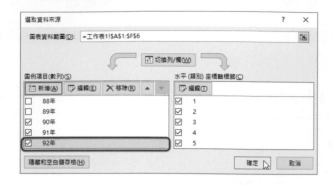

step 06 回到工作表後，92年的西瓜產量資料就加入至圖表中了。

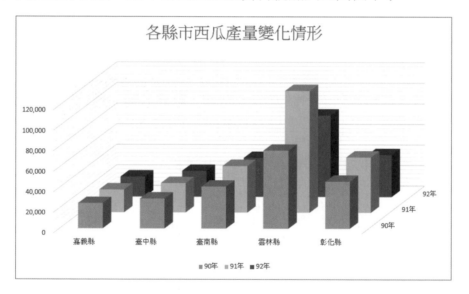

✦ 變更資料來源

如果想要重新選擇圖表的資料來源，操作步驟如下：

step01 先選取圖表，再點選「**圖表工具→設計→資料→選取資料**」指令按鈕，開啟「選取資料來源」對話方塊。

step02 點選**圖表資料範圍**欄位的 📊 按鈕，在工作表中直接框選想要設定的圖表資料範圍。

step03 框選新的圖表資料範圍 **A1：E6** 後，按下 📊 按鈕，回到「選取資料來源」對話方塊中。

step04 確認圖表範圍無誤後，按下「**確定**」按鈕即可。

直接在工作表上調整資料範圍

透過指令按鈕及「選取資料來源」對話方塊來設定圖表的資料範圍,是比較正式的方法,對資料來源有較完整的掌控。但 Excel 也提供更直覺快速的方法來更改圖表資料範圍。

只要點選工作表中的圖表,資料來源的儲存格範圍就會以顏色來標示數列名稱範圍、數列數值範圍、類別名稱範圍,接著直接以滑鼠重新調整框選範圍即可。

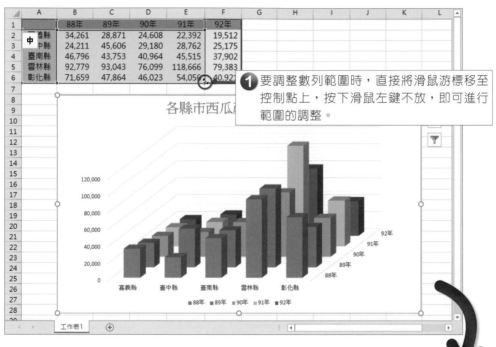

① 要調整數列範圍時,直接將滑鼠游標移至控制點上,按下滑鼠左鍵不放,即可進行範圍的調整。

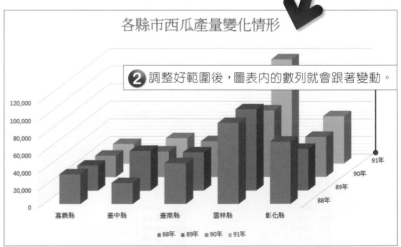

② 調整好範圍後,圖表內的數列就會跟著變動。

完成結果請參考書附光碟中的「ch08→各縣市西瓜產量表-結果.xlsx」檔案。

8-5 建立走勢圖

走勢圖是一種內嵌在儲存格中，以視覺方式呈現資料的小型圖表。在儲存格資料中加入走勢圖功能，可幫助我們快速了解儲存格的變化。請開啟書附光碟的「ch08→星冰樂銷售統計.xlsx」檔案，進行以下的操作練習。

✦ 建立走勢圖

在「星冰樂銷售統計」範例中，要為每個星冰樂加上「走勢圖」，好讓我們一眼就可以看到營業額的變化。

step01 選取要建立走勢圖的資料範圍 **B2：F8**，選取好後點選「**插入→走勢圖→折線圖**」指令按鈕。

step02 在開啟的「建立走勢圖」對話方塊中，**資料範圍**欄位中會直接顯示「B2：F8」範圍，若要修改範圍，按下 🔲 按鈕，即可於工作表中重新選取資料範圍。

step03 接著選取走勢圖要擺放的**位置範圍**，按下 🔲 按鈕。

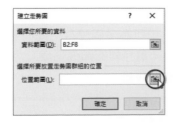

step 04 於工作表中選取 **G2：G8** 範圍，選取好後按下 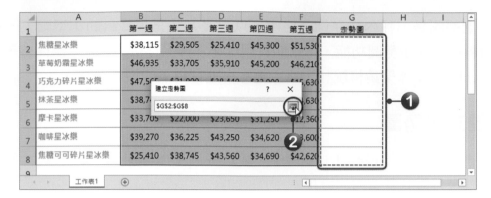 按鈕，回到「建立走勢圖」對話方塊，按下「**確定**」按鈕。

step 05 回到工作表後，位置範圍就會顯示走勢圖。

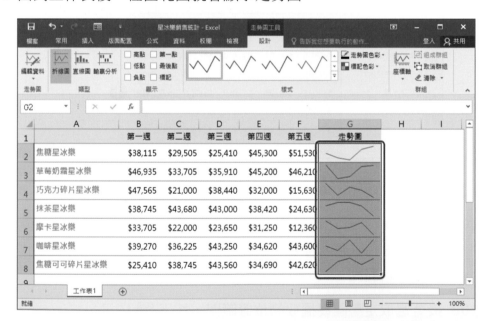

Ⓣ Ⓘ Ⓟ Ⓢ

我們可為一列或一欄資料建立單一走勢圖，也可為多個儲存格同時建立數個走勢圖。拖曳儲存格的填滿控點，也可為相鄰資料列的儲存格建立走勢圖。

列印含有走勢圖的工作表，也會一併列印出走勢圖。

✦ 走勢圖格式設定

插入走勢圖後，會自動開啟「走勢圖工具」，以便對走勢圖進行格式編輯。我們可以改變走勢圖的類型、在樣式庫中選擇走勢圖的樣式，也可以在走勢圖上加上高點、低點、負點、第一點、最後點、標記等記號點。

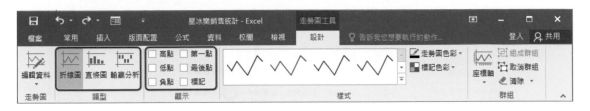

設定標記

加上「標記」後，會將走勢圖上的每個資料點都標示出來，還可以針對標記的高點、低點、第一點及最後點等標記變更不同的色彩，增加走勢圖的可讀性。

step01 點選走勢圖所在範圍 **G2：G8** 之中的任一儲存格，將「**走勢圖工具→設計→顯示**」群組中的「**標記**」勾選，即可為走勢圖加上標記點。

step02 接著在「**走勢圖工具→設計→樣式**」群組中，點選想要套用的走勢圖樣式。

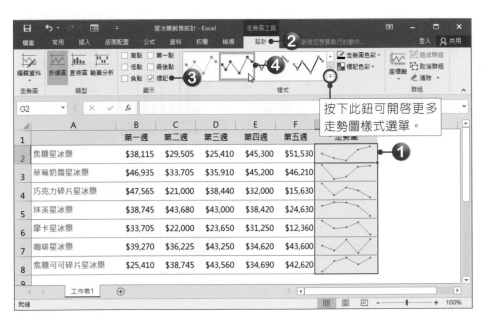

step03 點選「**走勢圖工具→設計→樣式→標記色彩**」指令按鈕，於選單中選擇「**高點**」，在開啟的色盤中，設定高點標記色彩為**紅色**。

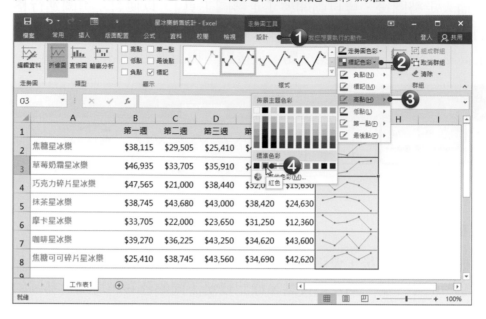

step04 同樣點選「**走勢圖工具→設計→樣式→標記色彩**」指令按鈕，於選單中選擇「**低點**」，在開啟的色盤中，設定低點標記色彩為**綠色**。

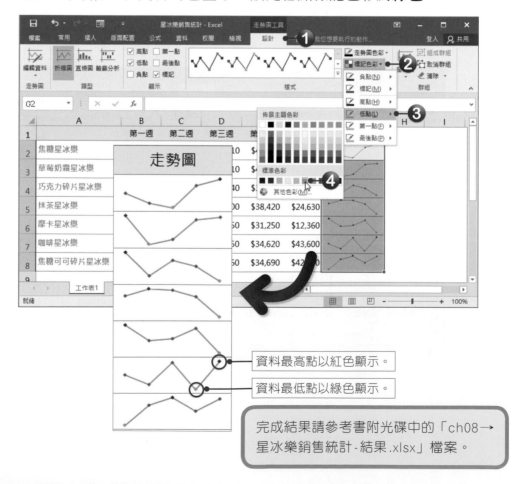

資料最高點以紅色顯示。

資料最低點以綠色顯示。

完成結果請參考書附光碟中的「ch08→星冰樂銷售統計-結果.xlsx」檔案。

變更走勢圖類型

Excel 提供了**折線圖**、**直條圖**及**輸贏分析**等三種類型的走勢圖,設定時,可依資料內容選擇適當的走勢圖。若要變更走勢圖類型,可在「**走勢圖工具→設計→類型**」群組中,直接點選要變更的類型即可。

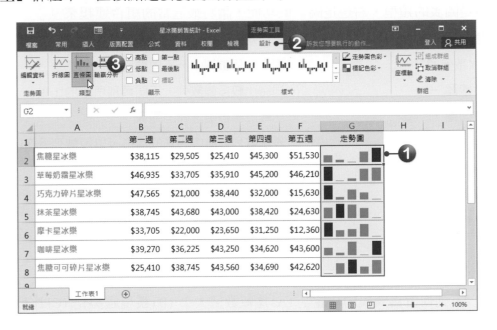

✦ 清除走勢圖

若要清除走勢圖時,點選「**走勢圖工具→設計→群組→清除**」指令按鈕,於選單中選擇「**清除選取的走勢圖**」,即可將被選取的儲存格中的走勢圖清除;若點選「**清除選取的走勢圖群組**」,則會將所有儲存格內的走勢圖都清除。

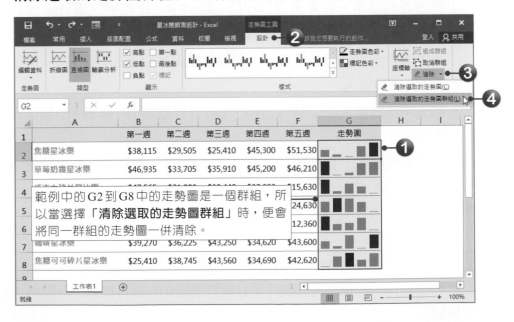

範例中的 G2 到 G8 中的走勢圖是一個群組,所以當選擇「**清除選取的走勢圖群組**」時,便會將同一群組的走勢圖一併清除。

連連看

左邊是圖表的類型，右邊是圖表的功能，請將最適當的組合連起來。

環圈圖 ·   · 呈現兩個因素對另一個項目的影響

XY散佈圖 ·   · 顯示一個數列中，不同類別所佔的比重

折線圖 ·   · 同時比較多個數列，不同類別所佔的比重

曲面圖 ·   · 比較三組數值之間的關係

泡泡圖 ·   · 表現數列偏離中心點的情形，以及數列分布的範圍

圓形圖 ·   · 比較兩組數值之間的關係

雷達圖 ·   · 比較同一類別中數列的差異

直條圖 ·   · 以線條的走勢表現數列的變化趨勢

選擇題

(   )1. 下列何者為圖表的功能？ (A)比較數值大小 (B)表現趨勢化 (C)比較不同項目所佔的比重 (D)以上皆是。

(   )2. 下列何種圖表類型是以點表示數列資料，並且用線將這些數列資料點連接起來？ (A)折線圖 (B)直條圖 (C)環圈圖 (D)泡泡圖。

(   )3. 以下何種圖表類型適用於呈現股票資訊？ (A)XY散佈圖 (B)雷達圖 (C)股票圖 (D)環圈圖。

(   )4. 下列圖表類型中，何者適用於在同一數列中，比較不同項目所佔的比重？ (A)區域圖 (B)雷達圖 (C)折線圖 (D)圓形圖。

(   )5. 下列圖表類型中，何者適用於表現趨勢變化？ (A)橫條圖 (B)折線圖 (C)曲面圖 (D)圓形圖。

(   )6. 在圖表中可以加入以下何種物件？ (A)資料標籤 (B)圖例 (C)圖表標題 (D)以上皆可。

(   )7. 下列圖表類型中，何者無法加上運算列表？ (A)曲面圖 (B)雷達圖 (C)直條圖 (D)堆疊圖。

(   )8. 下列圖表類型中，何者無法加上格線？ (A)圓形圖 (B)折線圖 (C)XY散佈圖 (D)泡泡圖。

(   )9. 下列哪一個圖表元件是用來區別「資料標記」屬於哪一組「數列」，所以可以把它視為「數列」的化身？ (A)運算列表 (B)資料標籤 (C)圖例 (D)圖表標題。

( )10. 下列敘述何者不正確？ (A)資料標記表示儲存格的數值大小 (B)圖例用來顯示資料標記屬於哪一組數列 (C)相同類別的資料標記，不屬於同一組資料數列 (D)類別座標軸是將資料標記分類的依據。

( )11. 下列敘述何者正確？ (A)在Excel中建立圖表後，就無法修改其來源資料 (B)由同樣格式外觀的資料標記組成的群組，稱作「類別」(C)圖表工作表中的圖表，不會隨視窗大小自動調整圖表大小 (D)當來源資料改變時，圖表也會跟著變化。

( )12. 下列有關「走勢圖」之敘述，何者有誤？ (A)走勢圖是一種內嵌在儲存格中的小型圖表 (B)列印包含走勢圖的工作表時，無法一併列印走勢圖 (C)可將走勢圖中最高點的標記設定為不同顏色 (D)可為多個儲存格資料同時建立走勢圖。

( )13. 欲在工作表中建立圖表，應於下列哪一個索引標籤中執行指令？ (A)插入 (B)資料 (C)檢視 (D)版面配置。

◉ 實作題

1. 開啟「ch08→北部各地區降雨量.xlsx」檔案，進行以下設定。
   ● 為降雨量資料製作一個「堆疊橫條圖」，圖表使用「地區」做為數列資料。
   ● 套用圖表樣式為「樣式7」，並輸入「圖表標題」為「北部各地降雨量」。
   ● 在圖表中移除「台北地區」的資料。
   ● 將圖表放置在新的圖表工作表中。

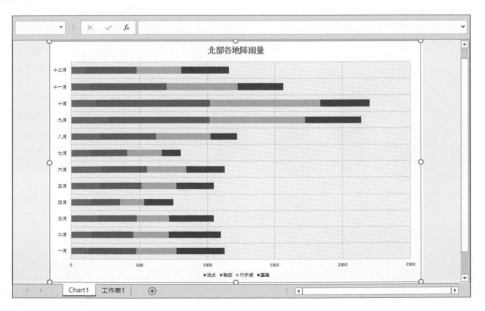

2. 開啟「ch08→水果行銷量分析.xlsx」檔案,進行以下設定。

● 在G2:G7儲存格中,建立各水果Q1至Q4的直條圖走勢圖。

● 設定走勢圖最高點的標記色彩為紅色。

	A	B	C	D	E	F	G	H	I
1	水果種類	Q1	Q2	Q3	Q4	年度總銷量(箱)	走勢圖		
2	芭樂	72	70	68	81	291			
3	西瓜	75	66	58	67	266			
4	水梨	92	82	85	91	350			
5	香蕉	80	81	75	85	321			
6	奇異果	61	77	78	73	289			
7	橘子	82	80	60	58	280			
8	蜜李	56	80	58	65	259			
9	哈蜜瓜	78	74	90	74	316			

年度銷量

3. 開啟「ch08→主要國家進口金額.xlsx」檔案,進行以下設定。

● 重新設定圖表資料範圍為 A3:F9。

● 調整圖表的資料方向,將欄/列資料對調。

● 刪除圖表中的「香港」及「中國大陸」的數列資料。

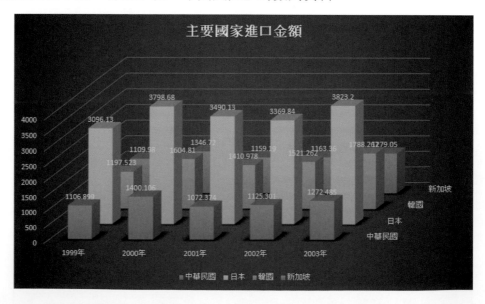

EXCEL 2016

CHAPTER
09

圖表格式設定

✿本章學習重點

9-1 變更圖表類型

Excel除了提供14種基本圖表類型外,各圖表類型還內建多種子類型可供選擇。而製作好的圖表可以隨時進行變更圖表類型的動作。接下來請開啟書附光碟中的「ch09→年菜預購.xlsx」檔案,進行圖表類型的變更設定。

step01 選取要變更類型的圖表,點選「**圖表工具→設計→類型→變更圖表類型**」指令按鈕,開啟「變更圖表類型」對話方塊。

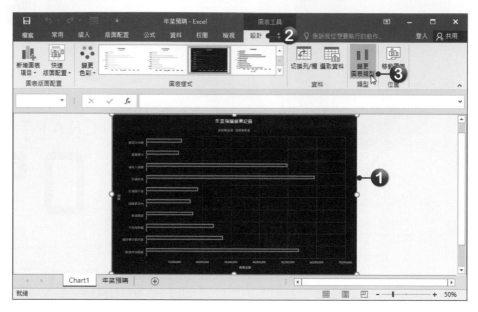

step02 開啟「變更圖表類型」對話方塊,即可選擇要使用的圖表類型,選擇好後按下「**確定**」按鈕。

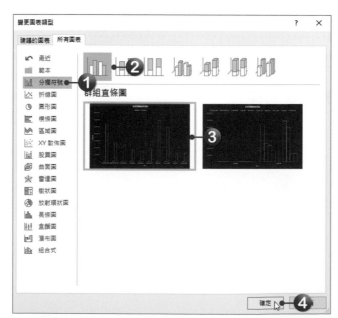

step 03 回到圖表區，可發現圖表類型已經變更爲剛剛設定的「直條圖」。

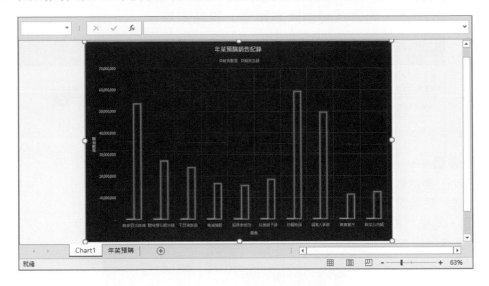

✦ 變更數列圖表類型

　　Excel 允許一個圖表中同時存在不同的圖表類型，稱爲「**組合式**」圖表類型。在製作圖表時，有時會碰到一個圖表中的兩個數列大小相差太多，只用同一個數值座標軸並不好表示數值間的差異，此時可以將其中任一資料數列套用另一種圖表類型，並使用與原先不同的座標軸，使其成爲組合式的圖表，才能更精確表現圖表的意義。

step 01 延續以上的「年菜預購.xlsx」檔案操作，點選「**圖表工具→格式→目前的選取範圍**」群組中的下拉鈕，點選選單中的「**數列 "銷售數量"**」。

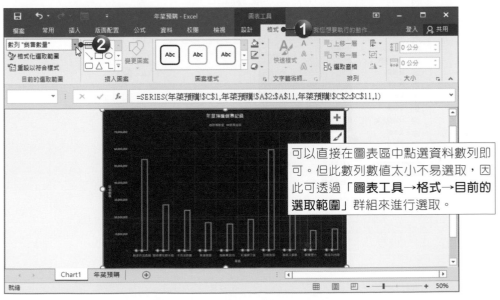

可以直接在圖表區中點選資料數列即可。但此數列數值太小不易選取，因此可透過「**圖表工具→格式→目前的選取範圍**」群組來進行選取。

step02 選取資料數列後,再按下「**圖表工具→設計→類型→變更圖表類型**」指令按鈕,開啟「變更圖表類型」對話方塊。

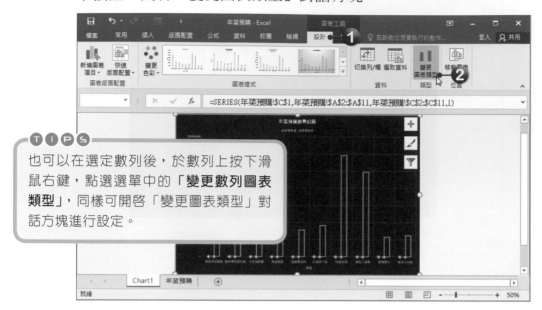

> **TIPS**
>
> 也可以在選定數列後,於數列上按下滑鼠右鍵,點選選單中的「**變更數列圖表類型**」,同樣可開啟「變更圖表類型」對話方塊進行設定。

step03 在「變更圖表類型」對話方塊中,因為我們剛剛只選定其中一個資料數列進行設定,因此圖表類型會自動顯示為「組合式」。在此按下「**銷售數量**」圖表類型的下拉鈕,選擇想要套用的圖表類型為「**折線圖→含有資料標記的折線圖**」。

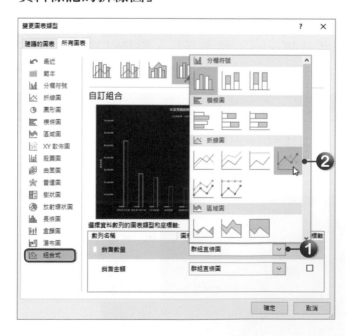

step04 接著再將「銷售數量」的「**副座標軸**」核取方塊勾選起來，按下「**確定**」按鈕。

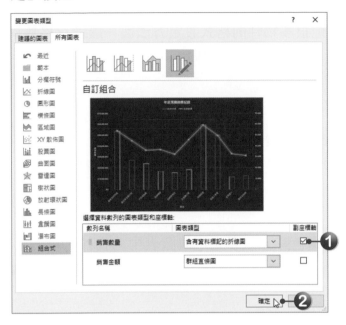

step05 回到圖表區，就可發現「銷售數量」的圖表類型不但改為折線圖，且其所使用的座標軸也單獨使用右側的座標軸。如此一來，就解決了兩組資料數列因差距太大，而發生難以比較的問題。

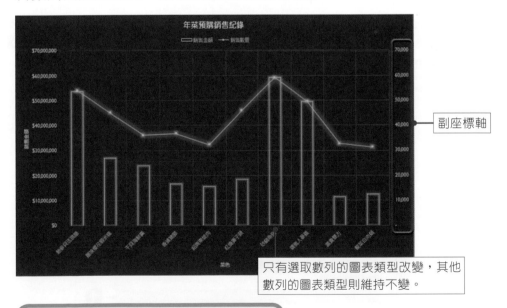

只有選取數列的圖表類型改變，其他數列的圖表類型則維持不變。

完成結果請參考書附光碟中的「ch09→年菜預購-結果.xlsx」檔案。

9-2 編輯圖表物件

雖然圖表物件眾多,但很多物件的格式設定方法與一般儲存格無異,例如:色彩的變化、線條的粗細、文字的大小和方向……等,因此很容易上手。

✦ 填滿效果

若要讓整個圖表看起來更活潑,可以在圖表區、繪圖區、標題區等物件中設定填滿效果,為物件加上填滿色彩、漸層、材質、圖片、圖樣……等。

顏色

要設定圖表物件的填滿色彩,只要先選取圖表中的物件,再按下「**圖表工具→格式→圖案樣式→ 圖案填滿**」指令按鈕,於選單中選擇要填滿的方式即可。

開啟書附光碟中的「ch09→水果產量表.xlsx」檔案,點選「**圖表工具→格式→目前的選取範圍**」群組中的下拉鈕,點選選單中的「**數列 "葡萄"**」;或是直接點選圖表區中的葡萄數列,按下「**圖表工具→格式→圖案樣式→ 圖案填滿**」指令按鈕,在開啟的色盤中直接點選想要套用的色彩。

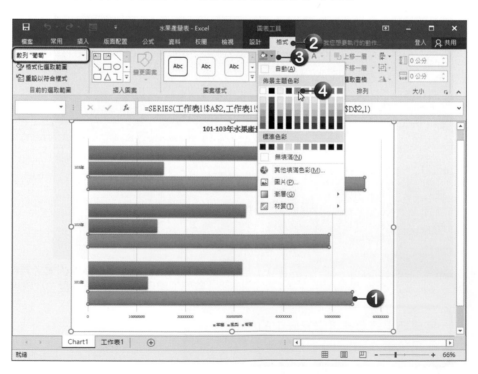

漸層

除了可在圖表物件上填入單一色彩之外，也可以填入漸層色彩。

step 01 延續上述「水果產量表.xlsx」檔案操作，點選圖表標題，再點選「**圖表工具→格式→目前的選取範圍→格式化選取範圍**」指令按鈕；或是在圖表標題上按下滑鼠右鍵，於選單中選擇「**圖表標題格式**」，開啟「圖表標題格式」窗格。

> **TIPS**
>
> 要設定任何圖表物件的格式時，可以在物件上按下滑鼠右鍵，於選單中選擇「×××**格式**」，即可開啟格式窗格，進行格式設定。

step 02 在窗格的「**填滿與線條**」標籤中，設定「填滿」為「**漸層填滿**」，再選擇漸層的「類型」及「方向」。

> 選單中為 Excel 提供已配色好的漸層設計，直接在選單中選擇就可以套用。

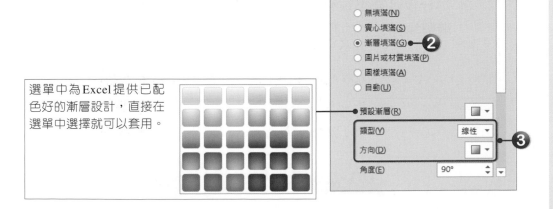

step03 接著點選漸層停駐點中的「停駐點3」，
按下 [移除漸層停駐點] 按鈕，將該停
駐點刪除。

step04 再點選漸層停駐點中的「停駐點2」，按
下「**色彩**」選單鈕，於色盤中選擇要使
用的顏色；「位置」設定為「**40%**」。

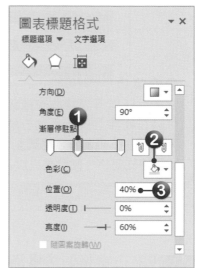

step05 點選最後一個停駐點，按下「**色彩**」選
單鈕，於色盤中選擇要使用的顏色。設
定好後，按下窗格的 ✕ **關閉** 鈕，完成
漸層填滿色彩的設定。

101-103年水果產量

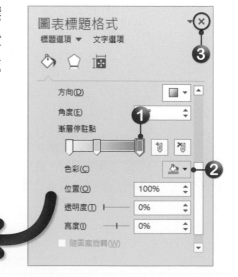

材質

　　Excel還提供了一些特殊的材質做為填滿效果，像是：羊皮紙、胡桃木等。

step01 延續上述「水果產量表.xlsx」檔案操作，先點選整個圖表區，再點選「**圖表工具→格式→目前的選取範圍→格式化選取範圍**」指令按鈕；或是在圖表區上按下滑鼠右鍵，於選單中選擇「**圖表區格式**」，開啟「圖表區格式」窗格。

step02 在窗格的「**填滿與線條**」標籤中，設定「填滿」為「**圖片或材質填滿**」。

step03 按下 材質 下拉鈕，於選單中點選想要套用的材質，圖表區的背景就會被該材質填滿。

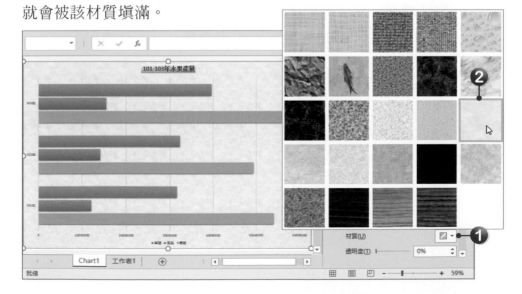

圖片

圖表的數列，也可以使用圖片來表示數值大小，增添圖表的趣味。

step 01 延續上述「水果產量表.xlsx」檔案操作，點選「圖表工具→格式→目前的選取範圍」群組中的下拉鈕，點選選單中的「**數列 "草莓"**」，再點選「圖表工具→格式→目前的選取範圍→格式化選取範圍」指令按鈕；或是直接點選圖表區中的草莓數列，在草莓數列上按下滑鼠右鍵，於選單中選擇「**資料數列格式**」，開啟「資料數列格式」窗格。

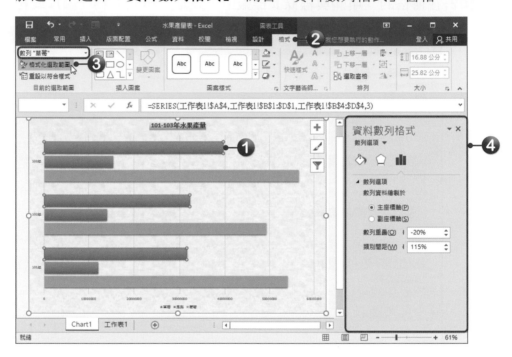

step 02 在窗格的「**填滿與線條**」標籤中，設定「填滿」為「**圖片或材質填滿**」，再按下「**檔案**」按鈕，設定圖片來源檔案。

step 03 在開啓的「插入圖片」對話方塊中，選擇書附光碟中的「ch09→ strawberry.png」圖片檔案，選擇好後按下**「插入」**按鈕。

step 04 回到「資料數列格式」窗格中，點選圖片為**「堆疊」**選項。設定好後，按下窗格的 ✖ **關閉** 鈕，完成設定。

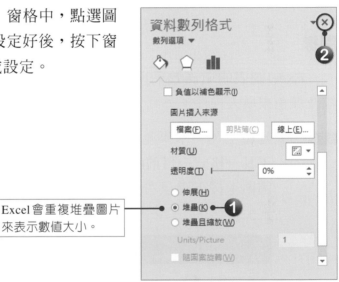

Excel會重複堆疊圖片來表示數值大小。

T I P S

「伸展」選項：會強迫把圖片變形成數值的大小，這種方法不容易看出圖片實際的內容。

「堆疊」選項：Excel會自動計算圖片能夠代表的數值單位，重複堆疊圖片，以表示數值大小。

「堆疊且縮放」選項：則可以自行設定圖片代表多少單位的數值，這種方法很彈性，不過單位設定得太大或太小，圖片都會變形。

step05 回到圖表區中，草莓數列的長條變成由圖片所組成的一排圖案。接著依照同樣方式，將其他數列也設定以圖片來填滿吧！

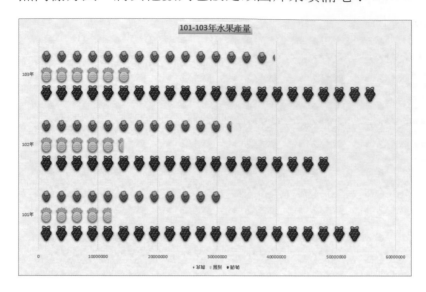

圖樣

Excel圖表的填滿效果也可以選擇以圖樣來進行填滿，我們可選定圖樣的花紋及顏色來填入物件。

step01 延續上述「水果產量表 .xlsx」檔案操作，點選繪圖區，再點選「**圖表工具→格式→目前的選取範圍→格式化選取範圍**」指令按鈕；或是在繪圖區上按下滑鼠右鍵，於選單中選擇「**繪圖區格式**」，開啟「繪圖區格式」窗格。

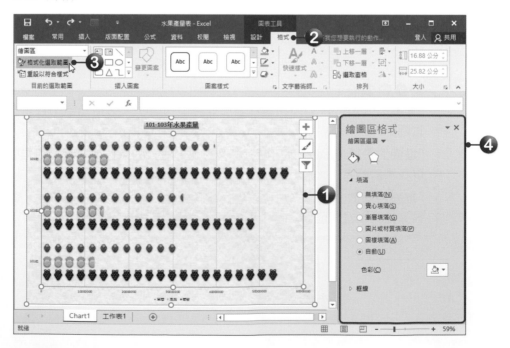

step02 在窗格的「**填滿與線條**」標籤中，設定「填滿」為「**圖樣填滿**」，再選擇圖樣花紋，並設定「前景」及「背景」色。設定好後，按下窗格的 ✖ **關閉** 鈕，完成設定。

step03 回到圖表區中，繪圖區的背景就會以我們所設定的圖樣填滿。

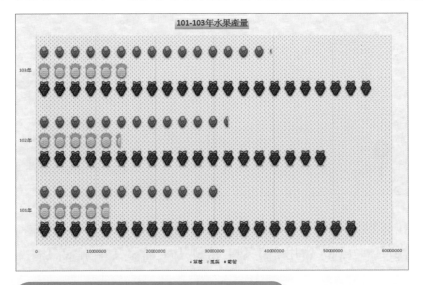

完成結果請參考書附光碟中的「ch09→水果產量表-結果.xlsx」檔案。

✦ 圖表與座標標題

　　一個圖表若沒有標題，很難讓人一下子就看出圖表的意義，而Excel圖表通常會自動加入圖表標題物件，但大多不會有座標軸標題。若要自行手動加入圖表中的標題的話，作法如下：

圖表標題

step 01 開啟書附光碟中的「ch09→年齡與血壓的關係.xlsx」檔案，點選「男」工作表中的圖表，按下「**圖表工具→設計→圖表版面配置→新增圖表項目**」下拉鈕，於選單中點選「**圖表標題**」，並選擇將圖表標題加到「**圖表上方**」。點選後，在圖表上方就會加入「圖表標題」物件。

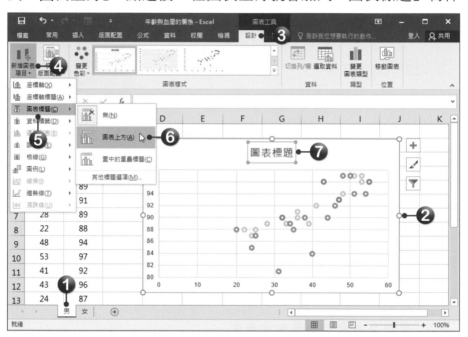

step 02 接著在該物件中輸入「**年齡與血壓的關係圖**」文字，文字輸入完後，選取該物件，再到「**常用→字型**」群組中，進行文字格式設定的工作。

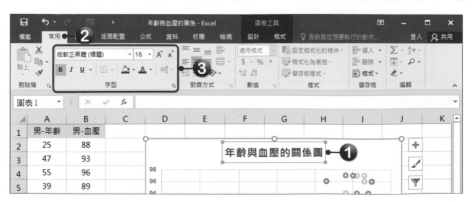

座標軸標題

step01 選取圖表，點選「**圖表工具→設計→圖表版面配置→新增圖表項目**」下拉鈕，於選單中點選「**座標軸標題→主水平**」，在圖表下方就會加入「座標軸標題」物件。

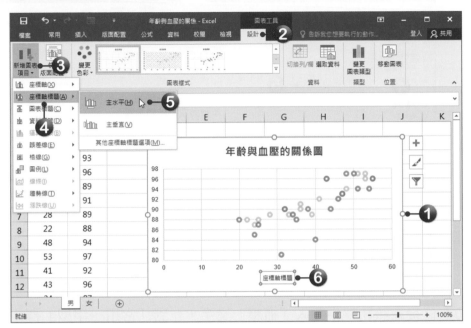

step02 接著直接在該物件中輸入「**年齡**」文字，並到「**常用→字型**」群組中修改該文字的格式。

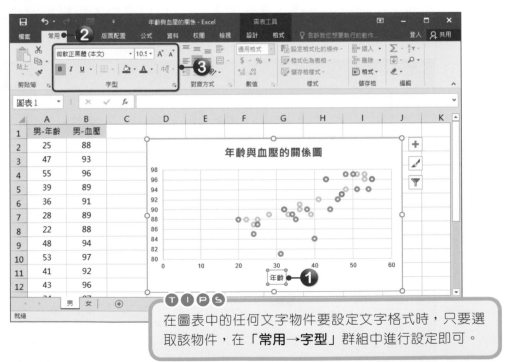

> **TIPS**
> 在圖表中的任何文字物件要設定文字格式時，只要選取該物件，在「**常用→字型**」群組中進行設定即可。

step 03 繼續選取圖表，點選「**圖表工具→設計→圖表版面配置→新增圖表項目**」下拉鈕，於選單中點選「**座標軸標題→主垂直**」，在圖表垂直座標軸左側就會加入「座標軸標題」物件。

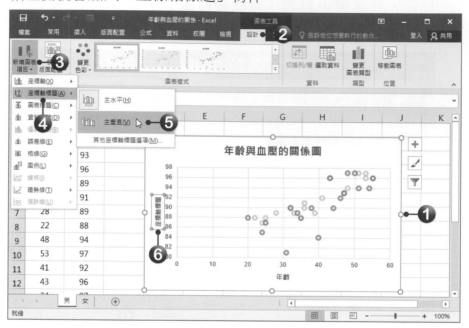

step 04 直接在該物件中輸入「**血壓**」文字，並到「**常用→字型**」群組中修改該文字的格式。

step 05 接著選取垂直座標軸標題物件，點選「**常用→對齊方式→ ✏▾ 方向**」下拉鈕，在選單中選擇「**垂直文字**」，就可以將原本是橫書的標題文字方向改為直書。

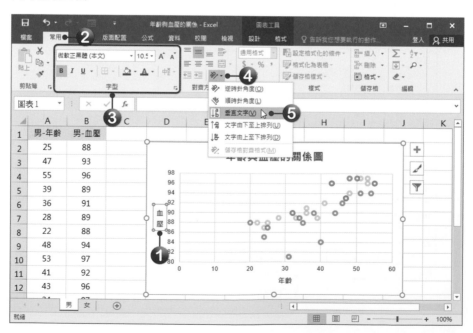

✦ 圖例

我們可以直接選取圖表中的圖例，進行文字格式的設定，也可直接拖曳移動至圖表中的任何位置。若是圖表中沒有圖例，其新增方式與標題文字相同，都是利用**「圖表工具→設計→圖表版面配置→新增圖表項目」**下拉鈕來新增物件。

step01 延續上述「年齡與血壓的關係.xlsx」檔案操作，選取圖表，點選**「圖表工具→設計→圖表版面配置→新增圖表項目」**下拉鈕，於選單中點選**「圖例」**，並選擇將圖例放置到繪圖區**「上」**方。點選後，繪圖區的上方就會加上一個圖例物件。

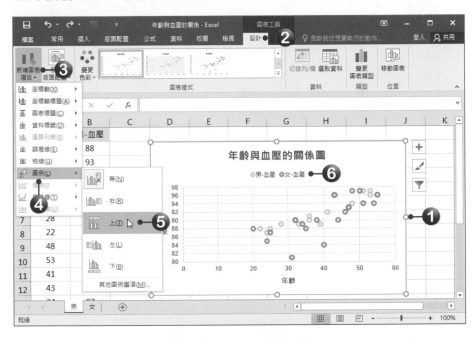

step02 點選圖例物件，到**「常用→字型」**群組中修改圖例文字的格式。

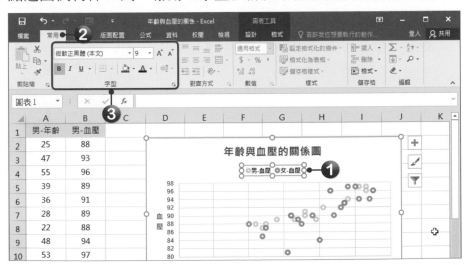

✦ 資料數列格式

填滿方式是針對一整塊區域進行套用，但是以「點」來表示的資料數列（例如：折線圖、XY散佈圖等），並不能透過這種方式來改變資料數列的外觀。若要更改資料標記的格式，其設定方式如下：

step 01 延續上述「年齡與血壓的關係.xlsx」檔案操作，在圖表中的任一「**女-血壓**」數列標記上按下滑鼠右鍵，於選單中點選「**資料數列格式**」，開啓「資料數列格式」窗格。

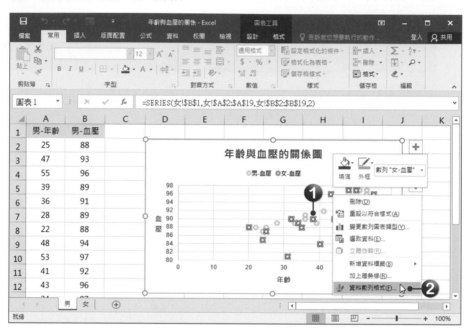

step 02 在窗格的「**填滿與線條**」標籤中點選「**標記**」，於「標記選項」中點選「**內建**」，再按下選單鈕，於選單中選擇「◇菱形」標記，並將大小修改爲「**8**」。

step03 接著再點選「框線」，按下「色彩」下拉鈕，在開啟的色盤中點選資料標記要套用的顏色。

step04 接著再點選窗格的「效果」標籤，按下「預設」下拉鈕，於選單中選擇「中央位移」格式。

step05 接著再利用相同方式，將「男-血壓」的資料標記也加上陰影效果。設定好後，按下窗格的 ✕ 關閉 鈕，完成設定。

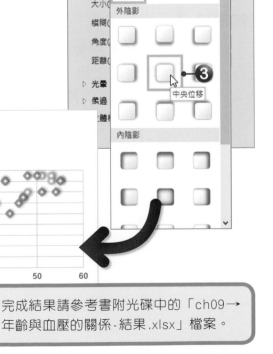

完成結果請參考書附光碟中的「ch09→年齡與血壓的關係-結果.xlsx」檔案。

✦ 線條

　　不管是折線圖的線條，或是直條圖的框線，線條的顏色或樣式都可以改變。在數列上按下滑鼠右鍵，選擇**「資料數列格式」**，開啟「資料數列格式」窗格；點選**「填滿與線條」**標籤，即可設定線條樣式。

step 01 開啟書附光碟中的「ch09→單曲銷售紀錄.xlsx」檔案，直接點選圖表區中的**「銷售數量」**數列，按下滑鼠右鍵，於選單中選擇**「資料數列格式」**。

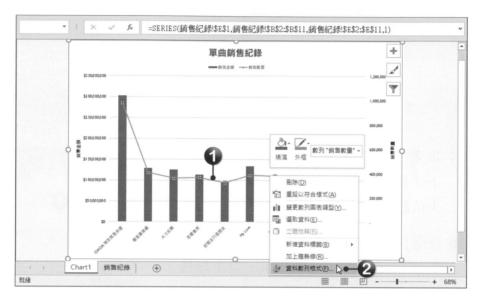

step 02 在「資料數列格式」窗格中點選**「填滿與線條」**標籤，再點選**「線條」**，按下**「色彩」**下拉鈕，在開啟的色盤中設定折線圖的線條顏色。

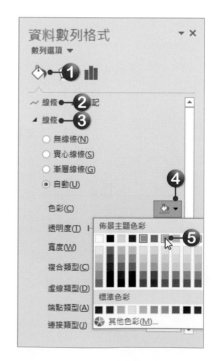

step03 接著再設定線條的「**寬度**」及「**虛線類型**」。設定好後，按下窗格的 ✕ 關閉鈕，將窗格關閉。

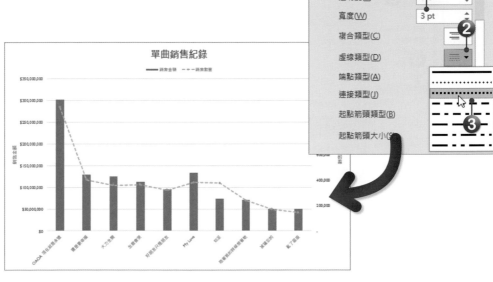

✦ 格線

　　在繪圖區後方的線段稱為「格線」，主要是方便衡量數值的大小。一般在圖表上看到的格線幾乎都是數值座標軸的格線，而類別座標軸也有格線，只是大多沒有顯示出來。「格線」又可分為**主要格線**與**次要格線**。一般只須使用主要格線，除非要更精確判斷數值大小，才會以次要格線來輔助。

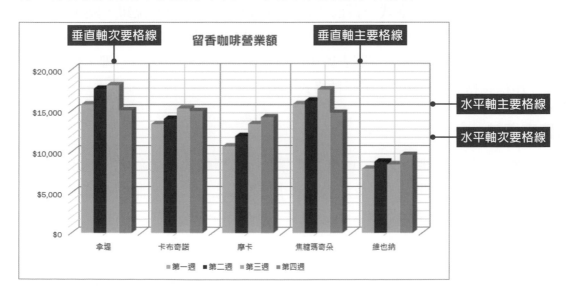

點選圖表後,只要按下「圖表工具→設計→圖表版面配置→新增圖表項目」下拉鈕,於選單中點選「格線」,即可在選單中設定要顯示哪些格線。

TIPS

在圖表中的所有主、副、次要格線物件等,都可以按下滑鼠右鍵,選擇「格線格式」,開啟「格線格式」窗格來進行格線的色彩、樣式及陰影等設定。設定方式與其他物件相同。

✦ 座標軸

點選「圖表工具→格式→目前的選取範圍」群組中的下拉鈕,點選想要設定的座標軸物件,再點選「圖表工具→格式→目前的選取範圍→格式化選取範圍」指令按鈕;或是直接點選圖表區中的座標軸文字,按下滑鼠右鍵,於選單中選擇「座標軸格式」,開啟「座標軸格式」窗格。

數值座標軸

雖然在製作圖表時,Excel會自動選擇數值座標軸的最適刻度,但我們仍然可以自行調整刻度的間距,以及最大、最小值等設定。接下來請開啟書附光碟中的「ch09→賣場業績銷售關聯.xlsx」檔案,進行以下的練習。

step 01 點選數值座標軸,按下滑鼠右鍵,於選單中選擇 **「座標軸格式」**。

step 02 在「座標軸格式」窗格中點選 **「座標軸選項」** 標籤,再點選 **「座標軸選項」**。在「最小值」欄位輸入 **「380000」**,「最大值」欄位就會自動變更為「720000」;設定「主要」欄位為 **「20000」**,則「次要」欄位會自動變更為「4000」,接著將「顯示單位」設定為 **「10000」**。最後按下窗格的 ✕ **關閉** 鈕,將窗格關閉。

> **對數刻度**:當數值資料差距太大時,使用對數座標軸可讓資料看起來比較平均。
> **數值次序反轉**:會將原本數值座標軸由下往上遞增的數值,改為由下往上遞減的數值。

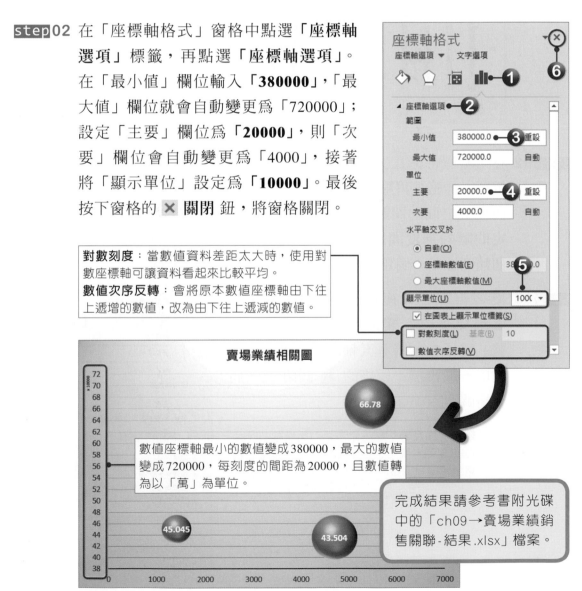

> 數值座標軸最小的數值變成380000,最大的數值變成720000,每刻度的間距為20000,且數值轉為以「萬」為單位。

> 完成結果請參考書附光碟中的「ch09→賣場業績銷售關聯-結果.xlsx」檔案。

類別座標軸

在製作圖表時，Excel 會將每一個類別都列在圖表座標軸上，但我們仍然可以自行調整類別的刻度，以便呈現最適合資料的類別座標軸。接下來請開啟書附光碟中的「ch09→年度銷售量.xlsx」檔案，進行以下的練習。

step01 點選類別座標軸，按下滑鼠右鍵，於選單中選擇「**座標軸格式**」。

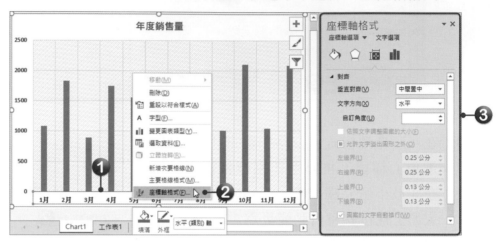

step02 在「座標軸格式」窗格中點選「**座標軸選項**」標籤，再點選「**標籤**」。在「**標籤與標籤之間的間距**」欄位中，設定「**指定間隔的刻度間距**」為「**3**」，表示每 3 個類別顯示一個類別名稱。

step03 接著再點選「**座標軸選項**」，在「**垂直軸交叉於**」欄位中，設定「**類別編號**」為「**7**」，將垂直軸放置在第七個類別處。最後按下窗格的 ✕ **關閉** 鈕，將窗格關閉。

類別次序反轉：會將原本類別座標軸由左至右的排列，改為由右至左排列，且將垂直軸移至繪圖區的右側。

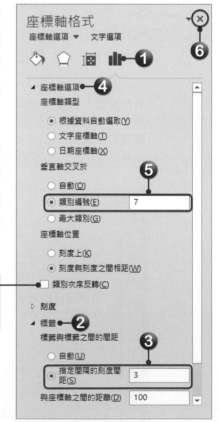

step 04 回到圖表區中，可以發現原本列出1到12月的水平座標軸，現在只顯示1月、4月、7月、10月的座標軸文字，而數值座標軸則移至7月類別的左側。

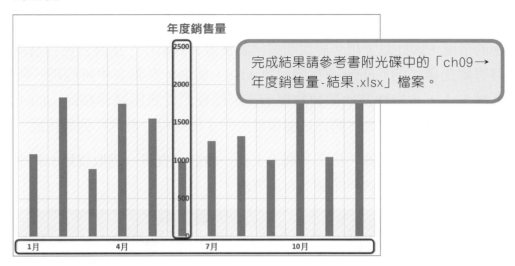

年度銷售量

完成結果請參考書附光碟中的「ch09→年度銷售量-結果.xlsx」檔案。

TIPS

「垂直軸交叉於」欄位是用來決定垂直軸的位置。其預設值為1，也就是在第1個類別的左邊。若在「垂直軸交叉於」欄位中設定為「最大類別」，則會將垂直軸整個移到最右側。

試・試・看 樞紐分析表的群組設定與篩選設定

開啟書附光碟中的「ch09→觀光人數統計.xlsx」檔案，進行以下設定。

☑ 將圖例移動至圖表的右上角。

☑ 將「來臺」與「出國」的數列標記更改為「ch09→passenger.png」圖片檔案。

☑ 設定垂直座標軸的顯示單位為「百萬」。

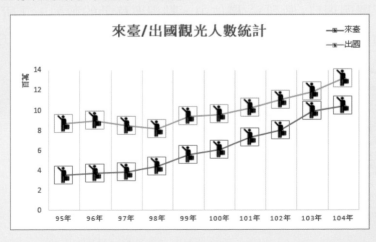

來臺/出國觀光人數統計

✦ 數列的設定

調整數列順序

　　Excel會根據來源資料的順序排列數列資料，但有時會遇到必須調整數列順序的情況，因此以下用步驟說明如何調整數列的順序，讓圖表更容易閱讀。請開啓書附光碟中的「ch09→整體稅收.xlsx」檔案，在圖表中可發現「所得稅」的區域太大，會影響其他數列的顯示，因此我們要將區域面積最小的「證券交易稅」數列移到最前面，將區域面積最大的「所得稅」數列移到最後面。

step01　點選圖表區，按下「**圖表工具→設計→資料→選取資料**」指令按鈕，開啓「選取資料來源」對話方塊。

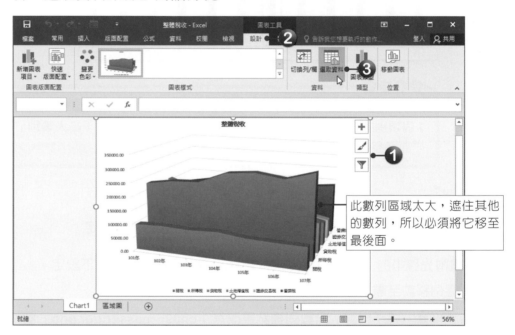

step02　在「圖例項目(數列)」欄位中，點選要移動的數列—「**所得稅**」，接著持續按下 ▼ **往下移** 按鈕，將它的位置移至清單中的最下方。

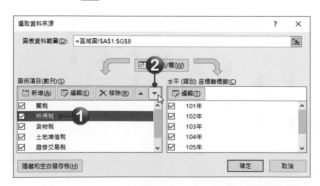

step03 在「圖例項目(數列)」欄位中，點選 **「證券交易稅」** 數列，持續按下
或 ▲ **往上移** 按鈕，將它的位置移至清單中的最上方。順序調整好後，
按下 **「確定」** 按鈕。

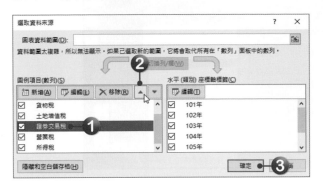

step04 回到工作表後，數列就會依照所調整的順序排列。

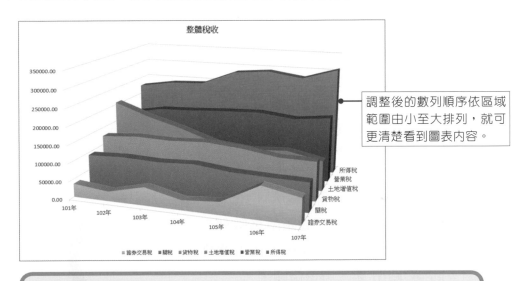

調整後的數列順序依區域範圍由小至大排列，就可更清楚看到圖表內容。

完成結果請參考書附光碟中的「ch09→整體稅收-結果.xlsx」檔案。

重疊間距

像直條圖、橫條圖這類的圖表，有時為了更清楚辨別各類別之間的群組關係，我們可以調整數列之間的重疊或分開程度，也可以設定各類別之間的間距。請開啟書附光碟中的「ch09→滿天星產量表.xlsx」檔案，進行以下的練習。

step 01 點選圖表中的任一數列，按下滑鼠右鍵，在選單中選擇「**資料數列格式**」，開啟「資料數列格式」窗格。

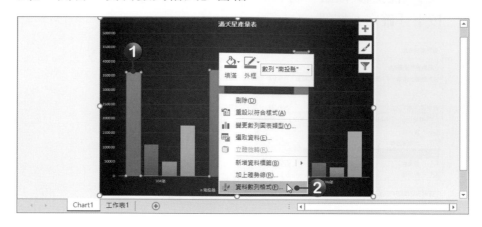

step 02 在「資料數列格式」窗格中點選「**數列選項**」標籤，設定「**數列重疊**」欄位為「**20%**」，設定重疊的部分佔數列大小的20%。

> **T I P S**
>
> 如果在「**數列重疊**」欄位中輸入負值，則數列不會重疊，反而會分開。

step 03 在「類別間距」欄位輸入「**50%**」，設定不同類別之間的距離為數列大小的50%。設定完成後，按下窗格的 ✕ **關閉** 鈕，將窗格關閉。

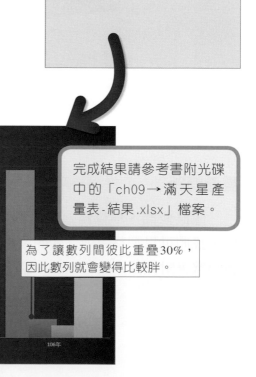

完成結果請參考書附光碟中的「ch09→滿天星產量表-結果.xlsx」檔案。

類別之間距離50%。

為了讓數列間彼此重疊30%，因此數列就會變得比較胖。

✦ 資料標籤

　　將數值以圖形表現，可以清楚看出消長變化，也容易與其他類別進行比較，但圖表中卻不能得知真正的數值大小。不過，我們也可以為數列加上**資料標籤**，就能在圖表中清楚看到精確的數值或比重資料。請開啟書附光碟中的「ch09→來臺主要國家.xlsx」檔案，進行以下的練習。

step 01 選取工作表中的圖表，點選「**圖表工具→設計→圖表版面配置→新增圖表項目**」下拉鈕，於選單中點選「**資料標籤**」，即可在開啟的選單中設定資料標籤的放置位置。若是沒有符合的選項，則點選「**其他資料標籤選項**」，進行更進階的設定。

step 02 在開啟的「資料標籤格式」窗格中，於「標籤選項」欄位中勾選想要顯示的標籤內容，在此將「**類別名稱**」、「**值**」、「**百分比**」選項勾選起來。

> **TIPS**
> 大部分圖表的資料標籤都是顯示數值標籤，部分特殊的圖表則會顯示不同的資訊。例如：圓形圖可顯示百分比大小、泡泡圖可顯示泡泡大小、趨勢線可顯示公式。

step03 接著在「標籤位置」欄位中,設定標籤的放置位置為「終點外側」。設定完成後,按下窗格的 ✕ 關閉 鈕,將窗格關閉。

step04 回到工作表中,圖表各扇形旁就會標示出各類別名稱、值,以及該類別佔整體的百分比。

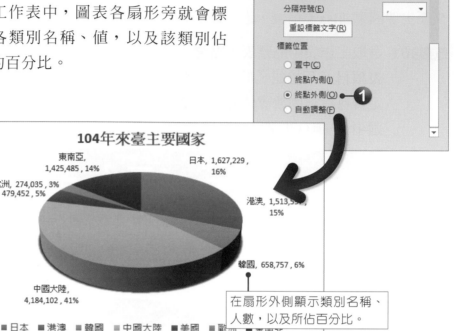

在扇形外側顯示類別名稱、人數,以及所佔百分比。

完成結果請參考書附光碟中的「ch09→來臺主要國家-結果.xlsx」檔案。

TIPS

在設定「**標籤選項**」欄位時,若有勾選「**顯示指引線**」選項,則當資料標籤距離扇形較遠時,會出現一條線連結資料標籤和扇形。資料標籤的位置是可以移動的,只要在資料標籤上雙擊滑鼠左鍵,選取單獨的資料標籤,就可以直接拖曳調整它的位置。

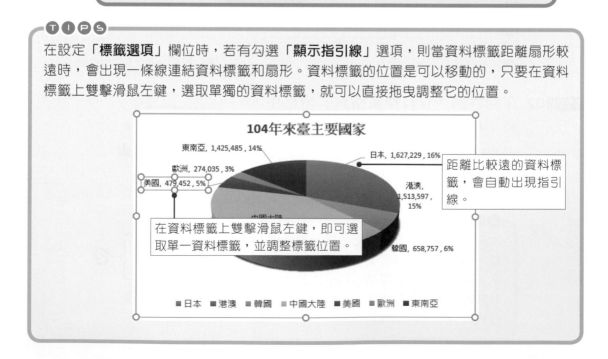

在資料標籤上雙擊滑鼠左鍵,即可選取單一資料標籤,並調整標籤位置。

距離比較遠的資料標籤,會自動出現指引線。

✦ 運算列表

　　若想要在圖表中與來源表格進行對照，可以在圖表中加入「運算列表」。但並不是每一種圖表都可以加上運算列表，像是：圓形圖、雷達圖就無法加入。請開啟書附光碟中的「ch09→茶葉銷售量.xlsx」檔案，進行以下的練習。

step 01 選取工作表中的圖表，點選「**圖表工具→設計→圖表版面配置→新增圖表項目**」下拉鈕，於選單中點選「**運算列表**」，即可在開啟的選單中選擇運算列表的樣式。若是想要進行更進階的設定，可點選「**其他運算列表選項**」。

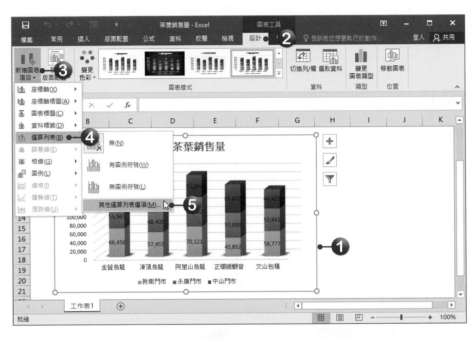

step 02 在開啟的「運算列表格式」窗格中，可在「表格框線」項目中設定運算列表的框線，在此取消勾選「**水平**」和「**垂直**」選項，圖表區中的運算列表框線也會馬上隨之變化，只剩下外框線。

step 03 設定完成後，按下窗格的 ✕ **關閉** 鈕，將窗格關閉。

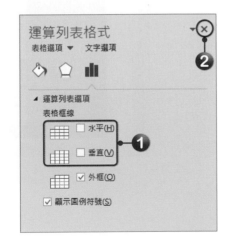

step 04 回到工作表中，圖表的繪圖區下方就會加入運算列表，裡面含有圖表的來源資料。

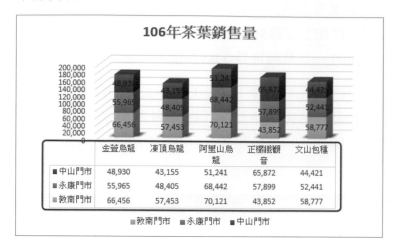

106年茶葉銷售量

	金萱烏龍	凍頂烏龍	阿里山烏龍	正欉鐵觀音	文山包種
■中山門市	48,930	43,155	51,241	65,872	44,421
■永康門市	55,965	48,405	68,442	57,899	52,441
■敦南門市	66,456	57,453	70,121	43,852	58,777

■敦南門市　■永康門市　■中山門市

✦ 趨勢線

用點表示數值的圖表，例如：折線圖或 XY 散佈圖，都可以加上趨勢線。趨勢線不單只是一條線，而是一種數學的方程式圖形，具有預測未來數值的功能。請開啟書附光碟中的「ch09→身高體重相關表.xlsx」檔案，進行以下的練習。

step 01 選取圖表中的資料點，按下滑鼠右鍵，選擇「**加上趨勢線**」。

step 02 開啟「趨勢線格式」窗格，在「趨勢線選項」項目中，選擇加入「**多項式**」類型的趨勢線，並將「冪次」欄位設定為「**3**」次。

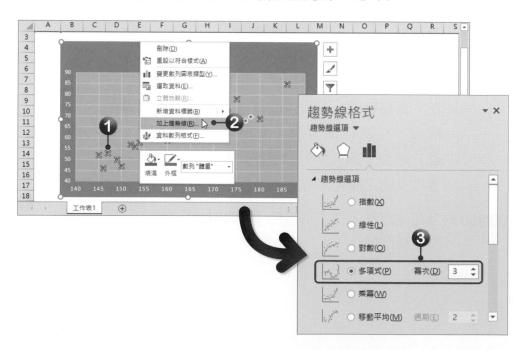

step03 在「趨勢線格式」窗格繼續設定「趨勢預測」項目，將「正推」和「倒推」欄位都輸入「**5**」個週期，並勾選「**圖表上顯示公式**」選項。

step04 設定完成後，按下窗格的 ✖ **關閉鈕**，將窗格關閉。

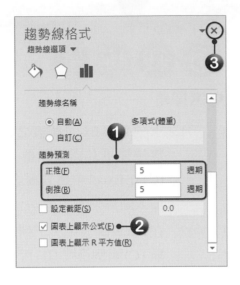

step05 回到工作表後，圖表區中便產生體重數列的趨勢線，它會往前和往後預測 5 個週期的線條走勢，並顯示建立趨勢線的公式。

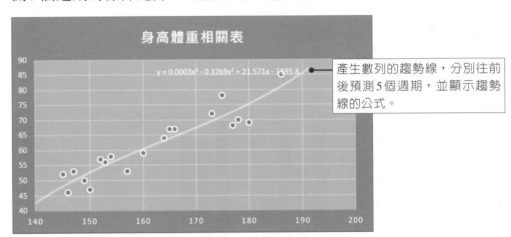

產生數列的趨勢線，分別往前後預測 5 個週期，並顯示趨勢線的公式。

○ 選擇題

( )1. 下列有關Excel圖表之敘述，何者不正確？ (A)在Excel中建立圖表後，就無法變更其圖表類型 (B)Excel允許一個圖表中同時存在不同的圖表類型 (C)在Excel中建立圖表後，還是可以調整資料數列的順序 (D)圓形圖無法加入運算列表。

( )2. 在Excel圖表中，下列何者非直條圖可使用之資料標籤？ (A)值 (B)類別名稱 (C)圖例符號 (D)百分比。

( )3. 若想為Excel圖表加上趨勢線，首先必須執行下列何項操作？ (A)選取整張圖表 (B)選取單一數列 (C)選取繪圖區 (D)選取圖例。

○ 題組題

請依據下圖回答下列1～4題。

( )1. 若欲在圖表中加入如圖A所示的圖表物件，應新增下列何項圖表項目？ (A)座標軸 (B)資料標籤 (C)運算列表 (D)圖例。

( )2. 若欲在圖表中加入如圖B所示的圖表物件，應新增下列何項圖表項目？ (A)座標軸 (B)資料標籤 (C)運算列表 (D)圖例。

( )3. 若欲在圖表中加入如圖C所示的圖表物件，應新增下列何項圖表項目？ (A)座標軸 (B)資料標籤 (C)運算列表 (D)圖例。

( )4. 上圖的繪圖區中，是套用了下列何種填滿效果？ (A)漸層 (B)材質 (C)圖樣 (D)實心。

● 實作題 ———————————————————————————————————

1. 開啓「ch09→血壓紀錄表.xlsx」檔案，進行以下設定。

- 將資料建立一個「折線圖」，並加入圖例與運算列表。
- 設定垂直軸的最小值爲50、最大值爲150、主要刻度間距爲10。
- 加上第一主水平格線及第一主垂直格線。
- 請自行設定圖表格式。

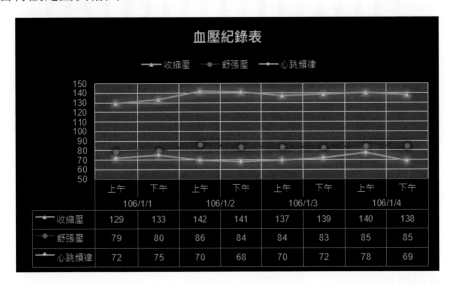

2. 開啓「ch09→吳郭魚市場交易行情.xlsx」檔案，進行以下設定。

- 建立一個綜合圖表(直條圖加上折線圖)，「交易量」數列爲群組直條圖，「平均價格」數列爲含有資料標記的折線圖。
- 設定水平(類別)座標軸的日期格式爲只顯示月份和日期（請參考圖示），文字方向設定爲「堆疊方式」。
- 將「平均價格」數列的資料繪製於副座標軸。
- 顯示「平均價格」的數值資料標籤，資料標籤的位置放在上方。
- 將左側數值座標軸的單位設定爲「千」。
- 加入主垂直座標軸標題爲「交易量」、副垂直標題文字爲「平均價格(元)」，並設定爲垂直文字。
- 請自行設定圖表格式。

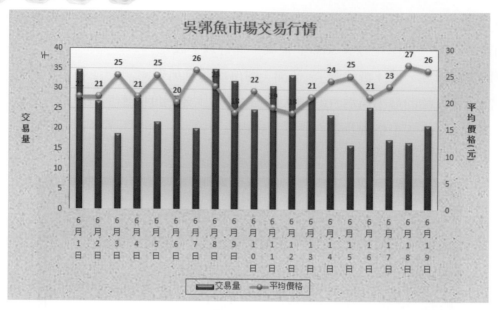

3. 開啟「ch09→咖啡與茶進口資料.xlsx」檔案，進行以下設定。

- 將工作表中的圓形圖修改為「子母圓形圖」，設定使用「百分比值」區分數列資料，將小於「2%」的類別放在第二區域。

- 新增資料標籤，標籤內容包含類別名稱、百分比（至小數位後2位）、指引線，並將資料標籤的字型設定成粗體。

- 拖曳調整圖表的資料標籤，讓每一個資料標籤都能清楚顯示，而不會重疊。

- 為圖例加上寬度為1pt的白色框線。

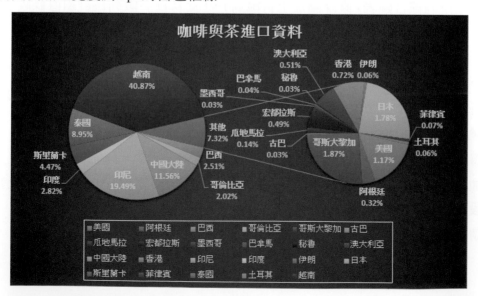

EXCEL 2016

CHAPTER
10

製作樞紐分析表

✪ 本章學習重點

10-1 建立樞紐分析表

當我們運用Excel輸入了許多流水帳的資料，是很難從這些資料中，一下子就分析出這些資料所代表的意義。所以Excel提供了一個資料分析的利器—「樞紐分析表」。

	A	B	C	D	E	F	G	H	I
1	訂單編號	銷售日期	門市	廠牌	型號	單價	數量	銷售量	
2	ORD0001	1月8日	台北	SONY	Cyber-shot TX55	$12,980	2	$25,960	
3	ORD0002	1月14日	台中	Canon	IXUS 1000 HS	$9,800	4	$39,200	
4	ORD0003	1月15日	台北	RICOH	CX2	$10,490	2	$20,980	
5	ORD0004	1月15日	新竹	Panasonic	DMC-GF3	$12,990	3	$38,970	
6	ORD0005	1月17日	高雄	Panasonic	DMC-TS3	$14,990	1	$14,990	
7	ORD0006	1月21日	新竹	SONY	NEX-7	$21,980	3	$65,940	
8	ORD0007	1月25日	台北	SONY	NEX-5N	$16,980	2	$33,960	
9	ORD0008	2月2日	台中	SONY	Cyber-shot TX55	$12,980	2	$25,960	
10	ORD0009	2月5日	台南	Panasonic	DMC-G10	$18,990	1	$18,990	
11	ORD0010	2月7日	台中	Canon	PowerShot G12	$14,900	5	$74,500	
12	ORD0011	2月7日	台北	Canon	PowerShot SX10 IS	$13,990	1	$13,990	
13	ORD0012	2月10日	台中	Panasonic	DMC-FZ100	$14,900	1	$14,900	
14	ORD0013	2月14日	台北	RICOH	CX5	$8,888	1	$8,888	
15	ORD0014	2月18日	高雄	FUJIFILM	Real 3D W3				

銷售明細

流水帳般的資料很難馬上判斷出哪個時期哪一款相機賣得最好。

「樞紐分析表」是一種可以量身訂作的表格，我們只需拖曳幾個欄位，就能夠將大筆的資料自動分類，同時顯示分類後的小計資訊。而它最大的優點在於可根據各種不同的需求，藉由改變欄位位置及設定篩選條件，就能即時顯示不同的訊息。

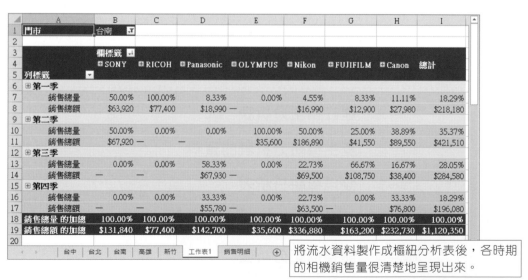

將流水資料製作成樞紐分析表後，各時期的相機銷售量很清楚地呈現出來。

接下來將以步驟說明如何建立一個最基本的樞紐分析表。請開啟「ch10→數位相機銷售表.xlsx」檔案，進行樞紐分析表的製作。

step01 選取工作表中資料範圍內的任一個儲存格，再點選「**插入→表格→樞紐分析表**」指令按鈕。

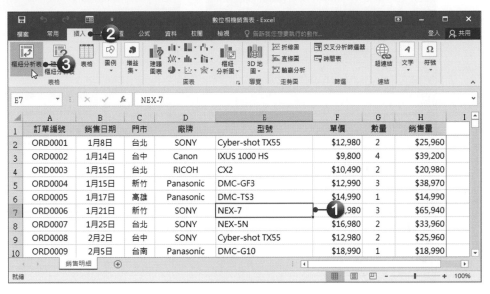

step02 開啟「建立樞紐分析表」對話方塊後，Excel會自動選取儲存格所在的表格範圍，請確認範圍是否正確。點選「**新工作表**」，將產生的樞紐分析表放置在新的工作表中，都設定好後按下「**確定**」按鈕。

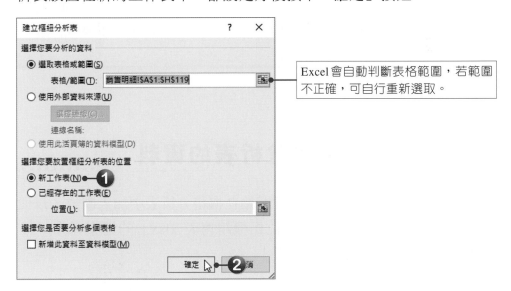

Excel會自動判斷表格範圍，若範圍不正確，可自行重新選取。

step03 Excel就會自動新增一個「工作表1」，並於工作表中顯示一個樞紐分析表的提示，而在功能區中會出現「樞紐分析表工具」，且工作表的右邊會自動開啟「樞紐分析表欄位」窗格。

TIPS

「樞紐分析表欄位」窗格可依需求設定顯示或隱藏。點選「**樞紐分析表工具→分析→顯示→欄位清單**」指令按鈕，即可切換顯示或隱藏「樞紐分析表欄位」窗格。

10-2 產生樞紐分析表的資料

　　建立樞紐分析表後，接著就要開始在樞紐分析表中加入欄位，以便產生相對應的樞紐分析表。接續上述「數位相機銷售表.xlsx」的檔案操作，接下來就來看看如何產生樞紐分析表的資料吧！

✦ 加入欄位

　　一開始所產生的樞紐分析表都是空白的，因此我們必須手動在「樞紐分析表欄位」窗格中加入欄位。透過在區域中放置不同的欄位，就能產生不同的樞紐分析表結果。

　　樞紐分析表可分為**篩選**、**欄**、**列**、**Σ 值**等四個區域。以下為各區域的說明：

■**篩選**：限制下方的欄位只能顯示指定資料。

■**列**：位於直欄，用來將資料分類的項目。

■**欄**：位於橫列，用來將資料分類的項目。

■**Σ 值**：用來放置要被分析的資料，也就是直欄與橫列項目相交所對應的資料，通常是數值資料。

　　以本例來說，要將「門市」欄位加入**「篩選」**區域；將「銷售日期」欄位加入「列」區域；將「廠牌」、「型號」欄位加入**「欄」**區域；將「數量」及「銷售量」欄位加入**「Σ 值」**區域。操作步驟如下：

step01 在「樞紐分析表欄位」窗格中，選取樞紐分析表欄位清單中的**「門市」**欄位，將它拖曳到**「篩選」**區域中。

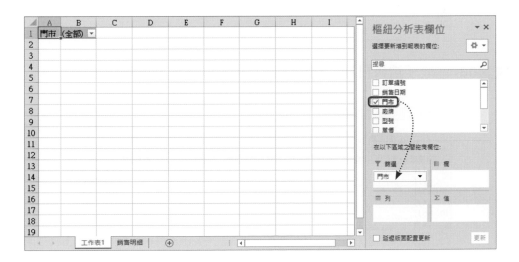

step02 再選取「**廠牌**」欄位,將它拖曳到「**欄**」區域中;選取「**型號**」欄位, 將它拖曳到「**欄**」區域中。在樞紐分析表中就可以對照出每一個日期所 交易的型號以及數量。

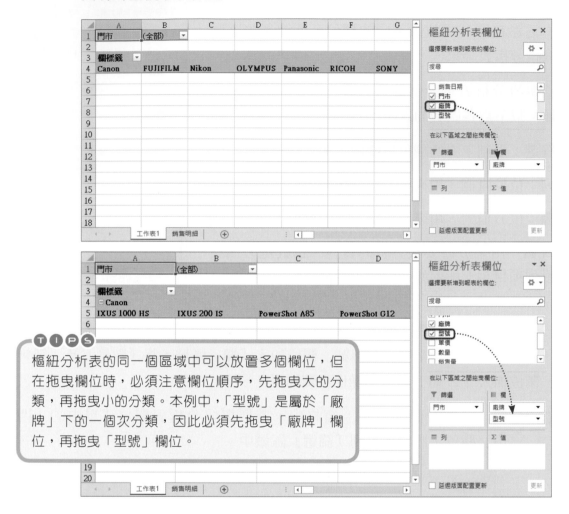

step03 選取「**銷售日期**」欄位,將它拖曳到「**列**」區域中。

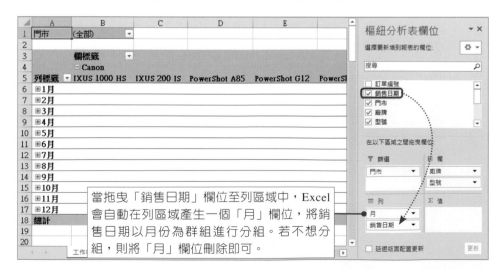

step04 選取「**數量**」欄位，將它拖曳到「**Σ 值**」區域中；選取「**銷售量**」欄位，將它拖曳到「**Σ 值**」區域中，現在「**Σ 值**」區域中，同時顯示「**數量**」以及「**銷售量**」兩項資料。

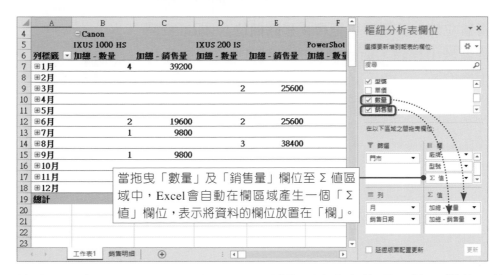

當拖曳「數量」及「銷售量」欄位至 Σ 值區域中，Excel 會自動在欄區域產生一個「Σ值」欄位，表示將資料的欄位放置在「欄」。

step05 接著調整欄位配置，將預設顯示在「欄」區域中的「**Σ 值**」欄位，拖曳到「**列**」區域。

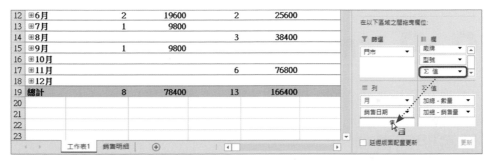

step06 到這裡，基本樞紐分析表就完成了，從樞紐分析表中可以看出各廠牌產品的銷售數量及業績。

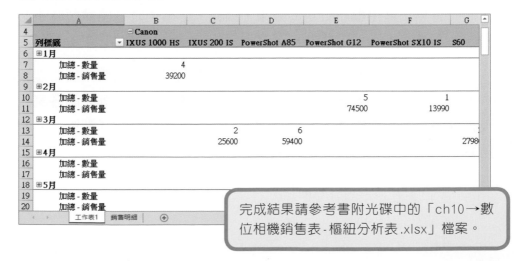

完成結果請參考書附光碟中的「ch10→數位相機銷售表-樞紐分析表.xlsx」檔案。

✦ 移除欄位

若要移除樞紐分析表中的欄位時,直接在「樞紐分析表欄位」窗格中,在想要移除的欄位上按一下滑鼠左鍵,於選單中選擇**「移除欄位」**,即可將欄位從區域中移除,而此欄位的資料也會從樞紐分析表中消失。

10-3 使用樞紐分析表

當樞紐分析表建立好,即可開始進一步使用樞紐分析表來分析資料。

✦ 隱藏明細資料

若在欄或列區域中放置多個欄位,所產生的樞紐分析表就會顯示很多資料,有的對應到大分類的欄位,有的對應到次分類的欄位,隸屬各種欄位的資料混雜在一起,會無法產生樞紐分析的效果,因此,必須適時地隱藏暫時不必要出現的欄位。

例如:我們方才製作的樞紐分析表,詳細列出各個廠牌中所有型號的銷售資料。假若現在只想察看各廠牌間的銷售差異,那麼其下所細分的各家「型號」資料反而就不是分析重點了。在這樣的情形下,應該將有關「型號」的明細資料暫時隱藏起來,只檢視「廠牌」標籤的資料就可以了。

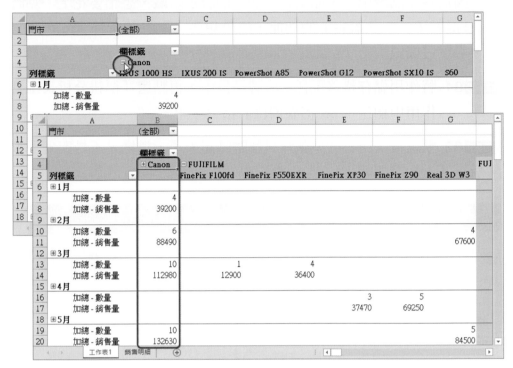

step01 按下「Canon」廠牌前的 ⊟ 摺疊鈕，即可將「Canon」廠牌下的各款型號的明細資料隱藏起來。

step02 利用相同方式，將其他廠牌的資料明細隱藏起來。將多餘的資料隱藏後，反而更能馬上比較出各廠牌之間的銷售差異。

列標籤	Canon	FUJIFILM AW100	Nikon COOLPIX P7000	COOLPIX S9100	P7100	Nikon 合計
⊞1月						
加總 - 數量	4					
加總 - 銷售量	39200					
⊞2月						
加總 - 數量	6	4			1	1
加總 - 銷售量	88490	67600			16990	16990
⊞3月						
加總 - 數量	10	5	4		2	6
加總 - 銷售量	112980	49300	55960		23800	79760
⊞4月						
加總 - 數量		8	5			5
加總 - 銷售量		106720	69500			69500
⊞5月						
加總 - 數量	10	5	1		5	6
加總 - 銷售量	132630	84500	13990		84950	98940

TIPS

如果要再次顯示被隱藏的明細資料，只要再按下 ⊞ 展開鈕，即可將其下分類標籤的詳細資料再度顯示出來。

隱藏所有明細資料

因為各家品牌眾多,如果要一個一個設定隱藏,恐怕要花上一點時間。還好 Excel 提供了「一次搞定」的功能,如果想要一次隱藏所有「廠牌」明細資料的話,可以這樣做:

step 01 將作用儲存格移至任一廠牌欄位中,再點選「**樞紐分析表工具→分析→作用中欄位→ ⬛ 摺疊欄位**」指令按鈕。

step 02 點選後,所有的型號資料都隱藏起來了,這樣是不是節省了很多重複設定的時間呢!

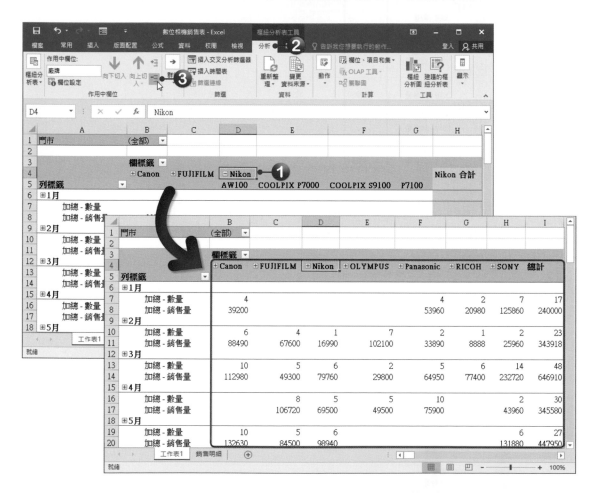

> **TIPS**
> 如果要再次顯示所有被隱藏的欄位資料,只要按下「**樞紐分析表工具→分析→作用中欄位→ ⬛ 展開欄位**」指令按鈕即可。

✦ 篩選資料

樞紐分析表中的每個欄位旁邊都有 ▼ 篩選鈕，它是用來設定篩選項目的。當按下任何一個欄位的 ▼ 篩選鈕，從選單中選擇想要顯示的資料項目，即可完成篩選的動作。

例如：要在分析表只顯示「台北」門市中，所有「Canon」及「SONY」這兩個品牌的數位相機銷售資料時，其作法如下：

step01 點選「**門市**」標籤旁的 ▼ 篩選鈕，於選單中將「**選取多重項目**」勾選起來。接著將「**(全部)**」的勾選取消，再勾選「**台北**」門市，這樣分析表中就只會顯示台北門市的銷售紀錄，而不會顯示其他門市的資料。

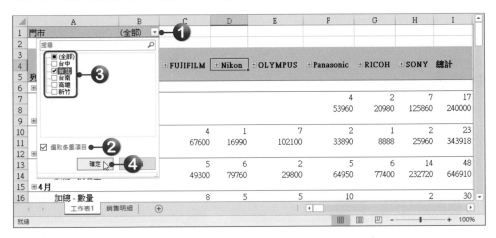

step02 再點選「**欄標籤**」的 ▼ 篩選鈕，選取「**廠牌**」欄位，並取消「**(全選)**」選項。再勾選「**Canon**」及「**SONY**」，則資料會被篩選出只有這兩家廠牌的銷售資料。

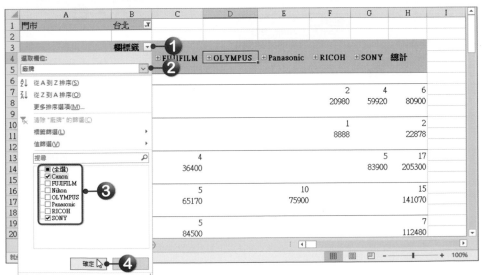

step03 在樞紐分析表中只顯示「Canon」及「SONY」廠牌的銷售資料。

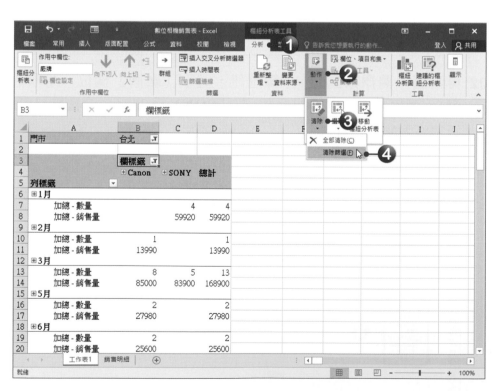

移除篩選

資料經過篩選後,若要再恢復完整的資料時,可以點選「**樞紐分析表工具 →分析→動作→清除→清除篩選**」指令按鈕,即可將樞紐分析表內的篩選設定清除。

✦ 設定標籤群組

若要看出時間軸與銷售情況的影響，可以將較瑣碎的日期標籤設定群組來進行比較。在目前的樞紐分析表中，除了將每筆銷售明細逐日列出外，Excel也自動將日期以「月」為群組加總資料，讓我們可以以「月」為單位進行比較。而我們也可以依照需求，自行設定標籤群組的單位。

以本例來說，假設我們要將「銷售日期」分成以每一「季」及每一「月」分組，其作法如下：

step01 選取「月」或「**銷售日期**」欄位，點選「**樞紐分析表工具→分析→群組→群組欄位**」指令按鈕，開啟「群組」對話方塊。

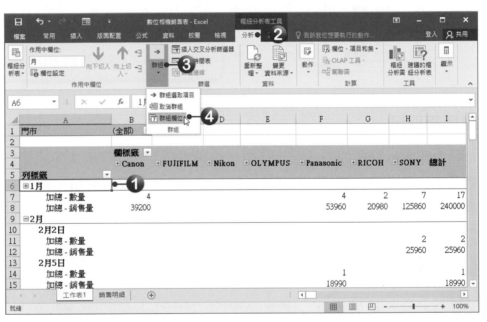

step02 在「群組」對話方塊中，設定間距值為「月」及「季」，設定好後按下「**確定**」按鈕。

step03 回到工作表中，列標籤欄位就會將資料期間以「季」與「月份」為群組，呈現各群組的加總資料了。

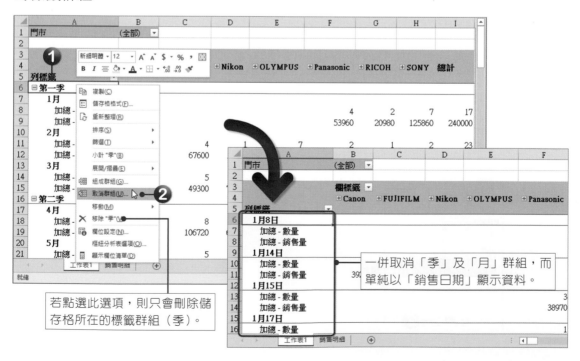

完成結果請參考書附光碟中的「ch10→數位相機銷售表 - 標籤群組 .xlsx」檔案。

取消標籤群組

　　如果不想以群組的方式顯示欄位，就選取原本執行群組功能的欄位（在本例中是「季」及「月」欄位），按下滑鼠右鍵，選擇「**取消群組**」功能；或是直接點選「**樞紐分析表工具→分析→群組→取消群組**」指令按鈕，即可一併取消所有的標籤群組。

若點選此選項，則只會刪除儲存格所在的標籤群組（季）。

一併取消「季」及「月」群組，而單純以「銷售日期」顯示資料。

✦ 更新樞紐分析表

樞紐分析表是根據來源資料所產生的，所以若來源資料有變動時，樞紐分析表的資料也必須跟著變動，這樣資料才會是正確的。

當來源資料有更新時，點選「**樞紐分析表工具→分析→資料→重新整理**」指令按鈕，或按下 **Alt+F5** 快速鍵，可更新樞紐分析表中的資料。若要全部更新的話，按下「**重新整理**」指令按鈕的下半部按鈕，於選單中點選「**全部重新整理**」，或按下 **Ctrl+Alt+F5** 快速鍵，即可更新樞紐分析表內的資料。

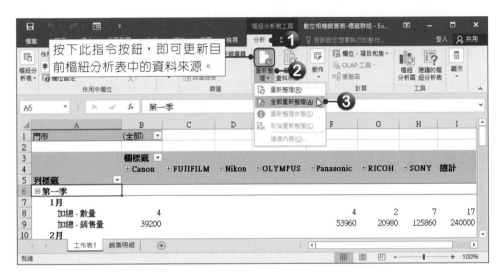

 試‧試‧看 樞紐分析表的群組設定與篩選設定

開啟書附光碟中的「ch10→台北魚市交易行情.xlsx」檔案，對樞紐分析表進行以下設定。

☑ 隱藏「魚貨名稱」的明細資料，只顯示「類別」標籤。

☑ 將「交易日期」欄位設定群組為「年」、「季」。

☑ 利用欄位篩選鈕進行篩選設定，只檢視2002年第一季及第二季的「蝦蟹貝類及其他」和「養殖類」資料。

	＋蝦蟹貝類及其他	＋養殖類	總計
列標籤			
⊟2002年			
第一季			
加總 - 交易量	43579	75655	119234
加總 - 平均價	3658	1750	5408
第二季			
加總 - 交易量	35905	58375	94280
加總 - 平均價	3801	1318	5119
加總 - 交易量 的加總	79484	134030	213514
加總 - 平均價 的加總	7459	3068	10527

10-4 交叉分析篩選器

樞紐分析表雖然提供報表篩選功能，但當同時篩選多個項目時，操作上比較不是那麼簡便。因此 Excel 提供了一個好用的篩選工具—**交叉分析篩選器**，它包含一組可快速篩選樞紐分析表資料的按鈕，只要點選這些按鈕，就可以快速設定篩選條件，以便即時將樞紐分析表內的資料做更進一步的交叉分析。

接下來，延續上述「數位相機銷售表.xlsx」檔案操作，我們將使用「交叉分析篩選器」快速統計出我們想要知道的統計資料：

■「台北」門市「**Canon**」廠牌的銷售數量及銷售金額為何？

■「台北」門市「**Canon**」及「**SONY**」廠牌在「**第三季**」的銷售數量及銷售金額為何？

✦ 插入交叉分析篩選器

step01 點選「樞紐分析表工具→分析→篩選→插入交叉分析篩選器」指令按鈕，開啟「插入交叉分析篩選器」對話方塊。

step02 選擇要分析的欄位，這裡請勾選「**門市**」、「**廠牌**」及「**季**」等欄位。勾選好後按下「**確定**」按鈕。

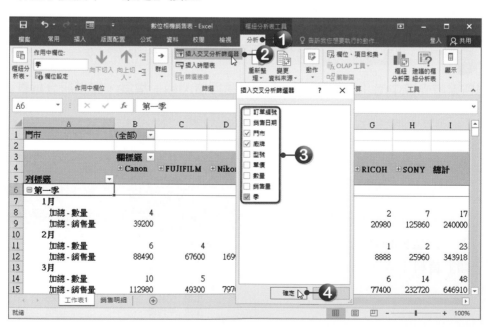

step03 回到工作表後，便會出現我們所選擇的「門市」、「廠牌」及「季」等
三個交叉分析篩選器。

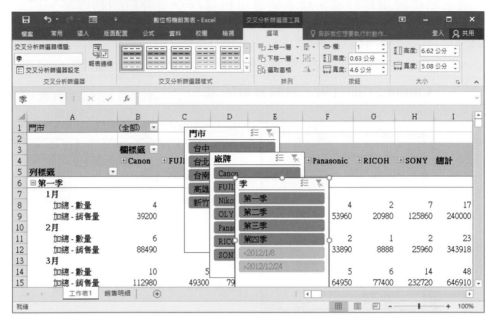

✦ 調整交叉分析篩選器的大小及位置

　　將滑鼠游標移至篩選器上，按住滑鼠左鍵不放並拖曳滑鼠，即可移動篩選器
的位置；將滑鼠游標移至篩選器的邊框上，按住滑鼠左鍵不放並拖曳滑鼠，即可
調整篩選器的大小。

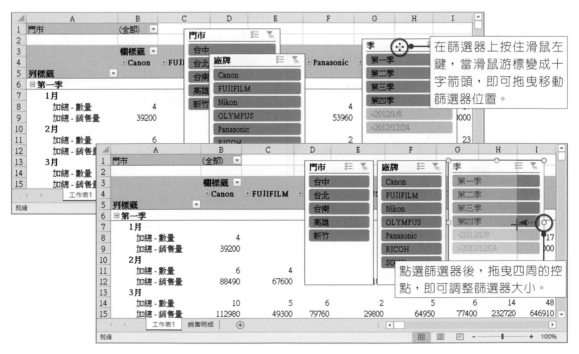

在篩選器上按住滑鼠左鍵，當滑鼠游標變成十字箭頭，即可拖曳移動篩選器位置。

點選篩選器後，拖曳四周的控點，即可調整篩選器大小。

✦ 篩選設定

篩選器位置調整好後,接下來就可以進行交叉分析的動作了。

step 01 首先,如果想要知道「台北門市Canon廠牌的銷售數量及銷售金額」,只要在「門市」篩選器上點選「**台北**」;在「廠牌」篩選器上點選「**Canon**」,即可馬上看到分析結果。

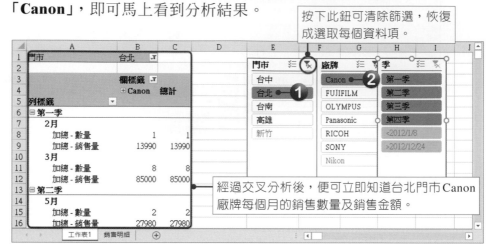

> 按下此鈕可清除篩選,恢復成選取每個資料項。

> 經過交叉分析後,便可立即知道台北門市Canon廠牌每個月的銷售數量及銷售金額。

step 02 接著想要知道「台北門市Canon及SONY廠牌在第三季的銷售數量及銷售金額」。只要在「門市」篩選器上點選「**台北**」;在「廠牌」篩選器上點選「**Canon**」及「**SONY**」;在「季」篩選器上點選「**第三季**」,即可馬上看到分析結果。

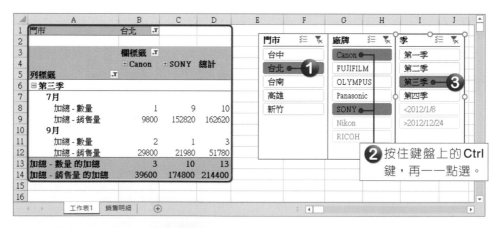

> ❷ 按住鍵盤上的 **Ctrl** 鍵,再一一點選。

> **TIPS**
>
> 若不再需要使用交叉分析篩選器功能時,可以點選交叉分析篩選器,再按下鍵盤上的 **Delete** 鍵;或是在交叉分析篩選器上,按下滑鼠右鍵,於選單中點選「**移除**」選項,即可刪除。

✦ 美化交叉分析篩選器

點選交叉分析篩選器後，即可在「**交叉分析篩選器工具→選項**」索引標籤中，進行樣式、排列、大小等美化工作。

更換樣式

選取要更換樣式的交叉分析篩選器，在「**交叉分析篩選器工具→選項→交叉分析篩選器樣式**」群組中，即可選擇要套用的樣式。

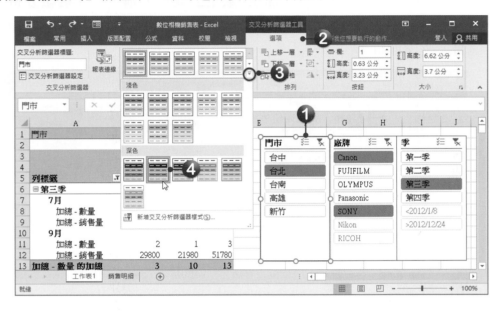

欄位數設定

選取要設定的交叉分析篩選器，在「**交叉分析篩選器工具→選項→按鈕→欄**」欄位中，輸入要設定的欄數，即可調整交叉分析篩選器的欄位數。

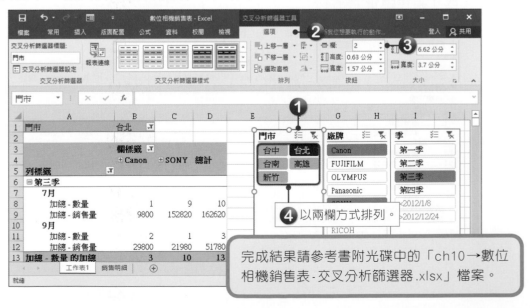

完成結果請參考書附光碟中的「ch10→數位相機銷售表-交叉分析篩選器.xlsx」檔案。

10-5 調整樞紐分析表

✦ 編輯欄位名稱

當建立樞紐分析表時，樞紐分析內的欄位名稱是Excel自動命名的，若這些命名方式並不符合需求，也可以自行修改欄位名稱。

step01 點選 **A8** 儲存格，也就是「加總-數量」欄位名稱，於「**樞紐分析表工具→分析→作用中欄位**」的欄位名稱中直接修改欄位名稱為「**銷售總量**」文字即可。

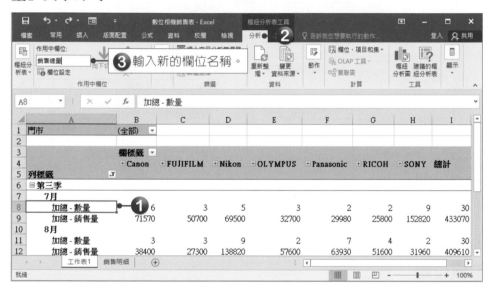

step02 回到樞紐分析表中，每一個月份的資料名稱「加總-數量」都一併修改為「銷售總量」了。

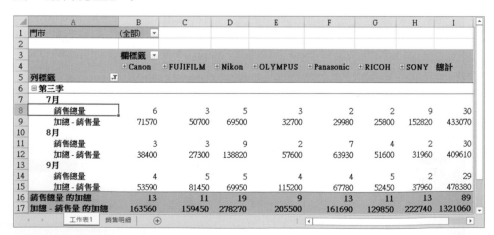

step03 接著再選取 **A9** 儲存格，也就是「加總-銷售量」欄位名稱，於「**樞紐分析表工具→分析→作用中欄位**」的欄位名稱中修改欄位名稱為「**銷售總額**」文字。

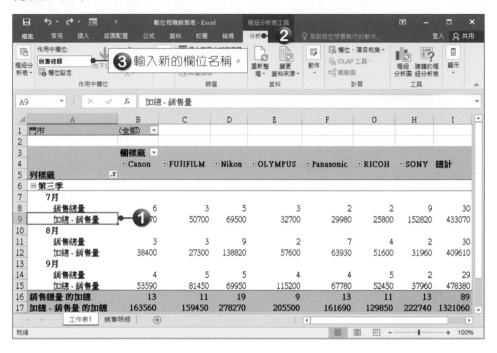

✦ 設定欄位的資料格式

step01 選取 **A9** 儲存格，按下「**樞紐分析表工具→分析→作用中欄位→欄位設定**」指令按鈕，開啟「值欄位設定...」對話方塊。

step02 在「值欄位設定...」對話方塊中，按下「**數值格式**」指令按鈕。

step03 開啓「儲存格格式」對話方塊，於類別中點選**「貨幣」**，將小數位數設為**「0」**，負數表示方式選擇**「-$1,234」**，設定好後按下**「確定」**按鈕。

step04 回到「值欄位設定...」對話方塊後，按下**「確定」**按鈕完成設定。

step05 回到樞紐分析表後，所有「銷售總額」欄位中的數值資料都套用剛剛設定的「貨幣」格式。

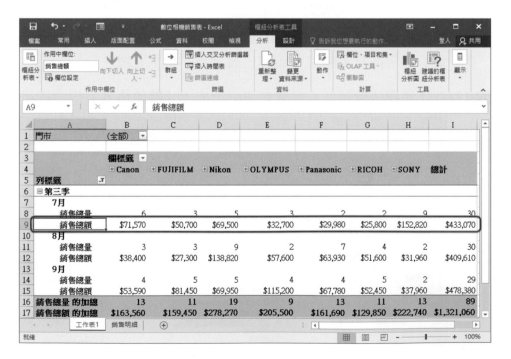

✦ 以百分比顯示資料

　　雖然原始銷售資料是以數值表示，但在樞紐分析表中，不僅可以呈現數值，還可以將這些數值轉換成百分比格式，如此一來，我們就可以直接看出這些數值所佔的比例了。以本例來說明，若想直接比較同一種型號的數位相機，於一到十二月各月所佔的銷售百分比，設定方式如下：

step01 點選「**銷售總量**」項目，再點選「**樞紐分析表工具→分析→作用中欄位→欄位設定**」指令按鈕，開啟「**值欄位設定...**」對話方塊。

step02 點選「**值的顯示方式**」標籤，在「值的顯示方式」選單中，選擇「**欄總和百分比**」選項，選擇好後按下「**確定**」按鈕。

step03 回到工作表後，則每一款數位相機的銷售總量，皆依每個月所銷售的比例以百分比顯示。

	A	B	C	D	E	F	G	H	I
3		欄標籤 ▼							
4		⊞Canon	⊞FUJIFILM	⊞Nikon	⊞OLYMPUS	⊞Panasonic	⊞RICOH	⊞SONY	總計
5	列標籤 ▼								
6	⊟第一季								
7	1月								
8	銷售總量	6.56%	0.00%	0.00%	0.00%	7.27%	5.88%	10.61%	5.09%
9	銷售總額	$39,200				$53,960	$20,980	$125,860	$240,00
10	2月								
11	銷售總量	9.84%	10.26%	2.04%	23.33%	3.64%	2.94%	3.03%	6.89%
12	銷售總額	$88,490	$67,600	$16,990	$102,100	$33,890	$8,888	$25,960	$343,91
13	3月								
14	銷售總量	16.39%	12.82%	12.24%	6.67%	9.09%	17.65%	21.21%	14.37%
15	銷售總額	$112,980	$49,300	$79,760	$29,800	$64,950	$77,400	$232,720	$646,91
16	⊟第二季								
17	4月								
18	銷售總量	0.00%	20.51%	10.20%	16.67%	18.18%	0.00%	3.03%	8.98%
19	銷售總額		$106,720	$69,500	$49,500	$75,900		$43,960	$345,58

工作表1　銷售明細

✦ 變更資料欄位的計算方式

使用樞紐分析表時，預設的資料欄位都是用「加總」方式統計，能否改成其他的統計方法（例如：平均值、標準差）呢？答案是可以的，只要修改資料的**摘要值方式**即可。

只要先選取欄位，再點選「**樞紐分析表工具→分析→作用中欄位→欄位設定**」指令按鈕，開啟「值欄位設定...」對話方塊，在「**摘要值方式**」標籤中，選擇要計算的類型，選擇好後按下「**確定**」按鈕，即可改變資料欄位的計算方式。

✦ 資料排序

在樞紐分析表中，也可以使用「排序」功能，將資料進行排序的動作，這裡要將各廠牌的數位相機以年度銷售額由多至少排序。

step 01 點選欄標籤的選單鈕，於選單中點選「**更多排序選項**」，開啟「排序 (廠牌)」對話方塊。

step 02 點選「**遞減 (Z 到 A) 方式**」，並於選單中選擇「**銷售總額**」，我們要依銷售總額來遞減排序廠牌，選擇好後按下「**確定**」按鈕。

step 03 廠牌的分類就會以整年度的銷售額，由多至少排序。從樞紐分析表中，可以看出「SONY」的數位相機是年度銷售額最高的。

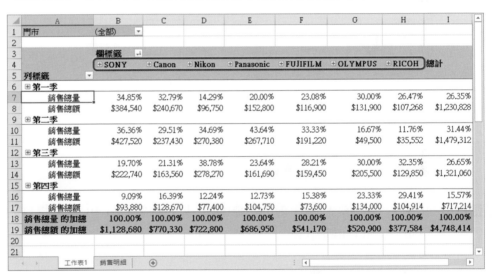

	A	B	C	D	E	F	G	H	I
1	門市	(全部) ▾							
2									
3		欄標籤 ▾							
4		⊞ SONY	⊞ Canon	⊞ Nikon	⊞ Panasonic	⊞ FUJIFILM	⊞ OLYMPUS	⊞ RICOH	總計
5	列標籤 ▾								
6	⊞ 第一季								
7	銷售總量	34.85%	32.79%	14.29%	20.00%	23.08%	30.00%	26.47%	26.35%
8	銷售總額	$384,540	$240,670	$96,750	$152,800	$116,900	$131,900	$107,268	$1,230,828
9	⊞ 第二季								
10	銷售總量	36.36%	29.51%	34.69%	43.64%	33.33%	16.67%	11.76%	31.44%
11	銷售總額	$427,520	$237,430	$270,380	$267,710	$191,220	$49,500	$35,552	$1,479,312
12	⊞ 第三季								
13	銷售總量	19.70%	21.31%	38.78%	23.64%	28.21%	30.00%	32.35%	26.65%
14	銷售總額	$222,740	$163,560	$278,270	$161,690	$159,450	$205,500	$129,850	$1,321,060
15	⊞ 第四季								
16	銷售總量	9.09%	16.39%	12.24%	12.73%	15.38%	23.33%	29.41%	15.57%
17	銷售總額	$93,880	$128,670	$77,400	$104,750	$73,600	$134,000	$104,914	$717,214
18	銷售總量 的加總	100.00%	100.00%	100.00%	100.00%	100.00%	100.00%	100.00%	100.00%
19	銷售總額 的加總	$1,128,680	$770,330	$722,800	$686,950	$541,170	$520,900	$377,584	$4,748,414
20									
21									

工作表1　銷售明細　⊕

製作樞紐分析表

✦ 小計

列欄位或欄欄位中，如果同時存在兩個以上的分類，則比較大的分類，可以將其下次分類的資料，統計為一個新的「小計」資訊。

以本例來說，雖然目前的樞紐分析表上已經將銷售日期群組成每季及每月，但在資料欄位中仍然只顯示各月總和，無法計算出每一季的單季總和。若要比對單季的加總值，就需要另外設定「小計」功能。

step01 先點選列標籤中的「**第一季**」，再點選「**樞紐分析表工具→分析→作用中欄位→欄位設定**」指令按鈕，開啟「欄位設定」對話方塊。

step02 在「欄位設定」對話方塊中的「小計」選項，選擇「**自訂**」。由於要計算各季加總額，所以點選「**加總**」選項，選擇好後按下「**確定**」按鈕。

step03 回到工作表後，每一季的分類標籤下，就會顯示單季三個月的數量及銷售量資料的加總小計。

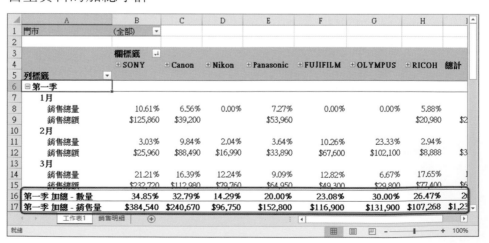

	A	B	C	D	E	F	G	H	I
1	門市	(全部)							
2									
3		欄標籤							
4		⊞SONY	⊞Canon	⊞Nikon	⊞Panasonic	⊞FUJIFILM	⊞OLYMPUS	⊞RICOH	總計
5	列標籤								
6	⊟第一季								
7	1月								
8	銷售總量	10.61%	6.56%	0.00%	7.27%	0.00%	0.00%	5.88%	
9	銷售總額	$125,860	$39,200		$53,960			$20,980	$2
10	2月								
11	銷售總量	3.03%	9.84%	2.04%	3.64%	10.26%	23.33%	2.94%	
12	銷售總額	$25,960	$88,490	$16,990	$33,890	$67,600	$102,100	$8,888	$3
13	3月								
14	銷售總量	21.21%	16.39%	12.24%	9.09%	12.82%	6.67%	17.65%	1
15	銷售總額	$232,720	$112,980	$79,760	$64,950	$49,300	$29,800	$77,400	$6
16	第一季 加總 - 數量	34.85%	32.79%	14.29%	20.00%	23.08%	30.00%	26.47%	20
17	第一季 加總 - 銷售量	$384,540	$240,670	$96,750	$152,800	$116,900	$131,900	$107,268	$1,23

工作表1　銷售明細 ⊕

就緒　　　　　　　　　　　　　　　　　　　　　　　　　　　＋ 100%

✦ 設定樞紐分析表選項

在建立樞紐分析表時，樞紐分析表的最右側和最下方會自動產生「欄」的總計欄位與「列」的總計欄位，用來顯示每一欄和每一列加總的結果。如果不需要這兩個部分，要如何修改？另外，樞紐分析表中空白的部分表示沒有資料，不妨加上一個破折號，表示該欄位沒有資料。以上這些需求，都可以在樞紐分析表的「樞紐分析表選項」對話方塊中修改。

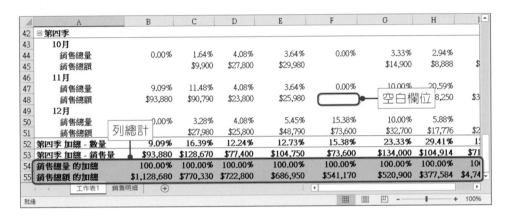

step01 點選「**樞紐分析表工具→分析→樞紐分析表→選項**」指令按鈕，於選單中選擇「**選項**」，開啟「樞紐分析表選項」對話方塊。

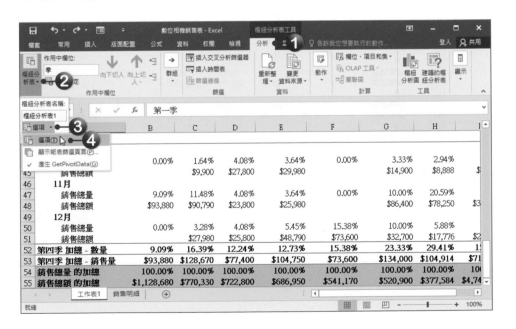

step02 點選「**版面配置與格式**」標籤,勾選「**若為空白儲存格,顯示**」選項,在欄位裡輸入「—」。則沒有資料的欄位,會顯示一個「—」破折號。

step03 點選「**總計與篩選**」標籤,將「**顯示列的總計**」和「**顯示欄的總計**」勾選取消,設定好後按下「**確定**」按鈕。

step04 回到工作表後,沒資料的儲存格會加上「—」,而在樞紐分析表中的最右邊和最下面就不會出現總計資訊。

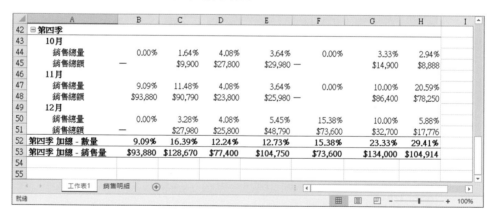

✦ 分頁顯示

利用報表篩選欄位指定下方資料的範圍時，一次只能選擇一個項目，但如果使用**顯示報表篩選頁面**功能，就可以將每個項目的資料，分別顯示在不同的工作表上。

step01 點選**A1**儲存格的門市欄位，再點選「**樞紐分析表工具→分析→樞紐分析表→ 選項**」指令按鈕，於選單中選擇「**顯示報表篩選頁面**」。

step02 在「顯示報表篩選頁面」對話方塊中，選擇要使用的欄位。本例剛好只有一個，點選「**門市**」，選擇好之後，按下「**確定**」按鈕。

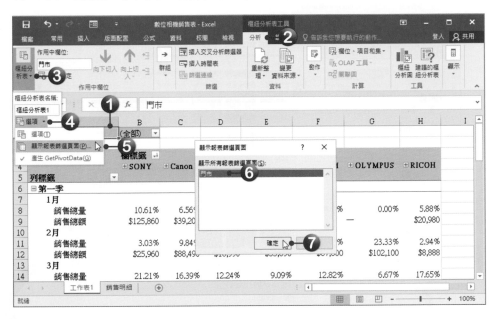

step03 回到工作表中，就可以看到每一家門市的銷售紀錄都分別呈現在新的工作表中，而原先的樞紐分析表並不會因此受到影響。

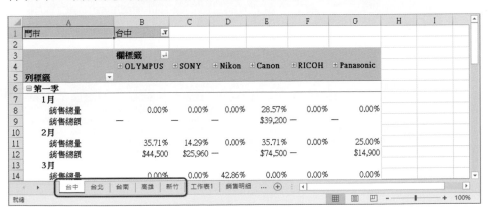

✦ 套用樞紐分析表樣式

Excel提供了樞紐分析表樣式，讓我們可以直接套用於樞紐分析表中，而不必自行設定樞紐分析表的格式。

點選**「樞紐分析表工具→設計」**索引標籤，在「樞紐分析表樣式」群組中就有許多不同的樣式，直接點選想要使用的樣式即可。

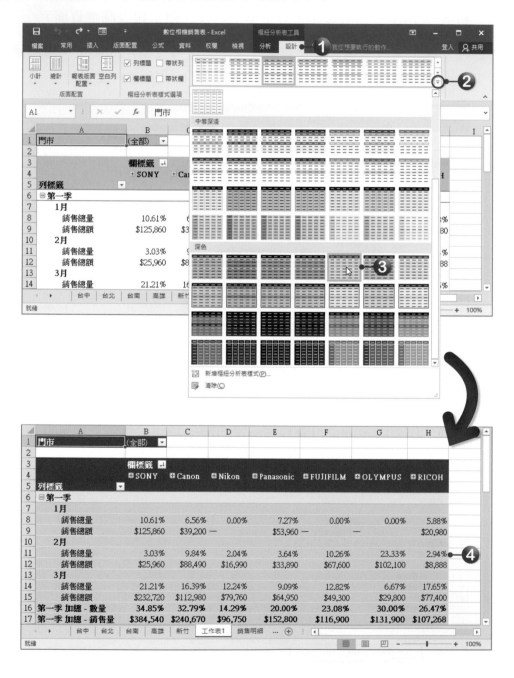

10-6 樞紐分析圖

　　樞紐分析圖是樞紐分析表的概念延伸，可將樞紐分析表的分析結果以圖表方式呈現。與一般圖表無異，它具備資料數列、類別與圖表座標軸等物件，並提供互動式的欄位按鈕，可快速篩選並分析資料。其建立方式如下：

step 01 建立樞紐分析表後，點選「**樞紐分析表工具→分析→工具→樞紐分析圖**」指令按鈕，開啟「插入圖表」對話方塊。

step 02 選擇要使用的圖表類型，選擇好後按下「**確定**」按鈕，在工作表中就會產生樞紐分析圖。

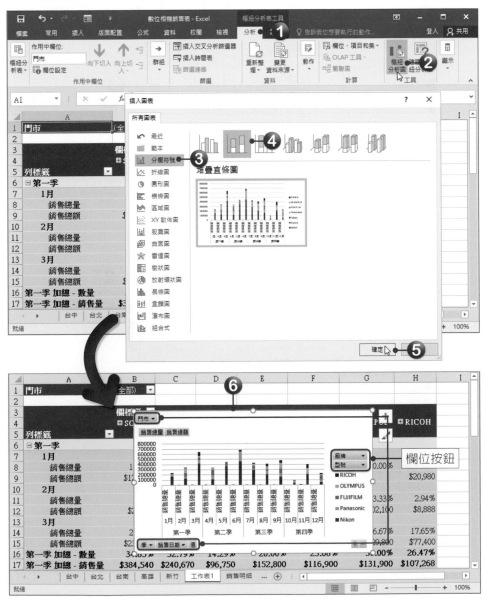

step03 先將圖表拖曳至適當位置,並調整大小。(關於圖表的位置調整與大小設定方式,可參閱本書第8-3節)

step04 接著按下圖表中的「**廠牌**」欄位按鈕,於選單中選擇 **SONY**、**Nikon**、**Canon** 三個廠牌的每月銷售紀錄,選擇好後按下「**確定**」按鈕。

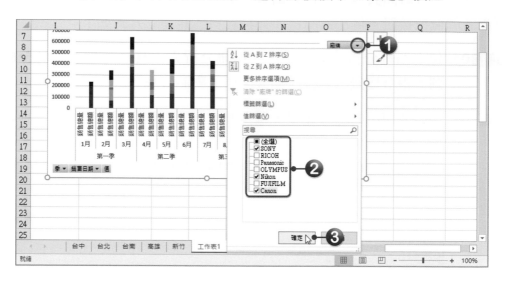

step05 圖表就只會顯示 SONY、Nikon 及 Canon 三個廠牌的每月銷售紀錄。

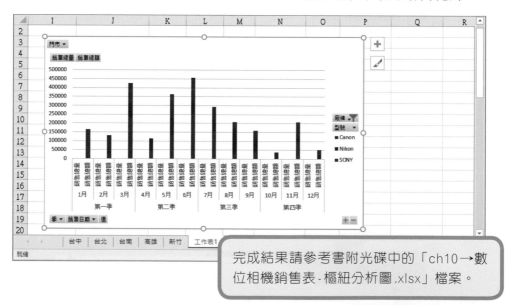

完成結果請參考書附光碟中的「ch10→數位相機銷售表-樞紐分析圖.xlsx」檔案。

TIPS

樞紐分析圖就如同樞紐分析表的概念與操作方式,我們同樣可以依照所選定的顯示條件,看到樞紐分析圖的多樣變化。

當我們在樞紐分析圖上進行篩選設定時,其篩選內容也會反映到它所根據的樞紐分析表上。

✦ 隱藏欄位按鈕

在樞紐分析圖中顯示了各種欄位按鈕，若要隱藏這些欄位按鈕時，可以點選「**樞紐分析圖工具→分析→顯示/隱藏→欄位按鈕**」指令按鈕，在選單中點選「**全部隱藏**」，即可將圖表中的所有欄位按鈕全部隱藏；或是按下選單鈕，選擇要隱藏或顯示的欄位按鈕。

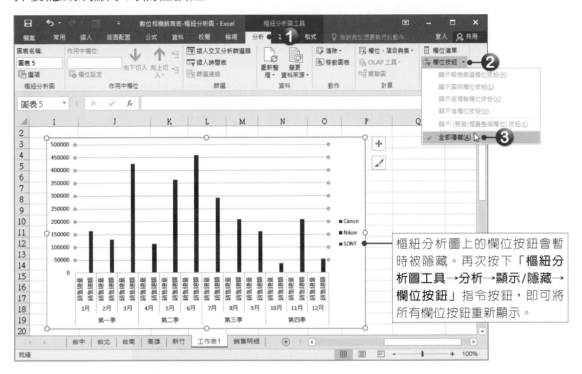

樞紐分析圖上的欄位按鈕會暫時被隱藏。再次按下「**樞紐分析圖工具→分析→顯示/隱藏→欄位按鈕**」指令按鈕，即可將所有欄位按鈕重新顯示。

✦ 設定樞紐分析表樣式

樞紐分析圖製作好後，可以在「**樞紐分析圖工具→設計**」索引標籤中，設定變更圖表類型、設定圖表的版面配置、更換圖表的樣式等。

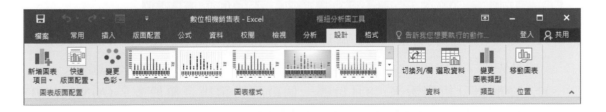

關於圖表物件的設定、版面配置、格式等設定方式，與一般圖表相同，詳細操作方式可參閱本書第八章內容。

● 選擇題

( )1. 在進行樞紐分析表的欄位配置時，下列哪一個區域是用來放置要進行分析的資料？ (A)篩選 (B)列 (C)欄 (D)Σ 值。

( )2. 在樞紐分析表中可以進行以下何項設定？ (A)排序 (B)篩選 (C)小計 (D)以上皆可。

( )3. 在樞紐分析表中使用下列何項功能，可以將數值或日期欄位，按照一定的間距分類？ (A)群組 (B)小計 (C)排序 (D)分頁顯示。

( )4. 下列有關Excel樞紐分析表之敘述，何者有誤？ (A)可將樞紐分析表建立在新工作表中 (B)在同一個區域中放置多個欄位時，必須先拖曳放置小分類，再拖曳放置大分類 (C)可設定以百分比格式來呈現數值資料 (D)在樞紐分析圖上可進行資料篩選設定。

● 題組題

請依據下圖的相機銷售業績樞紐分析表，回答下列1～3題。

門市	(全部) ▼							
銷售總額	欄標籤 ▼							
列標籤 ▼	⊞Canon	⊞FUJIFILM	⊞Nikon	⊞OLYMPUS	⊞Panasonic	⊞RICOH	⊞SONY	總計
1月	$39,200	—	—	—	$53,960	$20,980	$125,860	$240,000
2月	$88,490	$67,600	$16,990	$102,100	$33,890	$8,888	$25,960	$343,918
3月	$112,980	$49,300	$79,760	$29,800	$64,950	$77,400	$232,720	$646,910
4月	—	$106,720	$69,500	$49,500	$75,900		$43,960	$345,580
5月	$132,630	$84,500	$98,940	—	—		$131,880	$447,950
6月	$104,800	—	$101,940		$191,810	$35,552	$251,680	$685,782
7月	$71,570	$50,700	$69,500	$32,700	$29,980	$25,800	$152,820	$433,070
8月	$38,400	$27,300	$138,820	$57,600	$63,930	$51,600	$31,960	$409,610
9月	$53,590	$81,450	$69,950	$115,200	$67,780	$52,450	$37,960	$478,380
10月	$9,900	—	$27,800	$14,900	$29,980	$8,888	—	$91,468
11月	$90,790	—	$23,800	$86,400	$25,980	$78,250	$93,880	$399,100
12月	$27,980	$73,600	$25,800	$32,700	$48,790	$17,776		$226,646
總計	$770,330	$541,170	$722,800	$520,900	$686,950	$377,584	$1,128,680	$4,748,414

( )1. 從樞紐分析表看來，哪一個月份的銷售業績最高？ (A)3月 (B)6月 (C)9月 (D)12月。

( )2. 從樞紐分析表看來，8月份哪一個廠牌的銷售金額最多？ (A)Nikon (B)Panasonic (C)SONY (D)從表中無法判別。

( )3. 如果想知道同一廠牌在不同月份業績的比例，則「銷售總額」欄位應設定為下列何種「值顯示方式」？ (A)差異百分比 (B)總計百分比 (C)欄總和百分比 (D)列總和百分比。

● 實作題 ————————————————————

1. 開啟「ch10→手機銷售量.xlsx」檔案,進行以下設定。

● 在新的工作表中建立樞紐分析表。

● 樞紐分析表的版面配置如右圖所示。

● 將「交易日期」欄位設定「季」、「月」為群組。

● 在「類別」和「廠牌」欄位中,篩選出符合全配、HTC廠牌的資料。

● 將樞紐分析表套用任選一個樣式。

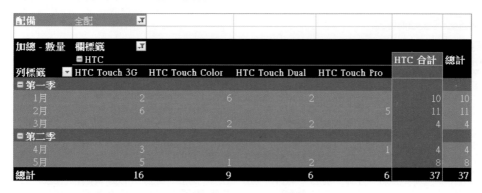

加總 - 數量	欄標籤					
	⊟HTC				HTC 合計	總計
列標籤	HTC Touch 3G	HTC Touch Color	HTC Touch Dual	HTC Touch Pro		
⊟第一季						
1月	2	6	2		10	10
2月	6			5	11	11
3月		2	2		4	4
⊟第二季						
4月	3			1	4	4
5月	5	1	2		8	8
總計	16	9	6	6	37	37

配備　全配

● 在新工作表中建立一個「立體百分比堆疊直條圖」,工作表名稱命名為「樞紐分析圖」。

● 設定樞紐分析圖只顯示「第一季」中,「HTC」及「Apple」兩家廠牌的資料。

● 將樞紐分析圖套用任選一個圖表樣式。

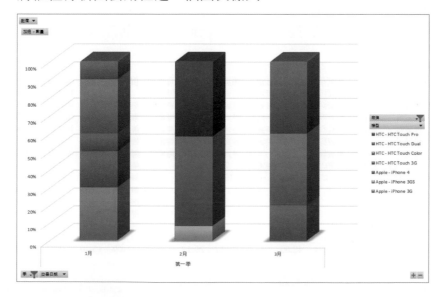

2. 開啟「ch10→水果上價行情.xlsx」檔案，進行以下設定。

- 將水果的行情資料做成樞紐分析表，觀察每種水果一週的平均上價價格。
- 樞紐分析表的版面配置如右圖所示。
- 將「上價」資料欄位的計算方式設定為「平均值」，資料格式設定為「數值，小數位數2位」。
- 修改樞紐分析表的選項：不要顯示列總計、沒有資料的欄位顯示「無資料」文字。

列標籤	小番茄	木瓜	水蜜桃	火龍果	甘蔗	西瓜	李	芒果	奇異果	枇杷	柚子	柳橙	柿
4月30日	無資料	無資料	無資料	無資料	無資料	無資料	無資料	無資料	無資料	34.00	無資料	無資料	無
5月1日	無資料	無資料	無資料	無資料	無資料	無資料	無資料	無資料	無資料	無資料	無資料	無資料	無
5月2日	無資料	無資料	無資料	無資料	無資料	無資料	無資料	無資料	無資料	80.00	無資料	無資料	無
5月3日	無資料	無資料	無資料	無資料	無資料	無資料	無資料	無資料	無資料	80.00	無資料	無資料	無
5月4日	無資料	無資料	無資料	無資料	無資料	無資料	無資料	無資料	無資料	50.00	無資料	無資料	無
5月5日	無資料	15.60	無資料	無資料	無資料	無資料	31.65	無資料	無資料	無資料	15.10	無資料	無
5月6日	無資料	無資料	無資料	36.13	8.50	無資料	5.00	無資料	無資料	無資料	無資料	無資料	無
5月7日	13.65	20.55	82.00	無資料	無資料	13.31	46.70	58.83	60.07	無資料	58.80	18.39	
5月8日	32.62	21.65	84.48	46.67	4.00	14.36	27.65	53.96	73.33	無資料	無資料	14.85	
5月9日	29.46	21.60	82.25	48.15	6.00	12.83	29.15	51.26	73.33	無資料	58.00	13.51	
5月10日	43.73	21.30	100.84	無資料	4.00	12.98	無資料	50.43	65.00	無資料	60.00	13.78	
5月11日	25.06	22.25	98.40	55.00	6.00	13.44	28.35	50.14	72.50	50.00	59.50	14.12	
5月12日	19.60	21.25	99.22	69.70	5.00	11.94	20.00	50.54	83.35	100.00	58.00	14.40	
5月13日	26.90	無資料	103.33	47.70	7.00	11.75	無資料	44.50	133.30	無資料	無資料	14.20	
總計	27.52	20.35	91.90	49.25	5.93	13.05	27.75	51.67	73.96	58.00	51.57	14.92	2

工作表1　本週水果上價行情表

- 將各個市場的資料分頁顯示於工作表中。

列標籤	小番茄	木瓜	水蜜桃	火龍果	甘蔗	西瓜	芒果	奇異果	枇杷	柚子	柳橙	柿子	香
4月30日	無資料	無資料	無資料	無資料	無資料	無資料	無資料	無資料	8.00	無資料	無資料	無資料	無
5月1日	無資料	無資料	無資料	無資料	無資料	無資料	無資料	無資料	無資料	無資料	無資料	無資料	無
5月3日	無資料	無資料	無資料	無資料	無資料	無資料	無資料	無資料	無資料	無資料	無資料	無資料	無
5月4日	無資料	無資料	無資料	無資料	無資料	無資料	無資料	無資料	無資料	無資料	無資料	無資料	無
5月5日	無資料	15.00	無資料	無資料	無資料	無資料	無資料	無資料	無資料	15.10	無資料	無資料	無
5月6日	無資料	無資料	無資料	13.40	7.00	無資料	無資料	無資料	無資料	無資料	無資料	無資料	無
5月7日	19.40	無資料	70.00	無資料	無資料	7.00	16.10	10.00	無資料	無資料	9.20	80.00	
5月8日	12.50	無資料	53.70	30.00	4.00	13.60	33.70	20.00	無資料	無資料	10.70	無資料	
5月9日	10.30	無資料	96.50	46.30	4.00	8.20	29.30	20.00	無資料	無資料	9.40	70.60	
5月10日	10.10	無資料	154.20	無資料	4.00	8.50	30.20	20.00	無資料	無資料	8.60	80.00	
5月11日	9.10	無資料	105.50	無資料	4.00	8.10	34.90	20.00	無資料	無資料	8.80	66.70	
5月12日	10.40	無資料	111.10	69.40	4.00	9.30	30.50	33.40	無資料	無資料	8.90	66.70	
5月13日	無資料	無資料	無資料	55.40	無資料	無資料	無資料	無資料	無資料	無資料	無資料	無資料	無
總計	11.97	15.00	98.50	42.90	4.50	9.12	29.12	20.57	8.00	15.10	9.27	72.80	2

三重市　台中市　台北一市　台北二市　台東市　東勢鎮 …

10-36

EXCEL 2016

CHAPTER

11

巨集的使用

★本章學習重點

11-1 認識巨集與VBA

「巨集」是將一連串Excel操作命令組合在一起的指令集，主要用於執行大量的重複性操作。

在使用Excel時，若經常操作某些相同的步驟時，可以將這些操作步驟錄製成一個巨集，只要執行巨集，即可自動完成此巨集所代表的動作，可大幅提升工作效率。

而VBA為Visual Basic for Application的縮寫，是一種專門用於開發Office應用軟體的VB程式，可直接控制應用軟體。而懂得編輯或撰寫VBA碼，可幫助使用者擴充Microsoft Office的基本功能。

Excel中的每個按鈕或指令都代表一段VBA程式碼，而我們在錄製巨集的過程，即是將所有操作步驟記錄成一長串VBA程式碼，因此，巨集與VBA具備密不可分的關係。

在Excel中可以利用以下兩種方法建立巨集：

✦ 使用內建的巨集功能

最簡單且快速的方法，就是直接按下「**檢視→巨集**」群組中的指令按鈕。在本章第11-2節中，將會說明如何利用「**檢視→巨集**」群組中的按鈕錄製巨集。

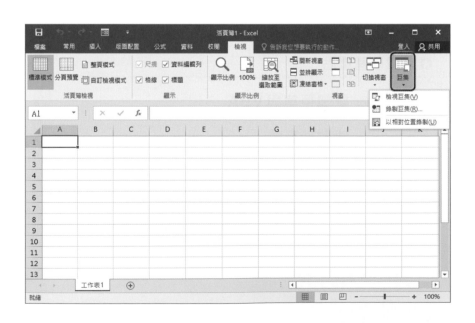

✦ 使用Visual Basic編輯器建立VBA碼

　　另一種較有彈性的作法，是開啓Excel中的VBA編輯視窗，直接編輯VBA程式碼。(詳細作法及說明可參閱本書第12章)

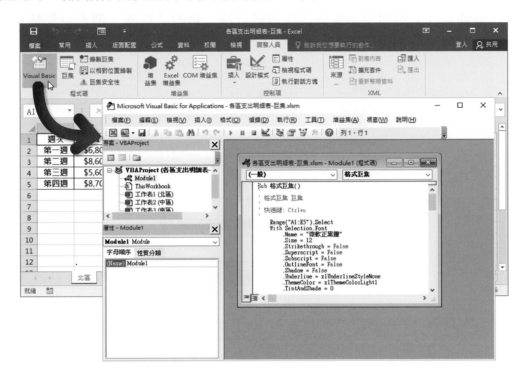

TIPS
由於本章中所使用到的巨集指令屬於基礎功能，因此未使用「**開發人員**」索引標籤。若欲使用更進階的巨集及VBA功能，則須另行開啓「**開發人員**」索引標籤，可執行更完整的相關指令操作。(開啓設定請參閱本書第12-1節)

11-2 錄製新巨集

在錄製巨集時，可以設定要將巨集儲存於何處。於「錄製巨集」對話方塊中的「將巨集儲存在」選單中，提供了**現用活頁簿**、**新的活頁簿**、**個人巨集活頁簿**等選項可供選擇，分別說明如下：

巨集儲存位置	說明
現用活頁簿	所錄製的巨集僅限於在現有的活頁簿中執行，為 Excel 預設值。
新的活頁簿	所錄製的巨集僅能使用在新開啟的活頁簿檔案中。
個人巨集活頁簿	所錄製的巨集會儲存在「Personal.xlsb」這個特殊的活頁簿檔案，它是一個儲存在電腦中的隱藏活頁簿，每當開啟 Excel 時，即會自動開啟，因此儲存在個人巨集活頁簿中的巨集可應用於所有活頁簿中。

請開啟書附光碟中的「ch11→各區支出明細表 .xlsx」檔案，在活頁簿中有三個工作表，三個工作表都要進行相同格式的設定，而我們只要將第一次格式設定的過程錄製成巨集，即可將設定好的格式直接套用至另外二個工作表中。假設我們要為北區工作表進行以下的格式設定：

■將 **A1:E5** 儲存格內的文字皆設定為「微軟正黑體」。

■將 **A1:E1** 儲存格內的文字皆設定為「粗體」、「置中對齊」。

■將 **A2:A5** 儲存格內的文字皆設定為「粗體」、「置中對齊」。

■將 **B2:E5** 儲存內的數字皆設定為貨幣格式。

■將 **A1:E5** 儲存格皆加上格線。

TIPS

由於燒錄在書附光碟中的範例檔案為「唯讀」狀態，將無法直接進行巨集的錄製或後續
VBA程式碼的編輯，因此在進行範例操作之前，建議您先將書附光碟中的範例檔案複製
至電腦中，以便後續的練習。

step01 進入「北區」工作表中，再點選「**檢視→巨集→巨集**」指令按鈕，於選
單中點選「**錄製巨集**」。

step02 開啟「錄製巨集」對話方塊，在巨集名稱欄位中設定一個名稱；若要為
此巨集設定快速鍵時，請輸入要設定的按鍵；選擇要將巨集儲存在何
處，都設定好後按下「**確定**」按鈕。

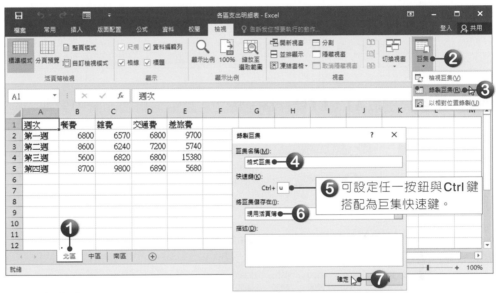

TIPS

為巨集指令命名時，須注意不可使用 !@#$%^& ...等特殊符號，也不可使
用空格。巨集名稱不可以數字開頭，須以英文或中文字開頭。

step03 點選後，在狀態列上就會顯示目前正在錄製巨集。

step04 接著請選取 **A1：E5** 儲存格，再點選「**常用→字型→字型**」指令按鈕，將文字設定為「**微軟正黑體**」。

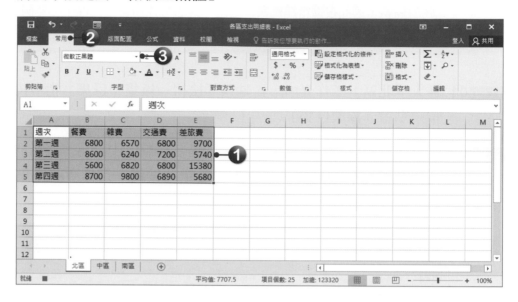

step05 接著選取 **A1：E1** 儲存格，將文字設定為粗體、置中對齊。

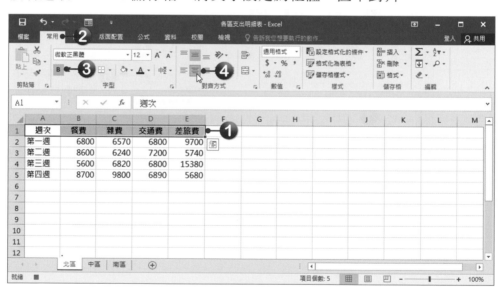

step06 選取 **A2：A5** 儲存格，將文字設定為粗體、置中對齊。

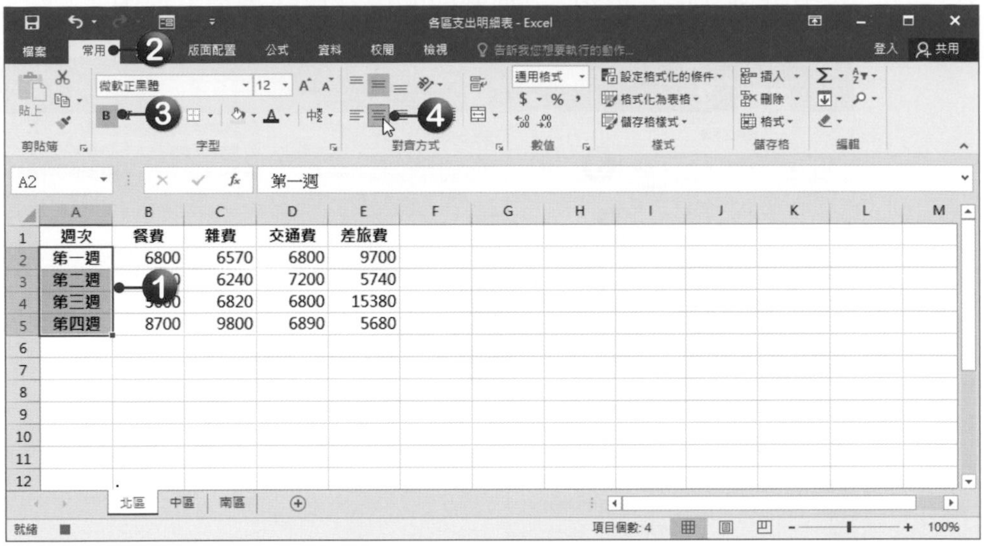

step07 選取 **B2：E5** 儲存格，點選**「常用→數值」**群組中的 ⬚ 對話方塊啟動鈕，開啟「儲存格格式」對話方塊。

step08 點選**「貨幣」**類別，將小數位數設定為**「0」**，設定好後按下**「確定」**按鈕。

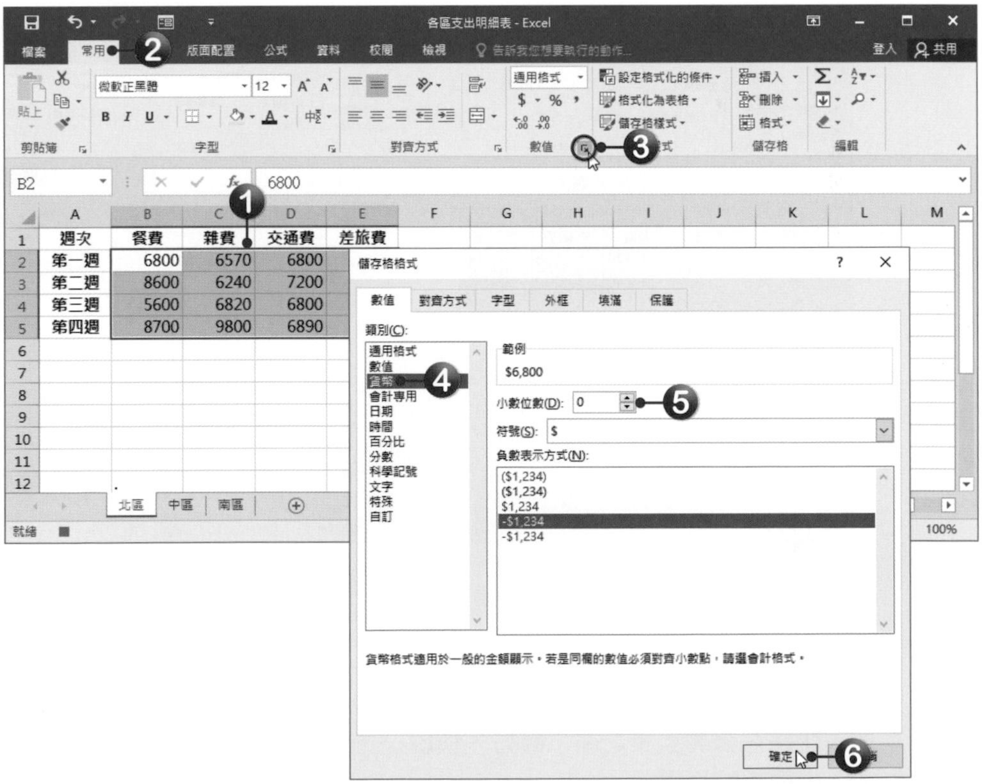

step09 選取 **A1：E5** 儲存格，點選「**常用→字型→ □ ▾ 框線**」指令按鈕，於選單中點選「**所有框線**」，被選取的儲存格就會加上框線。

step10 到這裡「北區」工作表的格式就都設定好了，最後再按下「**檢視→巨集→巨集**」指令按鈕，於選單中點選「**停止錄製**」指令按鈕，即可結束巨集的錄製。

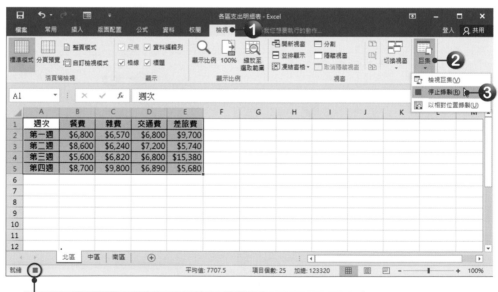

> 也可以直接按下狀態列上的 ■ 巨集圖示，終止巨集的錄製。

TIPS

> 在錄製巨集時若不小心操作錯誤，這些錯誤操作也會一併被錄製下來，所以建議在錄製巨集之前，最好先演練一下要錄製的操作過程，才能流暢地錄製出理想的巨集。

step11 完成錄製巨集的工作後，點選「**檔案→另存新檔**」按鈕，開啓「另存新檔」對話方塊，按下「存檔類型」選單鈕，於選單中選擇「**Excel啓用巨集的活頁簿**」類型，選擇好後按下「**儲存**」按鈕。

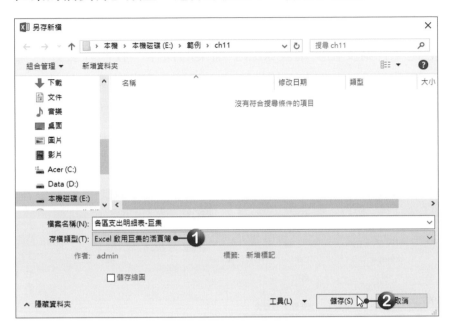

✦ 開啓巨集檔案

因爲Office文件檔案有可能被有心人士用來置入破壞性的巨集，以便散播病毒，若隨意開啓含有巨集的文件，可能會面臨潛在的安全性風險。因此在預設的情況下，Office會先停用所有的巨集檔案，但會在開啓巨集檔案時出現安全性提醒，讓使用者可以自行決定是否啓用該檔案巨集。建議只有在確定巨集來源是可信任的情況下，才予以啓用。

11-3 執行與檢視巨集

✦ 執行巨集

接續上述「各區支出明細表.xlsx」檔案的操作，我們錄製好巨集後，便可在「中區」及「南區」工作表中執行巨集，讓工作表內的資料快速套用我們設定的格式。

step01 進入「**中區**」工作表中，點選「**檢視→巨集→巨集**」指令按鈕，於選單中選擇「**檢視巨集**」，開啟「巨集」對話方塊。

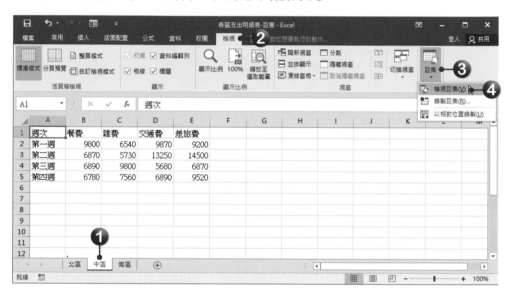

step02 選取要使用的巨集名稱，再按下「**執行**」按鈕。

> **TIPS**
> 也可以直接按下鍵盤上的「Alt + F8」快速鍵，開啟「巨集」對話方塊。

step03 執行巨集後，「中區」工作表內的表格就會馬上套用我們剛剛所錄製的一連串格式設定。

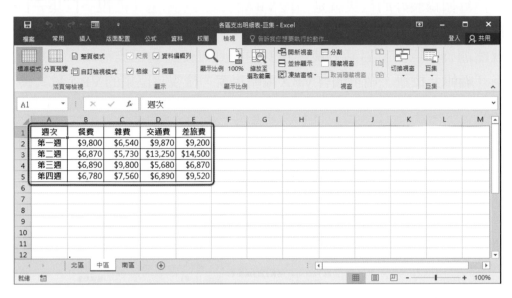

step04 若在錄製巨集時有同時設定快速鍵，那麼也可以使用快速鍵來執行巨集，例如：我們將格式巨集的快速鍵設定為「Ctrl+u」，那麼進入「南區」工作表時，再按下「Ctrl+u」，即可執行巨集。

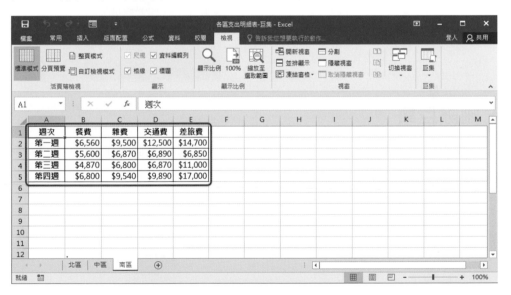

────TIPS────

利用「巨集」對話方塊執行巨集時，可選擇「**執行**」或「**逐步執行**」兩種巨集執行方式。選擇「**執行**」，會將指定的巨集程序全部執行一遍；選擇「**逐步執行**」，則每次只會執行一行指令，通常用於巨集程序內容的除錯。

✦ 檢視巨集

　　每個錄製好的巨集就是一段VBA程式碼。點選「檢視→巨集→巨集」指令按鈕，於選單中選擇「**檢視巨集**」；或是直接按下鍵盤上的 **Alt ＋ F8** 快速鍵，就能開啟「巨集」對話方塊，在其中看到可使用的巨集清單。點選巨集後，按下「**編輯**」按鈕，則可開啟VBA編輯視窗，檢視該巨集的VBA程式碼。

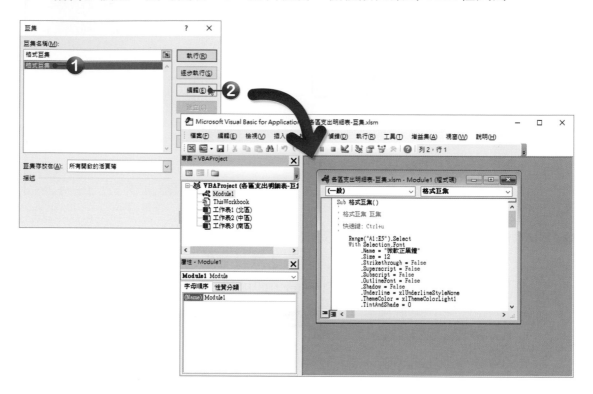

✦ 刪除巨集

　　在「巨集」對話方塊的巨集清單中，點選欲刪除的巨集，按下「**刪除**」按鈕，即可將該巨集刪除。

11-4 設定巨集的啟動位置

在執行巨集時，除了在「巨集」對話方塊中或是按下快速鍵來執行巨集，也可以將巨集功能設定在更方便執行的自訂按鈕或功能區按鈕上。

✦ 建立巨集執行圖示

我們可以在工作表中自訂一個按鈕圖示，並利用「指定巨集」的功能，將已建立的巨集指定到這個圖案上，當按下圖案後，就會執行指定的巨集。

開啟書附光碟中的「ch11→成績表.xlsm」檔案，這是一個已設定好巨集的檔案，接下來我們將在工作表中建立一個可執行巨集的按鈕。

step01 點選「**插入→圖例→圖案**」指令按鈕，於選單中選擇一個圖案。

step02 選擇好後，於工作表中拉出一個圖案，在圖案上按下滑鼠右鍵，於選單中點選「**編輯文字**」按鈕。

step 03 接著於圖案中輸入文字，文字輸入好後，可於「**繪圖工具→格式→圖案樣式**」群組中，進行圖案樣式的設定。

step 04 圖案格式都設定好後，在圖案上按下滑鼠右鍵，於選單中點選「**指定巨集**」，開啟「指定巨集」對話方塊。

step 05 選擇要指定的巨集名稱，選擇好後按下「**確定**」按鈕，即可完成指定巨集的動作。

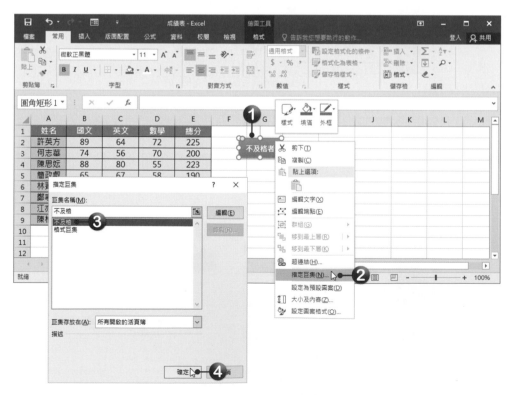

step06 指定巨集設定好後，當按下圖案，便會自動執行該圖案被指定的巨集。

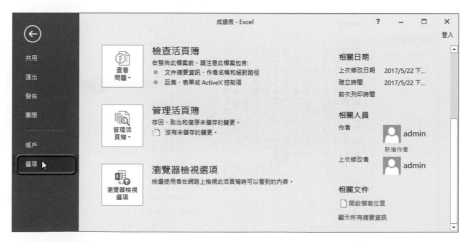

✦ 在功能區自訂巨集按鈕

我們可將常用的巨集功能設定在功能區的索引標籤中，以便隨時執行。接下來同樣開啟書附光碟中的「ch11→成績表.xlsm」檔案，我們將為該活頁簿檔案中的「不及格」巨集，在常用功能表中建立一個指令按鈕。

step01 點選「**檔案→選項**」功能，開啟「Excel選項」對話方塊。

step02 在「Excel 選項」對話方塊中，點選左側的「**自訂功能區**」標籤頁。

step03 在右側的「自訂功能區」清單中，點選「**常用**」項目，按下「**新增群組**」按鈕，即可在「常用」索引標籤中新增一個群組。

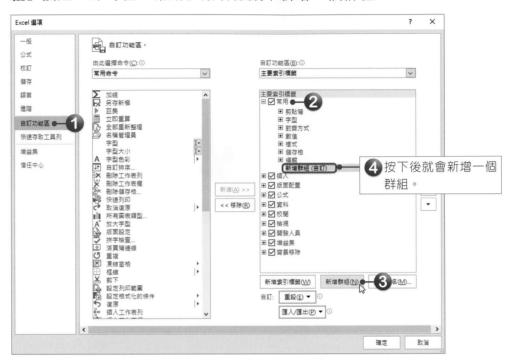

step04 接著點選「**新增群組**」項目，按下「**重新命名**」按鈕，在開啟的「重新命名」對話方塊中，將該群組命名為「自訂巨集」，設定完成後按下「**確定**」按鈕。

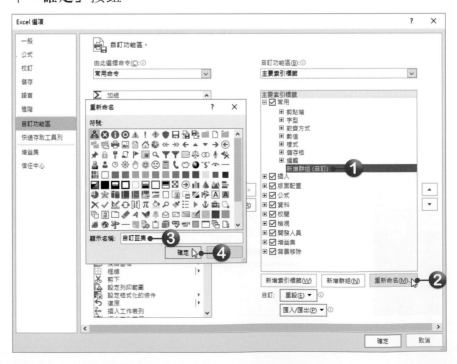

`step`05 回到「Excel選項」對話方塊中，在左側的「由此選擇命令」清單中，選擇「巨集」項目，此時會列出可用的巨集清單。

`step`06 點選其中的「**不及格**」巨集，按下「**新增**」按鈕，即可將「不及格」巨集功能加入到剛剛新增的「自訂巨集」群組中。

`step`07 最後按下「**確定**」按鈕完成設定。

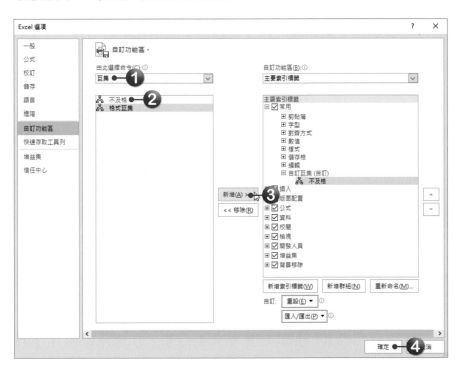

`step`08 回到Excel操作視窗，可以看到「常用」索引標籤中多了一個「自訂巨集」群組及「不及格」功能按鈕。先選取 **B2：D9** 儲存格範圍，再按下「**常用→自訂巨集→不及格**」按鈕，即可執行「不及格」巨集功能。

> **TIPS**
> 在功能區中自訂的巨集按鈕屬於 Excel的視窗設定操作，因此只會出現在目前電腦的Excel視窗中。

◎ 選擇題

( )1. 下列何項功能可將Excel的操作步驟記錄下來，以簡化工作流程？(A)運算列表 (B)錄製巨集 (C)選擇性貼上 (D)自動填滿。

( )2. 將巨集錄製在下列何處，即可使該巨集應用在所有活頁簿？(A)現用活頁簿 (B)新的活頁簿 (C)個人巨集活頁簿 (D)以上皆可。

( )3. 按下下列何者快速鍵，可開啟「巨集」對話方塊？(A)Alt ＋ F8 (B)Ctrl ＋ F8 (C)Alt ＋ F9 (D)Ctrl ＋ F9。

( )4. 下列何者檔案格式，可用來儲存包含「巨集」的活頁簿？(A).xlsx (B).xlsm (C).xltx (D).xls。

( )5. 下列有關巨集之敘述，何者有誤？(A)一個工作表中可以執行多個不同巨集 (B)可將製作好的巨集指定在某特定按鈕上 (C)可為巨集的執行設定一組快速鍵 (D)製作好的巨集無法進行修改，只能重新錄製。

◎ 實作題

1. 開啟「ch11→進貨明細.xlsx」檔案，進行以下設定。

● 為A2：A8儲存格錄製一個「日期格式」巨集，作用是將儲存格的格式設定為「日期、中華民國曆、101/3/14」，將巨集儲存在目前工作表中。

● 錄製一個「美元」巨集，作用是將儲存格的格式設定為「貨幣、小數位數2、符號$」，將巨集儲存在目前工作表中，設定快速鍵為Ctrl ＋ d。

● 錄製一個「台幣」巨集，作用是將儲存格的格式設定為「貨幣、小數位數0、符號NT$」，將巨集儲存在目前工作表中，設定快速鍵為Ctrl ＋ n。

● 將「美元」巨集指定在工作表上的「美元格式」按鈕；將「台幣」巨集指定在工作表上的「台幣格式」按鈕。

	A	B	C	D	E	F	G
1		項目	數量	單價(美元)	折合台幣		
2	106/4/5	麵粉	1000	$3.75	NT$112,500	美元格式	
3	106/4/5	玉米	500	$12.80	NT$192,000		
4	106/4/6	綠豆	600	$4.90	NT$88,200		
5	106/4/8	薏仁	300	$10.20	NT$91,800	台幣格式	
6	106/4/10	麵粉	300	$3.86	NT$34,740		
7	106/4/15	紅豆	500	$6.20	NT$93,000		
8	106/4/18	黑芝麻	200	$14.25	NT$85,500		
9							

EXCEL 2016

CHAPTER
12

VBA程式設計入門

12-1 VBA基本介紹

　　雖然Excel提供了很多便利好用的功能，但有些進階使用者還是希望能夠透過更具彈性的開發程式，來將一些繁瑣的常用作業或是個別的特殊功能，實現在原有的使用者介面中。而Office系列應用程式(如：Word、Excel、Powerpoint、Access、Outlook…等軟體)中所具備的Visual Basic for Applications (VBA)就是專門用來擴充應用程式能力的程式語言。

　　自1994年發行的Excel 5.0版本中，即開始支援VBA程式開發功能，讓Excel除了原有內建的功能之外，還能按照使用者的不同需求，擴充更多功能，以提升工作效率。

　　一般而言，VBA具備以下的功能與優點：

■**內建免費VBA編輯器與函式庫**：Office系列軟體已內建VBA編輯環境與函式庫，使用者毋須另行安裝或購買，就能自己編寫開發程式功能。

■**語法簡單，容易上手**：VBA的語法與Visual Basic類似，屬於容易理解與閱讀的程式語言，初學者甚至可透過錄製巨集，或簡單編輯修改既有的巨集，來達成原本Excel無法辦到的功能。

■**利用VBA製作自動化流程**：Excel的操作程序上若有大量使用到重複性的操作，便可以利用VBA應用程式將這些操作編寫成自動化操作，只要按下一個指令按鈕，即可快速完成一模一樣的作業程序，大幅提升工作效率。

■**減少人為錯誤**：因為將一連串的操作步驟都轉換為固定的程式碼，因此可避免重複性操作所導致的人為錯誤。

■**滿足特殊功能或操作需求**：使用者可能有一些個別的功能需求，當原有套裝軟體的功能不敷使用時，可透過VBA，在既有的軟體功能上開發更符合自己需要的功能。此外，透過VBA可操控應用軟體與其他軟硬體資源(如：Word、Powerpoint、印表機……)的共同作業，自動達成抓取資料、數據更新等作業。

✦ 開啓「開發人員」索引標籤

　　要使用巨集功能，或是撰寫VBA程式碼編輯巨集時，可以利用「**開發人員 →程式碼**」群組中的各項相關指令按鈕。在預設的情況下，「開發人員」索引標籤並不會顯示於視窗中，必須自行設定開啓。其設定方式如下：

step01 在Excel中點選「**檔案→選項**」功能，開啓「Excel選項」對話方塊，再點選其中的「**自訂功能區**」標籤，於自訂功能區中將「**開發人員**」勾選，按下「**確定**」按鈕。

step02 回到Excel操作視窗中，功能區中便多了一個「開發人員」索引標籤，在「開發人員→程式碼」群組中提供了各種關於巨集的功能。

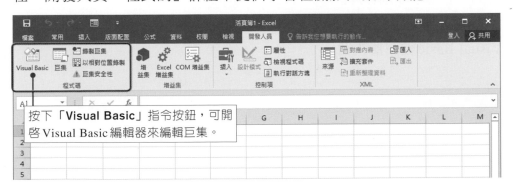

按下「**Visual Basic**」指令按鈕，可開啓 Visual Basic 編輯器來編輯巨集。

✦ Visual Basic編輯器

在Excel中用來開發VBA程式碼的工具程式，稱之為 **Visual Basic編輯器**。這套開發軟體內建在Office系列產品中，其主要目的是用來幫助用戶開發更進階的應用程式功能，所以只能在Office系列產品中使用，並不能單獨使用。

若是已啟動「開發人員」索引標籤，只要點選 **「開發人員→程式碼→Visual Basic」**；或是直接按下鍵盤上的 **Alt＋F11** 快速鍵，即可開啟 Visual Basic 編輯器，看到如下圖所示的開發環境。

除了上述方法之外，也可以點選 **「開發人員→程式碼→巨集」** 指令按鈕，在開啟的「巨集」對話方塊中，先建立一個巨集名稱，再點選 **「建立」** 按鈕，即可進入Visual Basic編輯器視窗。

專案總管視窗

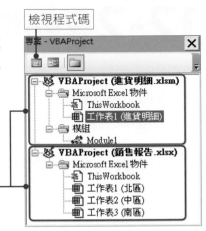

「專案總管」的作用是用來管理 Excel 應用程式中的所有專案。而每個開啟的活頁簿檔案皆視為一個專案,活頁簿中的工作表、模組、表單等物件,都會以階層顯示在專案總管視窗中。

> 假設同時開啟兩個活頁簿檔案(進貨明細.xlsm 及銷售報告.xlsx),專案總管視窗中就會呈現兩個專案及其所包含的物件。

屬性視窗

不同的物件有各自不同的屬性設定,而屬性視窗即是用來設定與物件相關的屬性。例如:表單物件的標題列名稱、表單背景色、表單前景圖片、字型、字體大小等屬性。

程式編輯視窗

程式碼視窗就是用來撰寫及編輯 VBA 程式碼的地方。

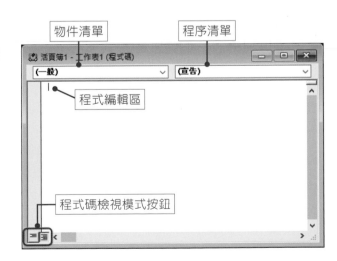

12-2 VBA程式設計基本概念

VBA的程式語言基礎和VB相似，在實際撰寫VBA程式碼之前，若具備基礎的Visual Basic程式設計概念，比較能輕鬆上手。但即使不會編寫程式，只要看得懂基本的程式語法，也有能力修改既有的巨集或VBA程式碼。

✦ 物件導向程式設計

VBA是一種物件導向程式語言，是以**物件**(Object)觀念來設計程式。現實世界中所看到的各種實體，像樹木、建築物、汽車、人，都是物件。物件導向程式設計是將問題拆解成若干個物件，藉由組合物件、建立物件之間的互動關係，來解決問題。

物件與類別

類別(Class)可說是物件的「藍圖」，物件則是類別的一個「實體」，類別定義了基本的特性和操作，可以建立不同的物件。舉例來說，「陸上交通工具」類別定義了「搭載人數」、「動力方式」、「駕駛操作」等特性，以這個類別建立出不同的物件，例如：機車、汽車、火車、捷運等，這些物件都具備陸上交通工具類別的基本特性和操作，但不同物件之間仍各有差異。

屬性與方法

屬性(Attribute)是物件的特性，例如：狗有毛色、叫聲、體重等屬性；**方法**(Method)則是物件具有的行為或操作，例如：狗有叫、跳、睡覺等方法。當一個物件收到來自其他物件的訊息，會執行某個方法來回應。藉由這樣物件之間的互動，可以架構出一個完整的程式。

✦ 物件表示法

每個物件都有其相關特性。在VBA語法中，是以「.」來設定物件的屬性，其表示方法為「**物件名稱.屬性名稱**」。如下列語法，表示「第10列第10欄儲存格(物件)中的值(屬性)」。

$$\underset{\text{物件}}{\underline{\textbf{Cells(10, 10)}}} . \underset{\text{屬性}}{\underline{\textbf{Value}}}$$

物件的方法是指對該物件欲進行的操作。在VBA語法中，同樣是以「.」來指定該物件的方法，其表示方法為「**物件名稱.方法名稱**」。如下列語法，表示「將**A1：E5**儲存格(物件)選取(方法)起來」。

$$\underset{\text{物件}}{\underline{\textbf{Range("A1:E5")}}} . \underset{\text{方法}}{\underline{\textbf{Select}}}$$

✦ 儲存格常用物件：Ranges、Cells

VBA中提供了Ranges與Cells兩種物件來表示儲存格，分別說明如下。

Ranges物件

Range(Arg)物件可用來表示Excel工作表中的單一儲存格或儲存格範圍，其中的**Arg**參數用來指定儲存格所在。

語　法	Range(Arg)
說　明	**Arg**：指定儲存格所在位置或範圍。

Range("A10") ← 意指「A10儲存格」
Range("A1:E5") ← 意指「A1：E5儲存格範圍」

Cells物件

Cells(Row, Column)物件可用來表示單一儲存格,其中的**Row**參數是指列索引,**Column**參數則為欄索引。

語 法	Cells(Row, Column)
說 明	Row:列索引。
	Column:欄索引。

Cells(6, 1) ━━ 意指「第6列第1欄儲存格」
Cells(2, "A") ━━ 意指「第2列A欄儲存格」

✦ 常數與變數

在設計程式時,有時候會一直重複使用到某個數值或字串,例如:計算圓形的周長和面積時,都會用到 π。π 的值固定是3.14159265358979,不會改變,但如果每次計算都一一輸入 "3.14159265358979",不僅不方便,而且容易出錯。因此,當資料的內容在執行過程中固定不變時,我們會給它一個名稱,將它設為**常數**(Constants)。常數是用來儲存一個固定的值,在執行的過程中,它的內容不會改變。在程式中使用常數,比較容易識別和閱讀。

而**變數**(Variables)可以在執行程式的過程中,暫時用來儲存資料,它的內容隨時都可以更改。變數是記憶體中的一個位置,用來暫時存放資料,裡面的資料可以隨時取出、放入新的資料。

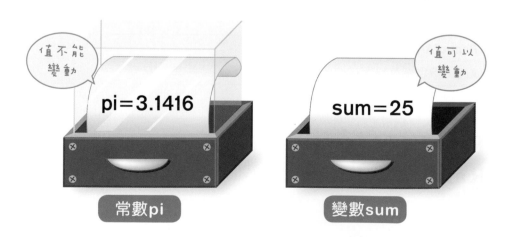

✦ 運算式與運算子

運算式(Expression)是由常數、變數資料和運算子組合而成的一個式子，而「=」、「+」、「*」這些符號是**運算子**(Operator)，被運算的對象則叫做**運算元**(Operand)。運算子可分為算術、串接、邏輯、關係及指定等類，分別說明如下。

算術運算子

算術運算式的概念跟數學差不多，可以計算、產生數值。最基本的就是四則運算，利用「+」、「-」、「*」、「/」運算子，進行加、減、乘、除的計算。也可以使用「(」、「)」小括弧，優先計算括弧內的內容。

運算子	說明	範例
^	進行乘冪計算(次方)。	**3^4**，結果為81。
\	進行整數除法。計算時會將數值先四捨五入，相除後取商數的整數部分為計算結果。	**6.7 \ 3.4**，結果為2。
Mod	計算餘數。結果可使用小數表示。	**17.9 Mod 4.8**，結果為3.5。

串接運算子

在VB中，可使用「**+**」與「**&**」運算子來進行字串的合併串接。「**+**」運算子除了可以作為加法運算子相加數值資料外，若運算子前後都是字串資料，例如：「"Happy" + "Birthday"」則會將「Happy」和「Birthday」字串，合併為新的字串「HappyBirthday」。而「**&**」運算子除了字串之外，還可以合併字串和數值、數值和數值、字串和日期等不同型別的資料，合併結果都會轉成字串。

邏輯運算子

邏輯運算子是進行布林值True(真)和False(假)的運算，在數值中，0代表False(假)，非0值為True(真)。邏輯運算子處理時的優先次序，依序是**Not＞And＞Or＞Xor**，在邏輯運算式中也可以使用括弧，括弧內的內容會優先進行處理。

運算子	功能	範例	說明
Not	非	Not A	會產生相反的結果，如果原本的值為真，則結果為假。
And	且	A And B	當A、B都為真時，結果才是真，其餘都是假。
Or	或	A Or B	只要A和B其中有一個是真的，結果就為真。
Xor	互斥或	A Xor B	當A和B不同時，結果就為真。

關係運算子

關係運算子可以比較兩筆資料之間的關係，包括數值、日期時間和字串，使用的運算子包括「=」、「<」、「>」、「<=」、「>=」、「<>」，當比較的結果成立，會傳回True(真)；當比較結果不成立，會傳回False(假)。

指定運算

指定運算就是運用「=」符號來設定某一項變數的內容，但是其敘述方式與我們熟悉的運算方式正好相反。例如數學的運算式「1+2=3」中，等號左邊是運算式，等號右邊則是運算結果。但在VBA指定運算中，則必須將等號右邊的運算結果給左邊的變數。例如：在程式設計中，「A=5」表示將常數5指定給變數A，也就是將5存入變數A，可以唸成「將5給A」；而「A=B+C」，則表示「將B和C的相加結果給A」。

以下列程式碼為例來說明，第1行程式碼表示「將工作表1中的A1儲存格的值設定為24」；第2行程式碼則表示「將工作表1中的A1儲存格的值指派給B3儲存格」。

```
1    Worksheets(1).Cells(1, 1).Value = 24
2    Worksheets(1).Range("B3").Value = Worksheets(1).Range("A1").Value
```

✦ VBA程式基本架構

VBA程序是由**Sub**開始至**End Sub**敘述之間的程式區塊，其間由許多陳述式集合而成。在執行時，會逐行向下執行Sub與End Sub敘述之間的陳述式。若在程式中有需使用到的變數名稱，則可在程式開頭進行明確的變數宣告。

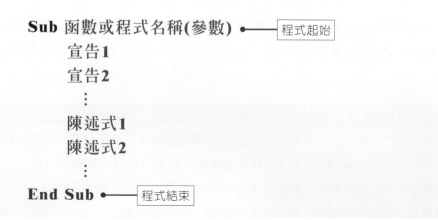

```
Sub 函數或程式名稱(參數)  ←—— 程式起始
    宣告1
    宣告2
      ⋮
    陳述式1
    陳述式2
      ⋮
End Sub  ←—— 程式結束
```

VBA的陳述式

　　VBA的陳述式可以用來執行一個動作，依其功能大致可分爲宣告、指定、可執行、條件控制等四種陳述式，分別說明如下：

■**宣告陳述式**：用來宣告變數、常數或程序，同時也可指定其資料型態。

```
Const limit As Integer = 20    ● ── 宣告常數
Dim name As String        ●
Dim myrange As Range     ●── 宣告常數
```

■**指定陳述式**：以「＝」來指定一個值或運算式給變數或常數。

```
Dim name As String
name = InputBox("What is your name?")  ● ── 將輸入方塊的傳回值指定給name變數
MsgBox "Your name is " & name
```

■**可執行陳述式**：用來執行一個動作、方法或函數，通常包含數學或設定格式化條件的運算子。

```
Worksheets("通訊錄").Activate   ● ── 啓動「通訊錄」工作表
Range("A1：D1").Select    ● ── 選取A1：D1儲存格範圍
```

■**條件控制陳述式**：條件控制陳述式可以運用條件來控制程序的流程，以便執行具選擇性和重複的動作。

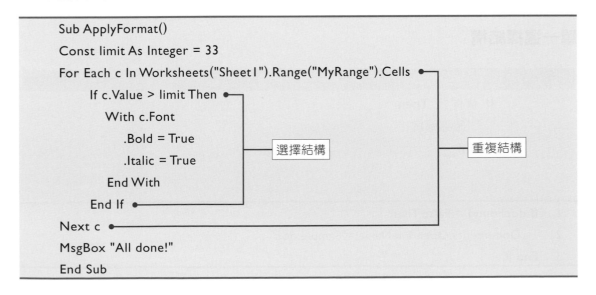

```
Sub ApplyFormat()
Const limit As Integer = 33
For Each c In Worksheets("Sheet1").Range("MyRange").Cells  ●
    If c.Value > limit Then   ●
        With c.Font
            .Bold = True
            .Italic = True          選擇結構      重複結構
        End With
    End If   ●
Next c   ●
MsgBox "All done!"
End Sub
```

12-3 結構化程式設計

結構化程式設計是只用**循序結構**、**選擇結構**、**重複結構**等三種控制結構來撰寫程式，可以設計出效率較佳的程式。接下來我們將一一介紹VBA在使用控制流程時常用的敘述語法。

✦ 循序結構

循序結構是由上到下，逐行執行每一行敘述，也是程式執行最常見的結構。

```
I    Sub NewSampleDoc()                    '建立新的文件
2        Dim docNew As Document
3        Set docNew = Documents.Add
4        With docNew
5            .Content.Font.Name = "Tahoma"
6            .SaveAs FileName:="Sample.doc"
7        End With
8    End Sub
```

✦ 選擇結構

選擇結構是根據是否滿足某條件式，來決定不同的執行路徑。又可以分為單一選擇結構、雙重選擇結構、多重選擇結構等三種。

單一選擇結構

單一選擇結構
If 條件式 Then
敘述區塊
End If

```
I    If docFound = False Then
2        Documents.Open FileName:="Sample.doc"
3    End If
```

雙重選擇結構

雙重選擇結構

If 條件式 **Then**
　　敘述區塊
Else
　　敘述區塊
End If

```
1   If Documents.Count >= 1 Then
2        MsgBox ActiveDocument.Name
3   Else
4        MsgBox "No documents are open"
5   End If
```

多重選擇結構

多重選擇結構	

If 條件式 **Then**
　　敘述區塊
ElseIf 條件式 **Then**
　　敘述區塊
Else
　　敘述區塊
End If
	Select Case 條件變數
	Case 條件值 1
	　　敘述區塊
	Case 條件值 2
	　　敘述區塊
	⋮
	Case 條件值 N
	　　敘述區塊
	End Select

```
1   If LRegion ="N" Then
2        LRegionName = "North"
3   ElseIf LRegion = "S" Then
4        LRegionName = "South"
5   ElseIf LRegion = "E" Then
6        LRegionName = "East"
7   Else
8        LRegionName = "West"
9   End If
```

```
1    Select Case objType.Range.Text
2    Case "Financial"
3        objCC.BuildingBlockType = wdTypeCustom1
4        objCC.BuildingBlockCategory = "Financial Disclaimers"
5    Case "Marketing"
6        objCC.BuildingBlockType = wdTypeCustom1
7        objCC.BuildingBlockCategory = "Marketing Disclaimers"
8    End Select
```

✦ 重複結構

重複結構是指在程式中建立一個可重複執行的敘述區段，這樣的敘述區段又稱為**迴圈**(Loop)。而迴圈又區分為**計數迴圈**與**條件式迴圈**兩類。

■**計數迴圈**：是指程式在可確定的次數內，重複執行某段敘述式，在VBA語法中可使用 **For...Next** 敘述來撰寫程式。

計數迴圈
For 計數變數 = 起始值 **To** 終止值 　　　敘述區塊 **Next** 計數變數

```
1    For Each doc In Documents
2        doc.Close SaveChanges:=wdPromptToSaveChanges
3    Next
```

■**條件式迴圈**：當無法確定重複執行的次數時，就必須使用條件式迴圈，不斷測試條件式是否獲得滿足，來判斷是否重複執行。

條件式迴圈
Do While 條件式 　　　敘述區塊 **Loop**

```
1    Do While a <= 10        '計算1加到10的總合
2        sum = sum + a
3        a = a + 1
4    Loop
```

12-4 撰寫第一個VBA程式

在錄製巨集時，Excel會自動產生一個模組來存放巨集對應的程式碼；在撰寫一個新的VBA程式之前，也須插入一個模組。**模組**(Module)就是撰寫VBA程式碼的場所，也是執行程式碼的地方。

step01 開啓書附光碟中的「ch12→計算售價.xlsx」檔案，點選**「開發人員→程式碼→Visual Basic」**按鈕；或是直接按下鍵盤上的 **Alt＋F11**快速鍵，開啓Visual Basic編輯器。

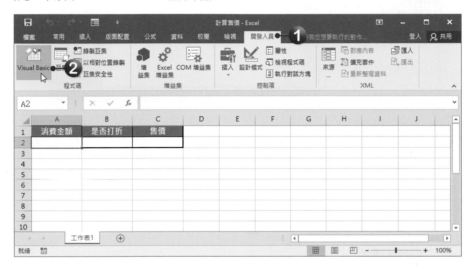

step02 點選功能表上的**「插入→模組」**功能，在專案總管視窗中就會新增一個Module1的模組，並開啓屬於該模組的空白編輯視窗。

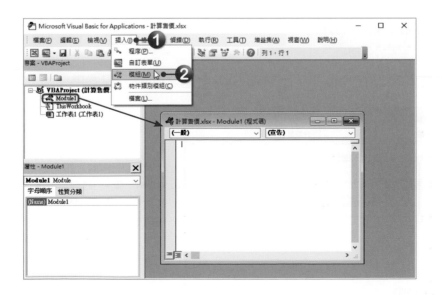

step03 接著再點選功能表上的「**插入→程序**」功能,開啟「新增程序」對話方塊。

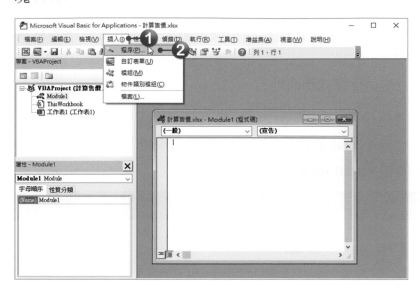

step04 在「新增程序」對話方塊中,輸入欲建立的程序名稱,設定程序型態為「**Sub**」、有效範圍為「**Public**」,按下「**確定**」按鈕。

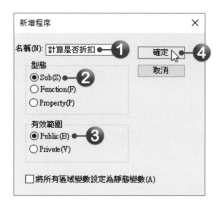

step05 接著就可以在 **Sub** 開始至 **End Sub** 敘述之間輸入程式碼。

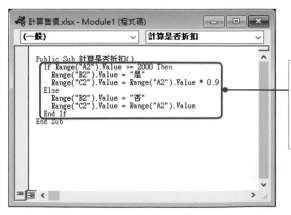

```
Public Sub 計算是否折扣()
  If Range("A2").Value >= 2000 Then
    Range("B2").Value = "是"
    Range("C2").Value = Range("A2").Value * 0.9
  Else
    Range("B2").Value = "否"
    Range("C2").Value = Range("A2").Value
  End If
End Sub
```

若 A2 儲存格輸入的消費金額大於等於 $2000,則在 B2 儲存格顯示 "是",並計算 C2 儲存格的售價為 9 折;若輸入金額小於 $2000,則在 B2 儲存格顯示 "否",C2 儲存格的售價不打折。

step 06 程式碼撰寫完成後，點選一般工具列上的  **檢視Microsoft Excel** 按鈕；或是直接按下鍵盤上的 **Alt ＋ F11**快速鍵，回到Excel視窗中。

step 07 點選「**開發人員→控制項→插入**」指令按鈕，於選單中選擇 **按鈕** 圖示。

TIPS

除了可以利用「**插入→圖例→圖案**」指令來製作執行按鈕外(詳細操作參閱本書第11-4節)，也可以利用「**開發人員→控制項→插入**」指令，在工作表中插入表單控制項。

step08 選擇好後，於工作表空白處拉出一個區塊為按鈕大小，當放開滑鼠左鍵時，會自動開啟「指定巨集」對話方塊。

step09 選擇要指定的巨集名稱，選擇好後按下「**確定**」按鈕，即可完成指定巨集的動作。

step10 接著在按鈕上按下滑鼠右鍵，於選單中點選「**編輯文字**」按鈕。

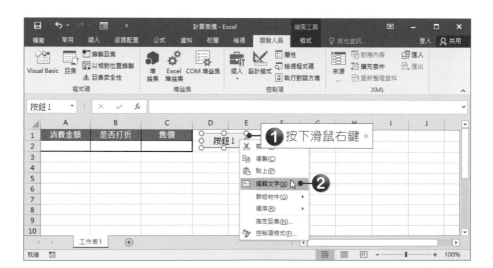

step 11 於按鈕中輸入顯示文字，輸入好後，在工作表空白處按下滑鼠左鍵即完成輸入。

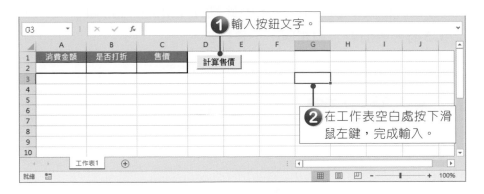

step 12 接著在 A2 儲存格中輸入某客戶的消費金額為「2200」，輸入金額後，按下剛剛設定好的**「計算售價」**巨集按鈕，即可執行巨集。以本客戶來說，因為消費金額超過 $2000，所以儲存格 B2 會自動顯示 " 是 "，且儲存格 C2 會計算售價為消費金額的 9 折。

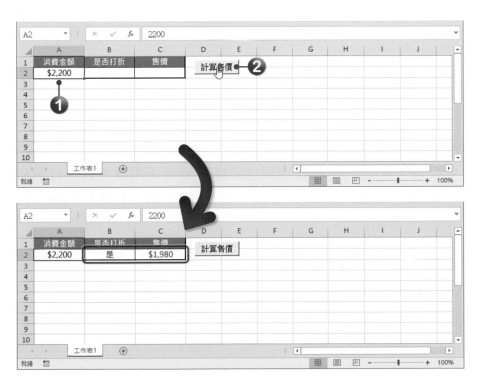

step13 接著在A2儲存格中重新輸入另一客戶的消費金額為「1600」，輸入金額後，按下「**計算售價**」巨集按鈕。以本客戶來說，因為消費金額未超過$2000，未達折扣標準，因此儲存格B2會自動顯示"否"，而儲存格C2則會與消費金額相同，不會打折。

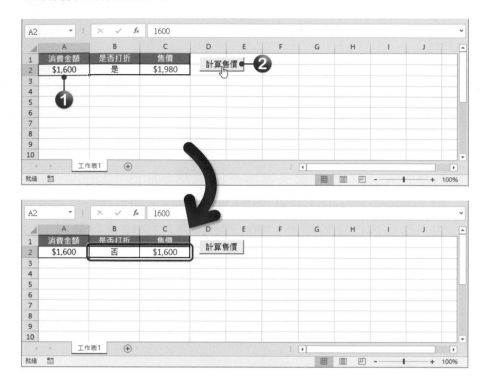

step14 確認VBA檔案的執行無誤後，在儲存檔案之前，要先設定VBA專案的保護，才能避免程式被任意更動。點選「**開發人員→程式碼→Visual Basic**」按鈕；或是直接按下鍵盤上的 **Alt ＋ F11** 快速鍵，開啟Visual Basic編輯器。

step15 點選功能列上的「**工具→VBAProject屬性**」功能，開啟「VBAProject-專案屬性」對話方塊。

step16 在「VBAProject-專案屬性」對話方塊中，點選「**保護**」標籤，將其中的「**鎖定專案以供檢視**」項目勾選起來，並於下方設定檢視專案的密碼(chwa001)，設定完成後按下「**確定**」按鈕。

step17 最後點選一般工具列上的 🖾 **檢視Microsoft Excel** 按鈕；或是直接按下鍵盤上的 **Alt ＋ F11** 快速鍵，回到Excel視窗中。

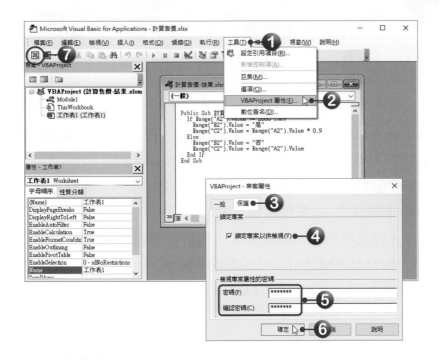

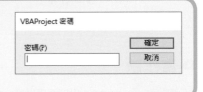

TIPS

設定專案保護功能之後，日後若欲開啟Visual Basic編輯器來檢視或編輯VBA程式碼，就會出現「VBAProject密碼」對話方塊，須在此輸入正確密碼才能開啟專案內容。

step 18 完成巨集程式的撰寫與保護設定後，點選「**檔案→另存新檔**」按鈕，開啟「另存新檔」對話方塊，按下「**存檔類型**」選單鈕，於選單中選擇「**Excel啟用巨集的活頁簿**」類型，選擇好後按下「**儲存**」按鈕。

○ 選擇題

( )1. 若A=-1:B=0:C=1，則下列邏輯運算的結果，何者為真？ (A)A>B And C<B (B)A<B Or C<B (C)(B-C)=(B-A) (D)(A-B)<>(B-C)。

( )2. 可以按照選擇的條件來選取執行順序，是哪一種控制流程結構？ (A)循序結構 (B)選擇結構 (C)重複結構 (D)以上皆非。

( )3. 下列VBA程式指令中，何者最適合用於多重選擇結構中？ (A)Do…Loop (B)For…Next (C)Option Base… (D)Select…Case。

( )4. 下列程式執行後，S值為何？ (A)163 (B)165 (C)167 (D)169。

```
S = 0
For i = 1 To 26 Step 2
    S = S + i
Next i
```

○ 實作題

1. 開啟「ch12→開課明細.xlsx」檔案，在工作表中建立「隱藏列」及「取消隱藏」兩個按鈕。

● 按下「隱藏列」按鈕，會隱藏目前儲存格所在的列。
（語法提示：Rows(儲存格範圍).Hidden = True）

● 進行「隱藏列」操作前，設計一訊息方塊確認是否隱藏。
（語法提示：MsgBox "訊息內容字串"）

● 按下「取消隱藏」按鈕，會重新顯示被隱藏的列。
（語法提示：Rows(儲存格範圍).Hidden = False）

NOTE

NOTE

國家圖書館出版品預行編目資料

必選！Excel 2016即學即會一本通. 商務應用篇 /
全華研究室, 郭欣怡編著. -- 第二版. -- 新北市：全
華圖書, 2018.11
　　面；　公分
　　　ISBN　978-986-463-988-5(平裝附光碟片)

　　1.EXCEL(電腦程式)

312.49E9　　　　　　　　　　　　　107020124

必選！EXCEL 2016 即學即會一本通 —商務應用篇（第二版）(附範例光碟)

作者 / 全華研究室 郭欣怡

執行編輯 / 王詩蕙

發行人 / 陳本源

出版者 / 全華圖書股份有限公司

郵政帳號 / 0100836-1號

印刷者 / 宏懋打字印刷股份有限公司

圖書編號 / 06335017

二版三刷 / 2022年8月

定價 / 新台幣 490 元

ISBN / 978-986-463-988-5　(平裝附光碟片)

全華圖書 / www.chwa.com.tw

全華網路書店 / www.opentech.com.tw

若您對書籍內容、排版印刷有任何問題，歡迎來信指導book@chwa.com.tw

臺北總公司(北區營業處)
地址：23671新北市土城區忠義路21號
電話：(02) 2262-5666
傳真：(02) 6637-3695、6637-3696

中區營業處
地址：40256臺中市南區樹義一巷26號
電話：(04) 2261-8485
傳真：(04) 3600-9806

南區營業處
地址：80769高雄市三民區應安街12號
電話：(07) 381-1377
傳真：(07) 862-5562

有著作權‧侵害必究

23671 新北市土城區忠義路21號

全華圖書股份有限公司

行銷企劃部　收

廣告回信
板橋郵局登記證
板橋廣字第540號

歡迎加入 全華會員

● 會員獨享

會員享購書折扣、紅利積點、生日禮金、不定期優惠活動…等。

● 如何加入會員

填妥讀者回函卡直接傳真 (02) 2262-0900 或寄回，將由專人協助登入會員資料，待收到 E-MAIL 通知後即可成為會員。

如何購買 全華書籍

1. 網路購書

全華網路書店「http://www.opentech.com.tw」，加入會員購書更便利，並享有紅利積點回饋等式優惠。

2. 全華門市、全省書局

歡迎至全華門市（新北市土城區忠義路 21 號）或全省各大書局、連鎖書店選購。

3. 來電訂購

(1) 訂購專線：(02) 2262-5666 轉 321-324
(2) 傳真專線：(02) 6637-3696
(3) 郵局劃撥（帳號：0100836-1　戶名：全華圖書股份有限公司）
※ 購書未滿一千元者，酌收運費 70 元。

OpenTech.com.tw 全華網路書店

全華網路書店 www.opentech.com.tw
E-mail: service@chwa.com.tw

※本會員制如有變更則以最新修訂制度為準，造成不便請見諒。

（崩壞與斷裂）

讀者回函卡

填寫日期： ／ ／

姓名： 生日：西元 年 月 日 性別：□男 □女

電話：（ ） 傳真：（ ） 手機：

e-mail：（必填）

註：數字零，請用 Φ 表示，數字 1 與英文 L 請另註明並書寫端正，謝謝。

通訊處：□□□□□

學歷：□博士 □碩士 □大學 □專科 □高中‧職

職業：□工程師 □教師 □學生 □軍‧公 □其他

學校／公司： 科系／部門：

‧需求書類：

□A. 電子 □B. 電機 □C. 計算機工程 □D. 資訊 □E. 機械 □F. 汽車 □I. 工管 □J. 土木

□K. 化工 □L. 設計 □M. 商管 □N. 日文 □O. 美容 □P. 休閒 □Q. 餐飲 □B. 其他

‧本次購買圖書為： 書號：

‧您對本書的評價：

封面設計：□非常滿意 □滿意 □尚可 □需改善，請說明

內容表達：□非常滿意 □滿意 □尚可 □需改善，請說明

版面編排：□非常滿意 □滿意 □尚可 □需改善，請說明

印刷品質：□非常滿意 □滿意 □尚可 □需改善，請說明

書籍定價：□非常滿意 □滿意 □尚可 □需改善，請說明

整體評價：請說明

‧您在何處購買本書？

□書局 □網路書店 □書展 □團購 □其他

‧您購買本書的原因？（可複選）

□個人需要 □公司採購 □親友推薦 □老師指定之課本 □其他

‧您希望全華以何種方式提供出版訊息及特惠活動？

□電子報 □DM □廣告 （媒體名稱 ）

‧您是否上過全華網路書店？（www.opentech.com.tw）

□是 □否 您的建議

‧您希望全華出版那方面書籍？

‧您希望全華加強那些服務？

～感謝您提供寶貴意見，全華將秉持服務的熱忱，出版更多好書，以饗讀者。

全華網路書店 http://www.opentech.com.tw 客服信箱 service@chwa.com.tw

2011.03 修訂

親愛的讀者：

感謝您對全華圖書的支持與愛護，雖然我們很慎重的處理每一本書，但恐仍有疏漏之處，若您發現本書有任何錯誤，請填寫於勘誤表內寄回，我們將於再版時修正，您的批評與指教是我們進步的原動力，謝謝！

全華圖書 敬上

勘 誤 表

書號			
書名			作者
頁 數	行 數	錯誤或不當之詞句	建議修改之詞句

我有話要說： （其它之批評與建議，如封面、編排、內容、印刷品質等‧‧‧）